金沙江水电工程建设
环境保护实践

樊启祥　王小明　等◎编著

中国三峡出版传媒

中国三峡出版社

图书在版编目（CIP）数据

金沙江水电工程建设环境保护实践 / 樊启祥等编著. —北京：中国三峡出版社，2023.11

ISBN 978-7-5206-0220-4

Ⅰ. ①金… Ⅱ. ①樊… Ⅲ. ①金沙江–水利水电工程–环境保护–研究 Ⅳ. ①TV512

中国版本图书馆 CIP 数据核字 (2021) 第 249430 号

责任编辑：于军琴

中国三峡出版社出版发行

（北京市通州区粮市街2号院　101199）

电话：（010）59401531　59401529

http://media.ctg.com.cn

北京世纪恒宇印刷有限公司印刷　新华书店经销

2023 年 11 月第 1 版　2023 年 11 月第 1 次印刷

开本：787 毫米 ×1092 毫米 1/16　印张：17.5

字数：448千字

ISBN 978-7-5206-0220-4　定价：108.00元

水电是可再生的绿色清洁能源。水电开发兼顾电力工程、防洪工程、环保工程、输水工程、水运工程等综合任务，其社会、经济、环保等综合效益显著。金沙江系长江上游干流河段，水量丰沛且稳定，落差大且集中。金沙江、雅砻江、大渡河、澜沧江和怒江等河流均是我国水能资源开发"富矿"，是实现"西电东送"战略目标的重要能源基地之一。

大型水电工程建设是一项艰巨且复杂的系统工程，开发建设施工周期长、工程量大、技术难度和施工强度高，涉及专业繁杂且交叉作业多、参建人员多、影响范围广。金沙江下游河段为攀枝花至宜宾，坡陡流急，自下而上规划有向家坝、溪洛渡、白鹤滩和乌东德4个大型梯级水电站。金沙江下游地区生态环境脆弱、土地资源匮乏、水土流失严重，为典型的干热河谷地质。金沙江下游河段水电开发库首有国家西部重点工业基地攀枝花市，出库下游有川南重要城市宜宾及长江上游珍稀特有鱼类保护区。因此，金沙江下游梯级水电站的建设和运行过程中遇到许多环境保护工作难题。

中国长江三峡集团有限公司（简称三峡集团）作为大型清洁能源开发企业，聚焦大型水电资源开发和工程建设管理，在长江三峡水利枢纽工程、金沙江下游的乌东德、白鹤滩、溪洛渡和向家坝水电站等世界级大型水电工程长期建设、运行及管理中，高度重视生态环境效益、经济效益和社会效益协调发展。在金沙江下游梯级水电开发之初，三峡集团就提出了"建好一座电站，带动一方经济，改善一片环境，造福一批移民"的水电开发新理念；从流域、梯级、项目全生命期可持续发展出发，从政策、现实、发展的三维度，统筹考虑项目前期阶段、建设阶段、运行阶段的开发体制、运行机制、利益关系和分配格局；遵循"规范、有序、协调、健康"的项目管理原则，在规划设计、建设实施、运行维护的全过程，统筹处理流域资源开发和生态环境保护的全局性、整体性、累积性问题以及单一项目建设的个性问题。规划设计阶段，生态保护先决条件是落实鱼类栖息地保护和梯级生态环境累积叠加影响如低温水控制措施；建设实施阶段，全面落实生态保护措施，重点做好施工扰动区生态修复工作；运行维护阶段，认真落实并提升流域生态保护措施效果，开展梯级电站运行的生态环境设施维护和动态管控，解决突出的梯级累积环境问题。在金沙江下游梯级水电站开发过程中，三峡集团构建了生态流量维护、栖息地保护、鱼类增殖放流、集鱼过鱼设施、高坝大库低温水减缓、泄洪水流气体过饱和控制、梯级生态调度、水库水质保护和陆生生态保护技术体系，协调保障流域生态安全，改善流域生态环境质量，致力于将金沙江下游梯级水电开发项目建设成工程建设好、环境保护好的西部水电开发典范工程。

本书回顾了我国水电行业发展历程及面临的生态环境问题，结合金沙江下游水电开发面临的生态环境保护挑战，重点以溪洛渡、向家坝工程建设为主，总结了在解决这些问题的过程中，在理论、技术研发和管控模式等方面开展的实践与创新工作，阐述了金沙江下游绿色水电开发理念及当下水电开发生态环境保护的新理念、新观点和新举措。本书旨在总结三峡集团在金沙江下游梯级水电站开发与生态环境保护工作中的经验，以供水电建设开发环境保护工程技术人员和环境保护管理人员参考或借鉴。今后水电开发与生态环境保护的关系将进一步和谐发展，水电开发产生的生态效益、经济效益、社会效益也将进一步提升。

本书共分9章，第1章概括介绍了我国水电开发、生态环境影响，以及金沙江下游水电开发面临的生态环境保护挑战与生态环境保护任务；第2章介绍了三峡集团绿色水电理念及践行措施；第3章介绍了在面对资源环境保护与开发建设矛盾时采取的资源集约建设方式，重点介绍了工程占地资源集约规划、土石料资源集约创新利用、废水资源集约处理与回用等案例；第4章介绍了长江上游珍稀特有鱼类的保护问题及对策，主要对目前采取的鱼类保护措施落实情况进行阐述，包括长江上游珍稀特有鱼类自然保护区、黑水河生态修复工程、溪洛渡叠梁门分层取水、鱼类增殖放流等；第5章介绍了干热河谷地质条件下水土保持与生态恢复的难点及应对措施，主要介绍工程区水土保持、生态恢复和古树名木保护等实际工作内容；第6章重点介绍了向家坝和溪洛渡工程建设施工期污染防治新措施，包括水污染、粉尘污染和噪声污染防治等内容；第7章介绍金沙江下游流域生态环境监测体系构建情况及各监测断面布设依据及监测内容，并重点阐述了水质、水生生态、陆生生态、过饱和气体和水温等监测成果；第8章介绍了水电工程环境管理的内容，基于现行环境管理存在的问题阐述了金沙江下游水电开发环境管理的创新模式与管理实践；第9章结合生态环境保护的新形势、新任务、新要求，对今后水电开发的理念和践行方法进行思考。

本书由中国三峡建工（集团）有限公司组织编写，历时6年。本书内容依托金沙江下游溪洛渡和向家坝等水电工程的环境保护、水土保持、流域生态监测与研究等基础工作，工程建设和设计研究的亲历者参与了本书的编写和审核，全书由樊启祥和王小明主编，严忠銮、卢晶莹和彭金涛统稿，孙干、朱亚鹏、朱昕、刘欢、樊寒冰、于江、唐锡良、徐火清、薛敬阳、安瑞冬、肖剑波、杨少荣、孟少魁、余博、代伟等参加编写。在此，对参与金沙江下游水电开发工程建设及生态环境保护工作的有关单位和人员表示诚挚的谢意！同时，本书引用了部分文献资料，在此谨向有关作者致谢！

限于相关水电工程在理论、技术、实践的阶段性和局限性，以及编者学识和水平的有限，书中难免存在疏忽和不足之处，恳请读者批评指正。

作者
2023 年 8 月

C o n t e n t s 目 录

第1章

金沙江水电开发面临的挑战

1.1 水力资源开发与环境制约

1.1.1 什么是水力资源

水资源是五大自然资源之一，既是自然资源，又是经济资源。水与人类经济社会发展和文明进步密切相关，是不可替代的重要资源。地球上具有一定数量和可用质量的能从自然界获得补充并可利用的水，包括地表水和地下水。由于水资源在全球分布广泛，因此，开发与利用空间巨大。现代遥感与航空航天测量技术已经查明：地球表面海洋面积为 3.61 亿 km^2，陆地面积为 1.49 亿 km^2 [1]。地球水的总储量约 1 386 000 万亿 m^3，其中，海洋水为 1 338 000 万亿 m^3，占 96.5%，陆地水为 48 000 万亿 m^3，占 3.5%。在陆地水中，淡水为 35 000 万亿 m^3，占全球水总储量的 2.5%，淡水的 68.7% 分布在南北两极的冰川中及陆地高山上的永久冰川与积雪中，31.3% 分布在陆地的河、湖、水库、土壤以及地下含水层中 [2]。水资源是具有政治意义和经济意义的战略性资源，是国家综合国力的组成部分 [3, 4]。水具有自身的特征和规律，如流动性、多用途性、公共性和可再生性。流动性主要表现为水是流动的，各种形态的水体在水循环的过程中相互转化、相互补充，难以用界线进行分割，主要按流域进行开发、利用和管理；多用途性指的是水资源有多种开发利用方式，如水力发电、供水、灌溉、水运交通、水产养殖等；公共性指的是水资源为社会公共所有，水资源在消耗过程中会因容量有限而产生矛盾；可再生性则是指在自然界水循环作用下，水资源可以通过循环得到更新和补充 [5]。

水力资源开发作为水资源利用的一种方式，实际上开发的是河流水体在流动过程中蕴藏的势能，运用综合开发利用方式，可同时兼顾防洪、灌溉、供水、旅游、水产养殖等作用，以充分发挥水资源的多用途作用。水力资源是水资源的一部分，同样具有可再生性。水力资源大小取决于水位落差和流量的大小，流量越大，落差越大，水力资源也越大。人类利用水力资源的历史悠久，但早期仅可将水能转化为机械能（利用水车、水磨坊），自 19 世纪中后期水力交流发电机、高压输电技术发明后，水力资源开发利用才开始发生深刻变化 [6-9]。在过去一个多世纪里，人类开始大规模修建大坝，开发利用水力资源，使得水力发电几乎成为水力资源利用的唯一方式，由此把水电作为水力资源开发的代名词 [10]。

全世界江河的理论水能资源蕴藏量为 48.2 万亿 $kW \cdot h$/年，技术上可开发的水能资源为 19.3 万亿 $kW \cdot h$/年 [11]。水力资源是清洁的可再生能源，但和全世界能源需求量相比，其资源量仍有限，即使全世界的水力资源得以全部用于发电，也只能满足 20 世纪末能源需求量的 10% [12]。

1.1.2 水电是清洁能源

在全球温室气体排放和我国发生大面积雾霾的情况下，我们不得不警醒，也不得不发问，如果能源结构以清洁能源为主，那么我们赖以生存的自然环境是否还是现在的严峻形势？所谓清洁能源，即绿色能源，是指在利用过程中基本不存在污染环境问题的能源。目前，人们普遍认为清洁能源包括核能和可再生能源。可再生能源是指原材料可以再生的能源，如水能、风能、太阳能、生物能（沼气）、海潮能等，其开发利用日益受到许多国家的重视，尤其是能源短缺的国家。其中的水能开发实质上就是水电开发[13-16]。

水电也曾面对诸多质疑，一度陷入水电是否属于清洁能源之争。当我们用科学求实的态度深入到人类对自然资源利用的历史进程中，可以发现河流蕴藏的水力资源同河流中的鱼类资源都具有再生性，都是人类生存与发展的利用对象，在利用过程中并不会产生持久的污染物质，衡量其是否造成不利影响仅是一个"度"的问题。水电开发与煤炭、石油等不可再生能源开发，甚至与核能开发有本质区别，它不会消耗水资源，也不会带来污染物质排放，是对河流水力资源的开发利用，其本质是将势能经机械能转变为电能，是可持续自然能量的物理转变，是清洁而自然的[10]。虽然过度、无序开发以及河流两岸其他不利的人类建设活动影响导致在水电建设的河流上出现了诸多环境问题，但这不能否定水电的本质是清洁能源。只要合理有序、开发适度，就不会造成不可接受的影响和破坏。无论从资源消耗还是从环境的污染影响等方面比较，水电都是人类开发和利用的各种能源中当之无愧的清洁能源[17-18]。

近百年来，世界各国的水电发展的历史告诉我们，水电开发可以实现人与自然和谐共处。目前，全球约 20% 的电力来自水力发电，有 24 个国家 90% 以上的电力需求由水力发电满足，有 55 个国家水电比例达到 50% 以上，发达国家水能资源开发较早、水电开发程度总体较高，如瑞士达到 92%、法国 88%、德国 74%、日本 73%、美国 67%，但水电开发建设并没有给这些国家带来生态灾难[19]。相反，它作为清洁能源，为各国经济发展和环境保护"保驾护航"。如英国的伦敦在 20 世纪中期是世界有名的"雾都"，为了治理烟尘，英国政府认识到转变能源结构、大力发展清洁能源的重要性，经过调整，英国煤炭消耗比例从 1958 年的 76%、1965 年的 60% 下降至 1972 年的 36%、2014 年的 7%。与此同时，英国的清洁能源比例提高，包括核电和水电，经过 50 多年的发展，其一次清洁能源消费比例达到 20% 左右[20-25]。

随着经济社会的快速发展和人们环境保护意识的不断提高，温室气体排放等原因导致的全球变暖已成为世界各国关注的重点问题。在此情况下，提高清洁能源供应比例应是解决这些重点问题的"良方"。水电作为目前技术成熟并可大规模开发的可再生能源，是最好的选择之一。当前，面对国家经济发展和人民生活水平提高的需要，能源消费总量不断增加，只有通过调整能源结构，增加包括水电在内的清洁能源在能源消费总量中的比例，才能维持经济社会、人民生活水平与生态环境的可持续发展。

1.1.3　我国的水电开发概述

我国水资源非常丰富，总量为 2.88 万亿 m^3 [26]，水力资源技术可开发量约 5.42 亿 kW，居世界首位[27]。由于我国幅员辽阔，地形与降雨量差异较大，因此水资源在地域分布上不平衡，西部多、东部少。按照技术可开发装机容量统计，我国经济相对落后的西部云南、贵州、四川、重庆、陕西、甘肃、宁夏、青海、新疆、西藏、广西、内蒙古 12 个省（自治区、直辖市）水资源约占全国总量的 81%。而经济发达、用电集中的东部辽宁、北京、天津、河北、山东、江苏、浙江、上海、广东、福建、海南 13 个省（直辖市）仅占 11%[27]（见图 1–1）。因此，西部水力资源开发除了满足西部电力市场自身需求，还要考虑东部市场，实行"西电东送"，解决水力资源分布不均衡问题。

随着西部大开发战略及"西电东送"规划的全面实施，"十三五"规划 2020 年西部地区水力资源开发规模为 2.27 亿 kW，技术开发程度达到 51.5%，西部地区水力资源开发成为中国水电建设的主要基地。只有做好金沙江、雅砻江、大渡河、澜沧江、黄河上游和怒江等重点流域水资源的开发，我国水力资源的潜在优势才能真正变成推动中国经济社会可持续发展的经济优势。

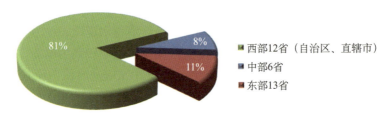

图1–1　我国水力资源占比分布图

水电作为清洁与可再生能源，发电成本低，运行调度灵活，在电网中承担调峰和事故备用任务，同时发挥防洪、灌溉、供水、旅游、养殖等作用，是我国能源供应的重要组成部分。

自 20 世纪 70 年代以来，随着对河流规律的认识深化，以及自然观、发展观的不断演进，人类又开始重新审视水电开发。水电开发逐渐演变为考虑防洪、发电、航运及生态保护等多种效益，并以维持河流生态环境的可持续发展为前提的综合开发。因此，河流生态保护逐渐得到国家与社会的高度重视。

改革开放以后，我国水电发展较好地突破了技术、资金、市场和体制等方面的制约，装机容量以每十年翻一番的速度发展，对国民经济发展起到了重要的支撑作用，这得益于中国水电的快速发展。2015 年 5 月，世界水电大会首次在中国举办。中国大坝协会理事长汪恕诚表示，截至 2015 年，中国已建成各类水库大坝 9.8 万座，总库容 9300 多亿 m³，其中坝高 15m 以上的大坝有 3.8 万座，已建成世界最高拱坝锦屏一级坝（305m），最高碾压混凝土坝光照坝（200.5m），最高面板堆石坝水布垭（233m），还有三峡、二滩、小浪底、小湾、龙滩、溪洛渡等一批世界级的水库大坝先后建成[28]。当时，中国水电的总装机容量已经突破 3 亿 kW，约占全球水电总装机容量的 27%；在装机容量排名全球前 10 位的水电站中，中国将有 5 座；单机容量 70 万 kW 以上的水轮发电机组超过一半在中国；中国水电拥有包括规划、设计、施工、装备制造、输变电等在内的全产业链整合能力；中国先后与 80 多个国家建立了水电规划、建设和投资的长期合作关系，成为推动世界水电发展的重要力量[29]。这次世界水电大会从设计、施工、装备制造、运行管理和电网建设等方面全方位展示了中国水电的巨大成就，展示了中国水电对社会经济发展和节能减排起到的巨大作用，以及中国水电企业的强大实力。

2017 年 8 月 3 日，三峡集团举行金沙江白鹤滩水电站建设动员会，宣告白鹤滩水电站正式迈入主体工程施工阶段。随着这座动态投资超千亿元的我国第 4 座千万千瓦级水电站的投建，三峡集团在长江干流拥有葛洲坝、三峡、溪洛渡、向家坝、白鹤滩、乌东德 6 座梯级水电站,总规模相当于 3 个三峡工程,这也标志着我国长江干流"清洁能源走廊"的骨干水电工程基本建成。与此同时,大渡河双江口水电站、雅砻江两河口水电站、杨房沟水电站等一系列水电开发工程进一步推动了长江流域水电资源开发的进程。

水电虽然是清洁能源,但在开发过程中也会产生一定不利影响,这是其一度受质疑的原因。水电开发通常需要建设拦河闸坝,工程建设期产生开挖与地表扰动,运行期形成水库,改变河流水域形态和水文情势,这些变化不可避免地影响当地自然、生态与社会环境,其中生态环境问题是当前社会关注的问题之一。全面评估水电开发的不利影响势在必行。环境影响评价一般从枢纽工程施工、工程运行和移民安置、对外交通及辅助工程设施等方面开展,并从水、气、声环境保护以及生态保护、社会环境保护等方面制定不利影响的针对性减免措施,以协调开发与保护的关系,坚持在开发中保护、在保护中开发,从而实现更好的发展。

1. 工程施工

在施工期,废水、噪声和施工粉尘排放以及施工开挖、弃渣、占地等活动将影响工程区及邻近区的环境质量,高强度的施工活动会破坏植被、增加水土流失、冲击陆生动物栖息地,并对土地资源利用、水资源利用、社会经济、人群健康等社会环境产生不同程度的影响[30-33]。施工期环境影响具有局部性、暂时性特点,会随着施工活动的结束而消失。与其影响密切相关的周围受体是环境保护工作中需要关注的对象,如集中居民点、饮用水源地、自然保护区、重要物种分布区等。工程区环境敏感对象越多,工程施工的限制条件越高,若问题得不到妥善解决,则项目不能开工建设。在大型水电项目中,施工期产生的污染和地表扰动较大,其影响面较广,影响程度较高,需要采取相应措施处理[34-37]。

2. 工程运行

在工程运行期,水库蓄水和调度运行直接影响河流水域形态和水文情势。水文情势的影响包括年调节运行的平水期、丰水期、枯水期水量影响和日调节运行的日内不稳定流量影响,即工程运行后的水文过程较自然的河流水文过程有所不同,对河流水质、水生生境和生态系统造成影响[38-40]。在大坝上游河段,将导致库区水位抬升;在大坝下游河段,将导致水文情势较天然状态的时空变化;在整个河段,大坝还造成一定的阻隔影响,改变河流连续状况,造成一定程度的生境破碎化,不利于上下游水生生物基因交流及鱼类洄游[41-45]。对局地气候、陆生动植物等生态环境有一定影响,可能导致淹没区植被生物量损失、水库库岸再造等,间接的影响可能有库周浸没,甚至地质灾害。水库水动力学条件的变化是水库运行产生的环境变化的根本因素,部分水库的水质和水温也会发生变化,出现水库富营养化和低温水对鱼类产卵的影响等问题[46]。

在同一条河流或流域内,多个梯级开发的水库群在生态影响方面具有范围大、历时长、潜在性等特性,存在一定的空间与时间累积性,比单一水电站的影响更复杂[47]。梯级水电开发生态环境累积影响是两个或多个水电站建设对生态环境影响作用的"叠加",这里的"叠加"不是单个项目影响的简单相加,而是非线性的复合影响[48]。因此,单个水电站的环境影响评价不能满足多个梯级开发水库群生态环境影响评价的需求。

由于水库运行期的影响具有长期性、累积性和不可逆性等特点,因此可作为工程环境影响论证中的重点对象。在单个梯级水电站设计方面,需要结合自然、生态与社会环境调查,全面预测其影响，从源头预防和减缓控制两个方面研究论证切实可行的措施；在河流规划中，从规划层面开展梯级布局、规模和开发时序的论证，掌握梯级水电开发对整个流域生态环境的累积影响，用来指导水库群的开发建设[49]。

3. 移民安置

大型水电项目不可避免地会产生巨大的淹没损失，导致大量移民搬迁和专项设施复建。其中，移民的搬迁与安置问题不是单纯的经济补偿问题，而是一个关乎社会安定的复杂问题[50, 51]。为妥善解决该问题，需要复建大量的专项设施（配套水利设施、水电站及公路），在复建过程中同样会对植被、陆生动物、水土保持等生态环境造成一定影响，出现水质、噪声、大气污染，以及对土地资源利用、水资源利用、社会经济、人群健康等社会环境造成一定影响。因此，大型水电项目的移民安置问题需进行深入研究，对安置政策、方式、效果及现状等问题进行深入调查、分析与研究，单独开展环境影响评价工作，并根据各项工程的实际影响制定可行的环境保护措施。此外，水电开发还会涉及部分文物景观，这些文物景观反映了人类生存、斗争、发展的历史，具有相应的历史、艺术和科学价值，为保护与发挥文物作用，需开展文物发掘和搬迁工作。

4. 对外交通及辅助工程设施

水电工程建设具有物料和设备运输需求量大的特点，工程建设区域往往存在交通条件不足的问题，需要修建对外交通公路，以满足施工设备、机电装备、建筑材料、生活物资及建设人员进出场等运输需求。除了满足水电工程建设与运行需要，对外交通道路建设可为沿途及当地居民提供交通便利，有利于沿途及当地经济进一步发展。但对外交通道路及设施的施工与运行不可避免地会产生一定的环境影响。施工期间，开挖和填筑道路将破坏植被，增加水土流失，导致施工废（污）水和废气排放、施工噪声影响工区周围居民日常生活；运行期间，汽车废气和噪声对周围居民产生影响。为防止和减少对外交通道路与设施施工期与运行期产生的环境影响，需要进行深入分析，采取针对性的措施，使环境影响消除或降至最低，保证居民点不受干扰，周围环境空气和声环境质量达标。

1.2 金沙江下游水电开发的生态挑战

长江，一条横贯我国东西的大江，发源于"世界屋脊"——青藏高原的唐古拉山脉，往南与怒江、澜沧江并流而下，穿行于我国西南横断山区，长江宜宾以上河段被称为金沙江。不同的是，怒江和澜沧江向南方由云南出境成为两条跨境河流，金沙江则折向东北方流经四川和云南，接纳雅砻江、岷江两条大江，在四川宜宾出高山峡谷区进入成都平原南部低山丘陵区，宜宾以下以长江为名，故宜宾被誉为"万里长江第一城"。在重庆又接纳嘉陵江、乌江两条大江，出三峡，经湖北宜昌，流向我国中东部地区，沿途汇集洞庭湖、汉江和鄱阳湖等沿途发育的众多河流和湖泊，汇集数百条支流，最后注入东海，造就了长江中下游连绵千里的平原地区和肥沃土壤。涓涓细流汇集成滔滔大江，成为我国水资源和经济的"大动脉"。

1.2.1　金沙江下游河段水力资源概况

长江从青藏高原流向东部平原地区，蕴藏丰富的水力资源。其中，金沙江流域处于落差大的横断山区域，金沙江流域全长 2326km，落差 3279.5m，平均比降 1.41‰，水力资源丰富[38]。据报道，金沙江流域水力资源理论蕴藏量约占全国水力资源理论蕴藏量 1/6，技术可开发容量 1.19 亿 kW，年发电量 5926 亿 kW·h，经济可开发容量 1.03 亿 kW，年发电量 5130 亿 kW·h[52]。其中，雅砻江口至宜宾的金沙江下游河段长 782km，落差 729m，具有建设高库大坝的地形和丰富的水力资源条件。经过多年的勘测设计，金沙江下游河段自下而上可规划四级水电开发，分别为向家坝（混凝土重力坝，坝高 162m）、溪洛渡（拱坝，坝高 285.5m）、白鹤滩（拱坝，坝高 289m）和乌东德（拱坝，坝高 270m）4 座梯级水电站。

金沙江下游水电开发是长江水资源综合开发利用的有机组成部分。从空间上看，金沙江下游 4 座梯级水电站处于下游长江三峡水利枢纽工程（简称三峡工程）及葛洲坝水利工程和上游山区梯级水电站群之间；从开发进程上看，举世闻名的三峡工程先于金沙江下游梯级水电站建设，于 1994 年正式开工建设，历经 17 年建成；自 2000 年以来，金沙江中游及雅砻江、大渡河、岷江等山区河流上的大批梯级水电站同金沙江下游梯级水电站共同进入开发建设阶段，共同支撑我国西部能源基地的建设发展。

金沙江下游梯级水电站是我国目前仅次于三峡工程的一批大型水电站，规模大，建设周期长。溪洛渡和向家坝水电站作为金沙江下游第一期工程，是"西电东送"通道的骨干电源，水电站装机容量分别为 13 860MW、6400MW，相继于 2005 年、2006 年正式开工，并于 2007 年、2008 年工程截流，2013 年、2012 年蓄水发电。乌东德和白鹤滩水电站作为第二期工程，水电站装机容量分别为 10 200MW、16 000MW。乌东德水电站于 2015 年核准建设，2020 年 6 月 29 日首批机组投产发电，2021 年 7 月全部机组投产发电。白鹤滩水电站于 2017 年核准建设，2021 年 7 月首台机组投产发电，2022 年 12 月全部机组投产发电。4 座水电站总装机容量相当于"两个三峡"的规模，其中，白鹤滩水电站装机容量排名仅次于三峡水电站，为世界第二；溪洛渡、乌东德水电站及向家坝水电站装机容量排名世界第四、第七及第十一。

从有利的环境影响角度看，建设水电站是发展清洁能源，金沙江下游梯级水电站带来巨大的电能，可大量替代煤炭、化石能源，减少温室气体和烟尘排放，是我国能源结构调整的现实需要，对于当前我国参与世界温室气体减排行动与全国范围的大气污染防治攻坚战具有重要意义。同时，水电站建设可改善当地交通、旅游基础设施，促进经济社会发展，提高居民生活水平。

从不利的环境影响角度看，金沙江下游梯级水电站开发与生态保护面临新形势、新挑战。金沙江地处干热河谷区，涉及始于向家坝水电站以下的长江上游珍稀特有鱼类保护区；工程水库淹没和建设占地范围大，建设周期长，若不注重生态保护和生态恢复，则较大强度的地表干扰会造成生态环境破坏问题；工程运行导致河段水域形态和水文情势、水温发生明显变化，将对河流生态系统产生深远影响；4 座梯级水电站以及金沙江中游、金沙江上游梯级开发必然对整个金沙江流域生态环境产生复杂的累积影响。

三峡集团始终以生态环境保护为导向，统筹开发金沙江下游梯级水电站，权衡全流域和单个项目的有利与不利影响，并正视那些来自大自然与社会的声音，科学地应对一系列的生态新挑战，消除和减少不良环境影响，充分发挥工程的正效益，保证社会经济的稳健发展。

1.2.2 自然概况

金沙江为长江的上游河段，其主源沱沱河发源于青藏高原唐古拉山脉的格拉丹东雪山西南侧。沱沱河与当曲汇合后称为通天河，通天河流至玉树附近汇合巴塘河后称为金沙江。金沙江流经青海、西藏、四川、云南省（自治区）。

金沙江下游河段左岸属四川盆地西缘山地南部与南缘山地西部的结合区域，西靠黄茅埂，属大凉山东坡的小凉山区，东南连滇东高原，北处龙泉山系南进余脉，南临金沙江河谷。区域山地多、平坝少，地形起伏大，山峦重叠，山谷相间，河谷深切，相对高差大。金沙江下游河段右岸属滇东北中山山原亚区。峰丛、峰林、溶蚀侵蚀洼地是其主要地貌特征。境内江河切割，沟谷纵横，山地少，相对高差大，地势由西南向东北倾斜，形成了明显的"一带三台"朝向北东的弧状地势。

金沙江下游区域大部分属亚热带常绿阔叶林带中的四川和云南金沙江干热河谷植被区，植被分布因受降水影响，垂直分布差异明显，受人为活动影响，植被不断退化。因海拔差异，故植被呈垂直分布状，通常1500m以下为稀树灌丛带（人工营造的河谷林带除外），1500～2300m为云南松（阔）叶林带，2300m以上为华山松、针（阔）叶林带，3000m以上为灌丛草甸带。目前，常绿阔叶林呈减少趋势，逐渐被云南松、华山松和针阔叶混交林代替。

按照《中国动物地理区划》，研究区域属于东洋界西南山地亚区盆地西缘高山深谷地带。由于流域地处青藏高原向四川盆地过渡的斜坡地带，因此南北动物的混杂现象较明显，野生动物资源较丰富。

金沙江下游地处四川和云南交界区，历史上开发较早，农业耕作及其他人类活动对植被的破坏较严重，区域内基本没有保留原生植被，流域内各县（市）已逐步实施退耕还林工程，推广中低产田改造、坡改梯等耕地改造技术，逐步减少流域内的陡坡垦殖现象。

1.2.3 社会经济概况

金沙江干流下游梯级水电开发直接涉及云南省禄劝、武定、元谋、永仁、巧家、会泽、东川区、永善、昭阳、水富、绥江及四川省会东、会理、仁和区、东区、盐边、宁南、雷波、金阳、昭觉、布拖、宜宾、屏山23县（区、市）。流域内矿产资源丰富、种类多、储量大，在西南地区乃至全国都占有重要地位，煤、铁储量较大，铜、铅、锌、锡、铝、矾土、镍、钛、钒等有色金属和稀有金属以及磷、天然气、食盐、石棉等非金属矿的储量也很大。流域内水资源丰富，四川、云南两省均将水力资源的开发作为其支柱产业。

金沙江下游区域地处我国西部四川、云南两省，且其中心地带位于四川、云南两省的相对落后地区，整体经济发展水平低。金沙江下游梯级水电开发期间，从经济密度看，凉山州7县均低于四川省平均水平，与全国平均水平差距更大。2001年国家确定的592个国家扶贫开发工作重点县中，四川省有36个，云南省有73个，而位于金沙江下游两岸的就有15个，占金沙江下游水电开发涉及的23个县（区）的63%。不发达的经济带来的直接后果是财政能力低，需要财政投入的社会事业、科技、教育、社保、文化、医疗、安全等得不到经费保障，科技文化等长期得不到发展。

1.2.4　生态挑战

1. 环境保护与资源开发建设矛盾问题

水电开发的首要问题是自然资源与环境保护问题。只有妥善处理环境保护与资源开发建设之间的矛盾，才会使水电开发建设可持续发展。金沙江下游河段水力资源丰富，主要地形为高山峡谷，土地贫瘠。在这种自然条件下，库区两岸居民相对较少，但在平缓的阶地、台地及支流汇口相对平缓开阔之地，居民分布相对集中。依靠宝贵的土地资源、水资源，人们在此聚集生息，辛勤耕耘，形成了大大小小沿江分布的居民点，地区社会经济发展在很大程度上依赖于平缓的土地与充足的水源。20 世纪，金沙江下游水力资源优势并未得到开发，相反，地方为发展经济大量采伐两岸树木，使得自然生态环境遭受极大破坏，水土流失问题十分突出，山坡植被的水源涵养功能降低，土地资源承载力受到较大影响，被严重打破的平衡到现在尚在修复过程中。

如何协调金沙江下游水电开发过程中环境保护与资源开发之间的矛盾是一大挑战。开发金沙江下游梯级水电站符合国家西部大开发、长江经济带建设战略，是统筹区域经济发展的措施之一。在金沙江下游大型梯级水电站建设的过程中，由于工程枢纽和施工占地需要，往往会挤占峡谷中的平缓土地，加剧开发与土地资源的矛盾，加大区域土地资源承载压力。同时，水库将淹没河谷区土地，造成农用地减少等资源与环境问题。但是，三峡集团在保护生态环境的前提下，开发金沙江下游梯级水电站，改善地方水陆交通条件，增加政府税收，改善就业状况，带动周边地区能源、矿产、旅游和农业资源开发，对当地社会经济发展起到积极的促进作用，切实做到"开发一方资源、带动一方发展、富裕一方百姓、保护一方环境"。

2. 长江上游珍稀特有鱼类保护问题

长江鱼类资源、生物多样性丰富，具有重要的科学价值、经济价值和生物多样性价值[53]。水电开发阻隔河道，破坏河流原有的连通性，直接影响水生生物资源[49]。为了缓解水电工程开发对水生生物的影响，特别是珍稀特有鱼类的影响，需要从生态环境的各个方面制定生态环境保护策略。从河流开发布局上预留足够的生态空间是最有效的生态保护策略。

经过多年论证和比较，国家正式批准成立长江上游珍稀特有鱼类国家级自然保护区，以环函 [2013]161 号文公布了保护区范围，主要包括金沙江向家坝坝轴线下 1.8km 至重庆马桑溪长江段 353.16km，岷江月波至岷江河口 90.1km，赤水河源至赤水河河口 628.23km。保护区水域分布鱼类 189 种，包括国家一级保护水生野生动物白鲟、达氏鲟等，国家二级保护水生野生动物胭脂鱼等[52, 53]。保护区的设立具有对维持长江上游鱼类种群多样性和保护长江上游自然生态环境的重要价值，是从长江上游流域开发和鱼类保护协调整体布局做的重要举措。

在金沙江与长江流域水电开发与生态保护中，形成了在水资源最丰富的河段进行梯级开发，在鱼类资源最丰富、生态价值更高的河段进行保护和开发的格局。尽管如此，在实施梯级水电开发过程中，仍然要面对工程建设与运行对河流生态的影响，因此必须全面规划工程应落实的生态保护措施，优化工程建设与运行方案、制定建设不利影响的工程应对措施、制定并实施针对性的生态调度方案，全方位减免梯级累积影响对长江上游珍稀特有鱼类及鱼类资源的影响，正面应对金沙江下游梯级开发面临的生态挑战。

3. 干热河谷区生态脆弱性及其保护问题

不同的地理环境和不同的流域面临不同的生态环境问题。金沙江下游流域地处高山峡谷区，该区域受特殊地形的影响，且与西南季风近直交，直接阻挡来自孟加拉湾的暖湿气流，形成雨季多雨高湿、旱季高温干旱的干热河谷地貌（见图1-2）。区域内地质构造十分复杂，地震活动频繁，是我国著名的强地震区之一。金沙江及支流两岸地形陡峭，地势高差达3751m，地面坡度很大，地质条件极不稳定，土壤质地疏松，结构松散，加上人为活动的影响，如矿产开发及陡坡开垦等生产活动，以稀树灌木草丛为主的生态系统不断退化，进一步导致植被覆盖率降低，致使土层裸露，区域内崩塌、滑坡和泥石流灾害十分严重。简而言之，在金沙江下游流域的气候与土壤条件下，加上长期的人为干扰，水土流失严重，流域内生态系统十分脆弱。

图1-2　金沙江流域典型的干热河谷地貌

在生态脆弱的金沙江下游区域进行水电开发必然面临严峻的挑战。溪洛渡水电站施工占地和水库淹没总面积约15 000hm²，主要造成栽培植被及干热河谷稀树灌丛和山地灌丛损失，其中，属天然植被的林地和荒草地面积分别为250hm²和4794hm²，属于栽培植被的耕地和园地面积分别为3432hm²和1328hm²。导流及主体工程土石方开挖量3981.42万m³。若不实施针对性治理措施，工程建设区可能新增水土流失量约1900万t；长约58km的溪洛渡水电站对外交通道路及设施扰动沿线地表，因山区地形等因素，若不加以防护也会新增水土流失。在生态本就脆弱的干热河谷区，如何最大限度地降低不利影响，积极有效地将受干扰的区域进行保护与恢复生态，需要高度重视并妥善应对。

4. 施工期污染防治问题

工程建设施工期，因施工活动而排放的污染物主要包括施工废（污）水、废气、固体废弃物和噪声，一般将前三者统称为"三废"。金沙江下游梯级水电站建设规模大，产生的"三废"和噪声也较大，若不治理则影响周边环境质量，特别是会对环境敏感目标产生较大影响。

溪洛渡水电站建设需要大量的骨料和约 600 万 m^3 混凝土，加上数万名工程建设、管理人员长期集中办公和生活，生产废水和生活污水排放总量超过 7600 万 m^3，高峰期日排放总量约 9.7 万 m^3。其中，砂石骨料冲洗废水排放总量达 6700 万 m^3，最大瞬时排放量为 $1.81 m^3/s$，主要集中于两岸 5 处砂石系统排放。砂石废水主要污染物为悬浮固体（SS），虽然其成分简单，不会改变水体的化学性质，但大量排放时不经处理直接进入金沙江则会形成岸边超标污染带，对下游邻近河段的取水水质造成影响；溪洛渡水电站施工期为 146 个月，高峰期施工人员约 20 900 人，黄桷堡、马家河坝、中心场、塘房坪 4 个工程区的生活污水排放总量近 700 万 m^3，主要污染物 BOD_5、COD_{Cr} 排放浓度不高，与城镇生活污水污染物浓度差不多。生活污水总量较小、排放强度不大，加上金沙江流量大，生活污水未经处理直接排放对水质影响轻微，但按照 GB 8978—1996《污水综合排放标准》要求，仍需处理后达标排放。

溪洛渡水电站施工期炸药用量 16 900t、燃油用量 110 000t，开挖、爆破、燃油、运输、砂石料加工等活动会产生粉尘、排放废气，对工程区、工程周边区域的空气和声环境造成影响。施工期间，生活垃圾产生量约 6 万 t，若随意堆放或不按规范处置，将影响环境卫生和人群健康。

在金沙江下游大型梯级水电站的建设过程中，施工产生的污染物多，早期的施工开挖及施工高峰期的环境影响大。生产废水主要污染因子为悬浮固体，浓度高。生活污水在施工高峰期较多，在施工后期较少，有机污染物浓度相对较低。施工噪声和粉尘排放相对分散，基本是间歇排放的污染源，但也有在一定时间段内持续时间较长的固定噪声源。较复杂的施工环境和污染物特点增加了金沙江下游梯级水电站建设过程中施工污染防治的难度，需要制定针对性的施工管理与污染防治措施，以提高防治质量。

5. 长期累积不确定性影响问题

无论单个水电工程的建设还是多个梯级水库的运行，都会对生态环境造成长期性、累积性且不确定性的影响。水电开发施工期因施工生产导致的污染排放、水土流失等环境问题随着施工结束而消失，扰动的地表在人工干预和自然条件下也会渐渐得到恢复，但在河流生态系统中，梯级水电工程形成的大坝阻隔效应、人工水库调度导致的水文水环境条件变化等将在工程运行期长期存在，具有影响周期长、潜在影响逐步显现的特点。河流水体的上下游连续性使得一条河流上多个梯级的生态环境影响具有长期累积性，主要表现在水文水环境变化及生态影响方面。以梯级水库削峰滞洪过程为例，如上一级水库拦蓄了洪水过程，下游梯级又进一步削弱洪峰，则通过几个水电站的共同调蓄，到最末梯级时将完全改变天然的洪水过程，水文情势变化加剧。在水文水环境条件累积变化的情况下，河流水生生物将产生怎样的变化，这些问题并不是一开始就能准确预测和评价的，具有不确定性。从目前研究及实际观测情况看，在多个梯级水库联合运行下，河流下游水体水温存在延迟加重的累积影响问题，进而对下游的鱼类繁殖产生影响。

除了多个梯级系统的关联影响和累积效应，流域还会存在一些其他开发项目，这些项目和梯级水电站之间的关联与累积影响也存在诸多不确定性。目前长江流域内干支流多个水电站相继建成，水库群带来的水文情势、水温及生态的累积影响正逐步显现。金沙江下游梯级水电站全部建成投产后，流域生态累积影响会更复杂，如何把握长期的、累积的环境影响及其不确定因素，使不利影响可控，已经成为金沙江下游流域生态保护迫切而长期的任务。

从维持流域水电项目有序开发，促进流域生态健康发展的角度考虑，在流域多梯级开发中需要不断地通过对环境的监测和研究，增加对生态环境保护问题科学、客观的认识，协调好流域开发与生态保护的关系。

6.复杂环境管理工作问题

水电开发过程中，施工现场的环境管理工作直接关系环境保护措施实施效果。环境保护措施项目多、涉及专业面宽、要求高，实施组织和环境保护专项运行面临专业化要求和项目管理复杂化的挑战。

在金沙江下游大型梯级水电站长期开发建设中，需落实的环境保护工程项目包括针对主体工程施工废水、污水的处置和回用，采取混凝沉淀工艺处理排放强度大、悬浮固体（SS）含量高的砂石骨料加工系统废水，对混凝土加工系统废水需进行混凝沉淀和控制酸碱度，机械修配系统废水需回收、废油需按危废处置标准规范处置，办公和生活污水需经处理后达标排放或循环利用；针对施工期废气排放和噪声污染，优化施工工艺，尽量采用除尘、防噪声设备，同时采取洒水降尘、公路养护、植树绿化等措施，减轻对施工区大气和声环境的影响；修建垃圾处理场，合理处置施工期产生的生活垃圾；针对施工期对陆生生物的影响，对施工区进行封闭管理，把施工影响范围限制在规划占地区域内，禁止捕杀、捕食珍稀动物和野生动物，运行期加强对陆生生态，尤其是珍稀动物的调查和监测工作，一旦发现这些珍稀动物因水库兴建而受到影响，及时采取补救性保护措施；利用以工程措施为主，植物措施为辅，永久措施与临时措施相结合的防治体系，防治枢纽工程区新增水土流失，实施挡护工程、排水工程、植树种草绿化等水土保持措施，水土流失治理度须达95%以上，使工程区受影响的生态环境得到恢复和改善；针对农村移民、迁建集镇生活污水和生活垃圾影响，配套建设化粪池、污水处理站和垃圾处理场等环境保护工程项目，这样既经济有效又便于实施和操作，与移民安置的环境保护要求适应；对施工人群和工程区周边社区群众，通过采取卫生清理、饮用水源保护、疫情预防和完善卫生机构等措施进行人群健康保护；水库蓄水前须对长达数百千米的水库淹没区的陆地区域进行规范的水库库底卫生清理。

对于流域水生生态的保护，须落实完整的保护体系和防护措施，包括鱼类重要栖息地保护、鱼类保护区建设、增殖放流重要鱼类、圆口铜鱼等关键品种的人工繁殖科研攻关、融合生态需求的综合目标梯级水库联合调度等，最大限度地减少不利影响，同时建立流域生态环境监测系统，以跟踪环境演变、检验和评估生态保护效果，改进和调整保护项目。

水电站工程的环境保护措施项目繁多，涉及自然、生态和社会环境各个方面，措施项目的落实进度须同主体工程进度一致或者适当超前。面对环境保护措施项目的复杂性，有序实施环境保护措施项目并切实发挥保护环境的作用就需要做好组织管理工作。如何统筹环境管理工作，保证环境保护措施实施效果，是水电开发工程建设无法回避的重要问题。

参考文献

[1] 康健．浅谈可再生能源的合理开发和利用 [J]．太阳能，2008(7)：61-62．

[2] 李志斐．水与中国周边关系 [M]．北京，时事出版社，2015．

[3] 石虹．浅谈全球水资源态势和中国水资源环境问题 [J]．水土保持研究，2002，9(1)：145-150．

[4] 张利平，夏军，胡志芳．中国水资源状况与水资源安全问题分析 [J]．长江流域资源与环境，2009(2)：116-120．

[5] 顾圣平．水资源规划及利用 [M]．北京，中国水利水电出版社，2009．

[6] 包广静．水能资源系统与生态系统时空关联效应分析 [J]．中国水能及电气化，2011(5)：27-31．

[7] 刘广林．输水管中水能的发电利用 [J]．城镇供水，2013(6)：12-14．

[8] 吴曙光，赵玉燕．我国最早开发利用水力能源的地域、时间及民族考 [J]．广西民族研究，2002(1)：94-102．

[9] 高瑄，陆震．中国古代水力机械起源的文献考证 [C]//．机械技术史及机械设计，2006．

[10] 陆佑楣．水能资源助力低碳能源之路 [J]．科技导报，2011(3)：3．

[11] 李秀华．浅论水能资源助力低碳能源之路 [J]．城市建设理论研究：电子版，2012(32)．

[12] 佘庆军．水力资源的开发与利用 [J]．城市建设理论研究：电子版，2015(19)．

[13] 章月．清洁能源与可再生能源 [M]．南京，东南大学出版社，2008．

[14] 王儒述．开发绿色能源促进低碳经济 [J]．三峡论坛，2010(4)：4-9．

[15] 吴贵辉．大力发展清洁能源推进电力可持续发展 [J]．电网与清洁能源，2008(9)：1-2．

[16] 王开艳，罗先觉，吴玲，等．清洁能源优先的风-水-火电力系统联合优化调度 [J]．中国电机工程学报，2013，33(13)：27-35．

[17] 黄永达．用科学发展观指导我国水电开发建设 [J]．理论前沿，2005(10)：25-26．

[18] 姚国寿．王怀臣强调：以科学发展观统领四川水电建设 [J]．四川水力发电，2006，25(5)：98-99．

[19] 陈雷．水电与国家能源安全战略 [J]．中国三峡，2010(2)：5-7．

[20] 中国水力发电工程学会，中国大坝协会．主要国家水电开发历程与发展趋势 [J]．中国三峡，2011(1)：59-68．

[21] A.勒琼，蒋鸣，付湘宁．世界水电及其他可再生能源开发现状与前景 [J]．水利水电快报，2012，33(5)：31-32．

[22] 田德文．伦敦治霾的启示 [J]．人民论坛，2013(6)：5．

[23] 胡志宇．英国运用科学技术化解"雾都"问题的经验 [J]．全球科技经济瞭望，2013，28(8)：59-63．

[24] 伊口田．从"雾都"走向生态文明的伦敦 [J]．中国减灾，2013(8)：22-24．

[25] 神华研究院．英国能源结构改革对中国企业的启示．生意社．http://www.100ppi.com-/news/detail-2015-12-26-717230.html，2015-12-26/2017-05-28．

[26] 2017 年中国水资源公报 [J]．中华人民共和国水利部公报，2018．

[27] 中华人民共和国水力资源复查成果 [J]．全国水力资源复查工作领导小组办公室，2006．

[28] 石霞. 中国大坝协会理事长汪恕诚: 大力发展非煤能源. 人民网. http://energy.people.com.cn/n/2015/0521/c71661-27036615.html, 2015-5-21/2017-05-28.

[29] 朱平军. 世界水电看中国. 新华网. http://www.xinhuanet.com//energy/2016-01-26/c_1117892172.htm, 2016-1-26/2017-05-28.

[30] 霍吉祥, 宋汉周, 刘微微, 等. 施工期水电站坝址环境水化学特征研究及其意义——以向家坝水电站为例[J]. 水力发电学报, 2014, 33(6): 119-125.

[31] 何政伟, 黄润秋, 许向宁, 等. 金沙江流域生态地质环境现状及其对梯级水电站工程开发过程中生态环境保护的建议[J]. 地球与环境, 2005, 33(b10): 605-613.

[32] 樊启祥. 水力资源开发要与生态环境和谐发展——金沙江下游水电开发的实践[J]. 水力发电学报, 2010, 29(4): 1-5.

[33] 曾旭, 陈芳清, 许文年, 等. 大型水利水电工程扰动区植被的生态恢复——以向家坝水电工程为例[J]. 长江流域资源与环境, 2009, 18(11): 1074-1079.

[34] 樊启祥. 金沙江下游水电开发环境保护管理与实践[J]. 环境保护, 2010(6): 40-42.

[35] 杨丽琼, 闫自申. 云南水电开发与生态环境保护[J]. 环境科学导刊, 2000, 19(2): 67-69.

[36] 谢光武. 四川水电开发与生态环境保护[J]. 水电站设计, 2006, 22(4): 41-43.

[37] 樊启祥. 金沙江水电开发: 在机遇中迎接挑战[J]. 中国三峡, 2010(9): 10-13.

[38] 陈丽晖, 何大明. 澜沧江-湄公河水电梯级开发的生态影响[J]. 地理学报, 2000(5): 577-586.

[39] 郭乔羽, 李春晖, 崔保山, 等. 拉西瓦水电工程对区域生态影响分析[J]. 自然资源学报, 2003, 18(1): 50-57.

[40] 向东. 水电资源开发中的环境保护选择[J]. 四川水力发电, 2010, 29(3): 75-77.

[41] 马岩, 王顺. 我国水电开发与生态环境保护问题探究[J]. 资源节约与环境保护, 2013(11): 16-16.

[42] A. 哈尔比, 李伟民. 水电站调峰对河流生态的影响[J]. 水利水电快报, 2002, 23(1): 3-5.

[43] 姚军, 孙君. 水电站引起的生态环境问题及补偿措施[J]. 黑龙江水利科技, 2014(6): 203-204.

[44] 刘国贤. 浅谈基于生态环境的水电厂水库调度运行[J]. 科学之友, 2010(1): 33-34.

[45] 梅朋森, 王力, 韩京成, 等. 水电开发对雅砻江流域生态环境的影响[J]. 三峡大学学报: 自然科学版, 2009, 31(2): 8-12.

[46] 陈进, 黄薇, 张卉. 长江上游水电开发对流域生态环境影响初探[J]. 水利发展研究, 2006, 6(8): 10-13.

[47] 王沛芳, 王超, 侯俊, 等. 梯级水电开发中生态保护分析与生态水头理念及确定原则[J]. 水利水电科技进展, 2016, 36(5): 1-7.

[48] 裴厦, 刘春兰, 陈龙, 等. 梯级水电站开发的生态环境累积影响[C] // 2014 中国环境科学学会学术年会(第四章). 2014.

[49] 蔡松年. 水利工程建设对生态环境的影响分析及保护对策探讨[J]. 中国水能及电气化, 2013(9): 45-47.

[50] 袁弘任. 水土资源是三峡水库移民长治久安的基础[J]. 水电站设计, 1999(3): 26-33.

[51] 孔庆辉, 付鹏, 陈凯麒, 等. 水电开发对鱼类的影响及其保护措施[J]. 东北水利水电, 2012,

30(2): 36-39.

[52] 高天珩, 田辉伍, 叶超, 等. 长江上游珍稀特有鱼类国家级自然保护区干流段鱼类组成及其多样性 [J]. 淡水渔业, 2013, 43(2): 36-42.

[53] 李陈. 长江上游梯级水电开发对鱼类生物多样性影响的初探 [D]. 华中科技大学, 2012.

第2章

绿色水电内涵

　　水电是清洁、绿色、可再生的资源。水电开发承担建设电力工程、防洪工程、输水工程、环境保护工程、水运工程等综合任务，其综合利用效益是目前其他能源难以相比的[1-4]。我国水电开发的实践也证明了其推动社会经济发展、改善民生和节能减排的巨大作用。据统计，三峡工程仅在2003—2012年即累计发电量6291亿kW·h，缓解了华东地区、华中地区和广东地区用电紧张的局面，该发电量相当于替代标准煤2.1亿t，减少了温室气体排放，有良好的环境保护效应[5]。2014年6月，溪洛渡水电站所有机组全部投产，总装机容量13 860MW，工程以发电为主，兼具防洪、拦沙和改善下游航运条件等综合效益，并且可为下游水电站进行梯级补偿，而且水电站对促进能源结构调整和保障中东部用电需求具有重大作用，满发电状态下相当于供我国14亿人民人手一个10W灯泡发光，可真正地实现"点亮千家万户"[6-7]。

　　但水电开发对生态环境有一定不利影响，需要我们科学认识，但将其直接定义为"破坏生态和气候的罪魁祸首"，又或认为"对生态、气候完全没有影响"，都是不客观的。事实上，无论是开发水电资源还是进行生态保护，都应在社会经济及科学技术水平发展到一定阶段，对各种环境因素和利益因素比较和综合考虑的基础上，经过科学的论证，做出合理选择[8-10]。这便是人类在改造自然的过程中进一步尊重客观规律的表现，它体现了人类的进步。以科学的方式进行水电开发本身就是"绿水青山"和"金山银山"兼得的生态工程。伴随着人与自然和谐发展的主旋律，我国的水电开发正走在一条"绿色水电"的路上。

2.1　绿色水电的开发理念

2.1.1　"流域、梯级、滚动、综合"开发理念

　　河流是一张连续的网，以水为介，连通上下，汇集两岸，构成一个立体的流域。国内外实践表明，流域与河段的水资源综合利用一般采取多梯级开发的模式，各梯级通过统一规划、统一调度可以增进开发效益，从整体上充分发挥综合效益。现阶段，我国水电开发根据河流的自然特性，结合沿岸城乡发展，对河流的多种资源进行统一规划，分步实施，不断优化梯级开发、运行模式，以期在充分发挥水电站发电、防洪等效益的基础上，获取更多的生态环境效益。

　　在水电开发进程中，我国不断在实践中摸索最具效益的开发模式。自20世纪90年代以来，我国在实践中总结出了"流域、梯级、滚动、综合"的开发理念，这是充分利用江河水资源和其他自然资源、振兴流域经济的根本途径，具有重要的战略意义和深远的历史意义。在这个理念下，河流多个梯级水电站统筹规划设计，有序实施，对环境保护非常有利。从流域上对梯级布局和规模进行优化，有取有舍，并考虑合理的开发时序和综合的开发任务，将环境保护作为重要对象，规避重大的环境破坏与风险，应对不利的环境影响，促进生态正效

益，在开发中保护，在保护中开发。

我国编制的长江流域综合规划报告，对长江上游及金沙江河段水资源的综合利用进行了统一规划。这个规划充分体现了"流域、梯级、滚动、综合"的开发理念，其编制进程也充分反映了该理念的形成、发展与不断完善。长江流域综合规划最早始于1955年，《长江流域综合利用规划要点报告》于1959年编制完成，提出了以防洪为首要任务的综合规划。自20世纪80年代以来，水利部长江水利委员会开展了大规模流域规划修订补充工作，1990年编制完成《长江流域综合利用规划简要报告（1990年修订）》，国务院以国发[1990]56号文予以批准。该规划报告提出对整个流域进行综合治理开发，对长江流域水资源开发利用、流域防洪治理、流域水电开发总体规划布局进行全面部署。该规划报告明确长江宜宾至宜昌段主要开发任务是承担中下游地区防洪、发电、航运及供水作用，并提出5级开发方案，即石硼（正常蓄水位265m，下同）、朱杨溪（230m）、小南海（195m）、三峡（175m）、葛洲坝（66m）。其中，三峡工程综合效益巨大，在整个流域综合治理开发中具有重要地位和作用；葛洲坝工程已于1988年建成运行。对于金沙江下游，该规划报告同1981年9月成都勘测设计研究院编制的《金沙江渡口—宜宾河段规划报告》一样，明确了金沙江中下游段（石鼓至宜宾江段）主要开发任务为发电、航运、防洪、漂木和水土保持，并推荐金沙江下游段为4级开发方案，即乌东德、白鹤滩、溪洛渡、向家坝水电站（见图2-1）。金沙江下游干流四级水电站指标一览表见表2-1。

为进一步推进防洪减灾体系、水资源综合利用体系、水生态与环境保护体系和流域水利管理体系建设，提升水利服务与经济社会发展的综合能力，以水安全和水资源的可持续利用支撑经济社会的可持续发展，2009年6月，水利部长江水利委员会提出了《长江流域综合利用规划（2009年修订草案）》；2012年12月，水利部《长江流域综合利用规划（2012—2030年）》正式获国务院批复。此时，三峡工程已建成，向家坝和溪洛渡水电站已开始蓄水。修订后的《长江流域综合利用规划》明确长江宜宾至宜昌段治理开发与保护的主要任务是防洪、发电、供水与灌溉、航运、水资源保护、水生态环境保护、岸线利用和江砂控制利用，再次明确三峡工程和金沙江下游4座梯级水电站的布局与规模。由于长江上游实施天然林禁

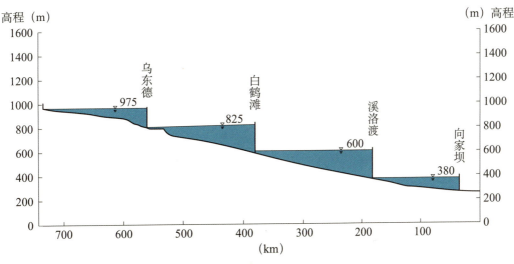

图2-1 金沙江下游规划梯级布置图

伐，取消了 1990 年规划中提到的漂木任务，调整金沙江下游梯级开发任务为发电、防洪、供水与灌溉、航运、水资源保护和水生态环境保护。而对于宜宾至重庆段，2005 年，经国务院批准，长江干流水富至江津段纳入长江上游珍稀特有鱼类国家级自然保护区，宜宾至津江段不进行水电开发。

表2-1　金沙江下游干流四级水电站指标一览表

项目	乌东德 四川会理/ 云南禄劝	白鹤滩 四川宁南/ 云南巧家	溪洛渡 四川雷波/ 云南永善	向家坝 四川屏山/ 云南绥江
流域面积（坝址以上，万km²）	40.61	43.03	45.44	45.88
占金沙江流域（%）	86	91	96	97
多年平均流量（m³/s）	3850	4170	4570	4570
最大坝高（m）	270	289	285.5	162
正常蓄水位（m）	975	825	600	380
死水位（m）	945	765	540	370
调节库容（亿m³）	30.20	104.36	64.60	9.03
防洪库容（亿m³）	24.4	75.00	46.50	9.03
库容系数（%）	2.5	7.94	4.5	0.63
水库调节性能	季调节	年调节	不完全年调节	季调节
死库容（亿m³）	28.43	85.70	51.10	40.74
装机容量（MW）	10 200	16 000	13 860	6450
保证出力（MW）	3271	5500	3395	2009
发电量（亿kW·h）	401.1	624.23	571.2	307.5

根据国民经济发展的需求，长江三峡水利枢纽工程在国家统一部署下开始建设。在长达十余年建设进程中，三峡集团成立，不断成长，成为开发长江上游及金沙江下游的主导力量。按照"流域、梯级、滚动、综合"的开发模式，三峡集团在三峡水电站之后即作为建设单位负责金沙江下游梯级开发工作，并将宜宾至重庆段作为长江上游鱼类保护区进行重点保护。金沙江下游的 4 座梯级水电站与三峡工程归属于同一建设单位便于统筹开发，在三峡工程建设的同时，启动了金沙江下游一期工程（向家坝、溪洛渡水电站）建设。2012 年，长江上游相继建成 3 座大型水电站，溪洛渡、向家坝和三峡工程从上而下串联起来。与此同时，开展 3 个梯级水电站联合调度运行研究，从流域防洪、发电、航运、生态保护等多个方面统筹协调、联合调度，而后开展金沙江二期工程（乌东德、白鹤滩水电站）建设，建成后开展

多个梯级联合调度运行，以便更好地发挥综合效益，实现河流水资源开发与生态环境保护的可持续发展。

《长江流域综合利用规划》对金沙江下游梯级水电开发方案的调整与优化以及长江水力资源开发与保护主要任务的调整与明确，充分表明我国水电开发贯彻了"流域、梯级、滚动、综合"的开发理念。在金沙江下游和长江的水力资源开发历程中，三峡集团对其进行了统一规划，分步实施，这是对"流域、梯级、滚动、综合"开发理念的实践，是水电行业践行绿色水电建设的表率。在金沙江下游一期工程和三峡工程开发过程中，三峡集团始终以水为基础，遵循自然规律、社会规律与经济规律，统筹规划，合理分配，把水电开发同解决水资源问题、推动社会经济发展、改善生态环境紧密结合起来，在实现生态环境保护的同时最大化开发水资源的综合效益。

2.1.2　"四个一"可持续开发理念

三峡水利枢纽工程涉及能源、水利、交通、生态环境、移民、土地、林业等各个方面，是一项复杂的系统工程，不但要解决一系列重大且复杂的技术问题，还需要实现科学高效的工程组织管理，不但要减少对生态环境的负面影响，还要处理好库区百万移民等重大社会问题[12]。在不断摸索和总结中，三峡集团创造性地提出了"四个一"可持续开发理念。所谓"四个一"，即第一个"一"是建好一座电站，要精心设计、施工，全面发挥枢纽的综合效益；第二个"一"是带动一方经济，通过水电开发促进相关产业发展、提高人民生活水平，带动当地社会经济协调发展；第三个"一"是改善一片环境，实现保护与开发双赢，建设环境友好型工程；第四个"一"是造福一批移民，以水电工程建设带动移民致富，真正实现"搬得出、稳得住、逐步能致富"的移民搬迁安置目标[13]。

"四个一"可持续开发理念具有三个重要的特征：一是水电对于社会经济的可持续发展发挥着重要的作用，水电不仅能够直接提供能源、水资源，还可以发挥促进区域发展等作用，开发一座电站就是充分发挥其带动地方经济的重要作用；二是可以协调处理好水电开发与生态环境的关系，水电具有积极的生态正效益，水电站提供清洁能源，有利于节能减排，水电站建成后存在改善局地气候与景观等作用，并且通过水电站建设能解决区域内某些环境问题，有利于改善环境；三是水电开发是移民生活水平提升的一个契机，可通过工程建设与移民搬迁结合，给移民创造好的生产生活条件。

"四个一"可持续开发理念来源于三峡工程，是在科学发展观理论指导下对三峡工程建设经验的总结和升华，也是建设三峡工程与后续工程贯彻的理念，其中生态环境保护为重要前提，推动水电可持续开发进程，为水电开发打上"绿色"标志，特别是在金沙江下游梯级开发实践中，建设者用实际行动不断践行并发展这种绿色水电的理念。

在金沙江下游溪洛渡水电站开发建设过程中，结合溪洛渡水电站工程特点，对"四个一"可持续开发理念进行了延伸，提出了"四个更注重"的要求，即更注重质量安全、更注重生态环境保护、更注重移民群众利益、更注重节约能源资源，树立了建"四好"工程（工程建设好、环境保护好、移民安置好、综合治理好），创西部水电典范工程的宏伟目标。同时，在施工区环境建设与管理方面，坚持"三同时"制定，做好施工规划，提出了独具一格的环境保护"三字经"，即"五米线、行道树、小景点、透视墙、规模厂、商品混凝土、无障碍、一体化"（见图 2-2）的规划理念，努力建设环境友好型施工区，践行"四个一"可持续开发理念。

五米线：施工区内主要交通公路两侧一定范围内统一种植草坪。

行道树：施工区内沿公路两侧统一栽种树木。

小景点：施工区闲置空地及道路回头弯规划为绿化小景点。

透视墙：施工区围墙均修建成半封闭和可透视状。

规模厂：集中建设大规模混凝土生产系统和砂石料系统。

混凝土：统一采购水泥，集中生产混凝土。

无障碍：施工区道路无障碍，绿化场地优先考虑，预留人行通道。

一体化：整个施工区统一规划，统一绿化用草、统一行道树种、统一框格梁样式等，使其整体风格保持一致。

（a）五米线和行道树　　　　　　　　（b）透视墙和规模厂

（c）混凝土生产场　　　　　　　　（d）一体化

图2-2　绿色水电环境保护"三字经"体现

绿色水电的理念从三峡工程传承到向家坝、溪洛渡、乌东德和白鹤滩工程。三峡集团从细节入手，把绿色水电理念贯彻到工程建设的每一个环节，并不断完善。在这样的努力实践中，金沙江下游梯级水电站向我们展示了一幅人与自然和谐共处的画卷。

2.1.3 "全生命周期"的环境保护理念

河流水电开发犹如一款产品，具有完整的生命周期，包含流域规划、工程设计、施工建设、运行维护。三峡集团在三峡工程及金沙江梯级水电站建设过程中，逐渐形成了贯穿水电站全过程的"全生命周期"模式的水电环境保护理念及制度规范。从项目寿命周期理论出发，遵循整体、综合、两省界河的特点，统筹考虑项目前期阶段、建设阶段、运行阶段的开发体制、运行机制、利益关系和分配格局；遵循"规范、有序、协调、健康"的项目管理原则，在规划设计、建设实施、运行维护的全过程中，统筹处理流域资源开发和保护生态环境的全局性、整体性、累积性问题及单一项目建设的个性问题[14]。绿色水电工程框架见图 2-3。

我国的环境保护法和环境影响评价法均对建设项目从规划设计到实施、验收等全过程的环境保护工作进行明确规定，是我国建设项目环境影响评价制度和环境保护"三同时"制度的重要支撑。环境影响评价制度是在流域规划、项目设计阶段开展环境影响的预测评估，制定环境保护措施，明确项目是否具备环境可行性，环境保护主管部门据此审批，为项目核准提供依据。环境保护"三同时"制度是环境保护工程措施与主体工程"同时设计、同时施工、同时投入运行"，确保环境保护措施落到实处。

图2-3 绿色水电工程框架

1. 水电规划环境影响评价

2009 年 8 月，我国发布了《规划环境影响评价条例》，明确了河流水电规划阶段环境保护工作的法律地位。该条例提出，能源、水利专项规划要以编制环境影响评价报告的形式开展环境影响评价工作，对规划方案的环境影响进行评估，并拟定环境保护对策措施。2012年，原环境保护部办公厅发布了《关于进一步加强水电建设环境保护工作的通知》，明确提出，要发挥规划环境影响评价对流域水电开发的指导作用，强化规划环境影响评价与项目环境影响评价的联动。由于一些河流开发水电较早，当时并未开展专项的环境影响评价工作，因此，提出了流域水电开发环境影响回顾性评价的研究要求。随后，通过大渡河干流水电调整规划、澜沧江上游、金沙江上游等国内大型河流规划实践的经验，环境保护与国家能源开发部门逐步强调水电规划与规划环境影响评价工作的互动，河流水电规划及环境影响评价应按照"全面规划、综合利用、保护环境、讲求效益、统筹兼顾"的规划原则，以及"生态优先、统筹考虑、适度开发、确保底线"的环境保护要求，协调水电建设与生态环境保护关系，统筹流域环境保护工作。

金沙江下游水电规划在 20 世纪 80 年代已完成，按照当时的环境保护法律法规要求，没有独立的流域规划环境影响报告书，该规划报告中关于环境影响评价及环境保护方面的内容较少。在新的法律法规要求和新的认知情况下，三峡集团积极组织开展了金沙江下游段梯级水电站建设环境影响评价及对策措施研究，全面深入认识梯级水电站的环境影响问题，统筹流域环境保护措施布局，并以此指导各梯级水电站的环境保护工作。该项工作始于2006年，历经5年，于2011年5月完成了《金沙江干流下游水电梯级开发环境影响及对策研究报告》，作为金沙江下游水电开发的规划环境影响评价报告，获得原环境保护部（2018年改为生态环境部）批复。报告从流域规划层面对金沙江下游梯级水电站开发的各项环境保护工作进行了布局，是流域水电开发环境保护工作的重要开端，是流域顶层和整体性的约束要求和措施布局，是各个梯级水电站设计与建设过程中的重要工作依据。

2. 水电站项目环境影响评价

我国建设项目的环境影响评价要求从1979年颁布试行的《环境保护法》开始。国家有关部门和水电工程开发建设单位一直高度重视水电开发的环境影响分析工作，1992年，在我国尚未颁布环境影响评价法（2002年颁布实施）的情况下，组织编制了长江三峡水利枢纽环境影响报告书，成为水利水电项目环境影响评价的典范。21世纪以来，国家有关环境影响评价的政策法规和规范性文件更完善。随着大批水电工程开始建设，水电开发项目环境影响评价工作不断得到提高，对开发活动的环境影响识别更准确、制定的不利影响减免措施更有针对性，环境影响评价的深入开展对推动水电资源开发利用起到了积极作用。

除独立的环境影响评价外，在项目各设计阶段（预可行性研究、可行性研究和技施设计）也开展了相应的环境影响论证，制定了环境保护措施。工程设计报告中设立环境保护专篇，同时编制重要环境保护工程项目专项设计报告，通过多阶段、全过程的工程环境保护论证和设计，为工程建设方案和实施环境保护措施提供技术支撑。其中，专项环境保护工程设计主要针对的是重要的保护目标或突出的环境影响，如陆生植被保护设计、生态流量泄放设施及保障措施设计、分层取水减缓措施设计、栖息地保护方案设计、过鱼设施设计、鱼类增殖放流设计。

根据工程区环境功能及质量标准要求，对施工期的"三废"和噪声污染提出针对性的防治措施，减少施工期影响，维护周边环境质量，保障人群健康。在移民安置工程区，分析移民安置方式环境适宜性，对农村移民集中安置点、城（集）镇、工矿企业以及专项设施的迁建和复建开展环境影响评价工作并报有审批权的环境保护行政主管部门审批，开展移民安置环境保护措施设计并报行业技术审查单位审查。对涉及重大移民安置的环境保护工程，开展与主体工程同等深度的方案比选，并开展相关专题研究工作。

三峡集团在金沙江下游梯级水电站的各个设计阶段积极开展环境保护设计工作。在可行性研究阶段编制了环境影响评价报告书，并获得环境保护管理部门的批复。在技施及施工图设计阶段，开展了施工区环境保护措施总体设计及多个专项环境保护工程设计，将环境保护深度融入项目设计阶段，成为水电站生命周期的一部分。可行性研究阶段开展的工程环境影响评价报告和水土保持方案设计工作非常重要，通过这项工作，对金沙江流域和项目邻近地区的环境状况、发展趋势、主要问题和环境保护敏感目标进行了翔实的调查研究，对水电站建设与运行、移民搬迁安置等工程活动对工程及周围区域的环境影响进行了全面预测评价，重点对国家级珍稀特有鱼类自然保护区、水库水温与水质、陆生生态、施工区及移民安置区环境保护和水土保持等专题进行了充分论证和规划设计，系统地制定了可行的对策和减缓措施。

在金沙江下游大型水电站建设过程中，还划分了"三通一平"项目和枢纽工程项目。"三通一平"即在主体枢纽工程前实施水通、电通、路通和场地平整的前期工程,为大坝建设奠定基础。该工程是独立于主体之外的项目,环境保护工作也需要介入,三峡集团在设计阶段即编制了"三通一平"项目的环境影响评价报告,在主管部门审批后开展了相应的环境保护设计工作。

3. 项目实施阶段环境保护措施实施与管理

针对环境保护措施实施,我国提出了"三同时"管理制度。在水电工程建设过程中,环境保护措施由建设单位组织实施,由施工单位施工建设,并采取环境管理与环境监理的管理制度,监督、促进环境保护措施落实。相应的法规也明确提出,要建立动态跟踪管理系统,建设单位应定期向环境影响评价审批部门报告工程重要进度节点及环境保护措施落实情况,环境保护行政主管部门应采用定期检查和不定期巡视等方式对水电建设过程中主要生态环境保护措施的"三同时"管理制度落实情况进行检查,发现问题及时整改。

环境保护措施自"三通一平"工程阶段实施,其实施情况也成为主体枢纽工程环境影响评价阶段的一项重点调查内容,对于落实不到位的地方,通过枢纽工程环境保护设计提出进一步处理方案,在主体工程实施过程中进一步落实[15]。在环境保护措施的落实过程中,还需要通过监测和跟踪评价,确保落实的效果。三峡集团在金沙江下游梯级水电站的建设过程中,按照这些环环相扣的规章制度要求组织实施工程建设与环境保护工作。

4. 环境保护验收及后续工作

在水电站项目设计阶段即提出环境保护验收计划,包括蓄水阶段和枢纽工程竣工阶段的环境保护验收。在法律法规层面,水电建设项目建设过程中应及时开展项目环境保护工作、阶段性检查和验收工作,工程总体验收前应及时开展竣工环境保护验收工作,并把环境保护措施的落实情况作为检查和验收重点。其中,栖息地保护、生态流量泄放、水温恢复、过鱼设施、鱼类增殖放流等主要环境保护措施的落实情况应作为竣工环境保护验收的重点内容,确保环境保护措施按要求落实。环境保护措施落实不到位的应及时整改,蓄水后会严重影响环境保护措施实施的工程必须在整改落实后再蓄水。水电建设项目的主要环境保护工程须纳入水电工程安全鉴定和验收范围,确保主要环境保护工程的设计、施工及运行安全满足工程要求。

按照国家有关法律法规要求,水电建设项目运行满5年应按要求开展环境影响后评价工作,重点关注工程运行对环境敏感目标的影响,及时调整或补充相应环境保护措施。对于水电站运行以后的环境保护工作,要确保相应环境保护措施正常运行,同时加强环境影响的调查与跟踪评价工作,为及时应对不利影响提供依据。为了更好地确定水电站建设对环境的影响,在项目设计阶段也提出了一些监测工作计划。建设单位需要按照环境影响评价要求构建生态环境监测体系并组织实施监测计划。

从向家坝、溪洛渡水电站蓄水和运行情况看,环境保护工作一直贯穿其中。通过阶段验收,对环境保护措施落实情况进行了核查与效果评定,提出了遗留问题的改进方案,并获得环境保护主管部门同意,增强了环境保护措施效果。向家坝、溪洛渡水电站在尾工阶段,组织开展施工场地的生态恢复方案设计工作,对施工结束后的施工场地进行系统植被恢复和绿化,进一步改善施工区生态质量。同时,三峡集团在金沙江下游流域开展了水温、水质、总溶解气体过饱和、陆生生态、水生生态等一系列的流域生态环境监测工作,并组织开展流域环境信息管理系统建设，为金沙江下游水电开发建设的生态环境保护工作提供依据。

从向家坝、溪洛渡水电站环境保护工作的进程看，全生命周期的水电环境保护理念已深深地植入工程建设和运行管理的核心环节，随着梯级和流域生态保护综合效果的良好体现，全生命周期的环境保护理念和实践展现出了强大的可持续力。

2.2 融合绿色水电的优化设计

工程建设是一个从无到有的过程，是一个创造过程，而任何创造都源于设计。从水电工程开发建设、运行产生的影响看，其影响的方式、范围和程度都来源于设计。对水电开发环境保护而言，需要结合当地实际情况，充分考虑当地生态环境保护需求及资源环境承载力。从节约资源、减少不利影响的角度出发，做好工程建设、运行方案的设计和优化工作是最好的保护措施。

在水电开发过程中，生态环境影响已成为制约水电工程开发的关键因素。工程建设、运行过程中需要重点关注重大的、基本的生态环境影响问题，相应的生态环境保护措施的设置和实施则需要综合协调开发与保护之间的矛盾。金沙江下游梯级水电站地处干热河谷区，土地资源有限，易发生水土流失和地质灾害。为此，三峡集团在进行金沙江下游梯级水电站设计时提出了"绿色水电设计"概念，尽量减少场地占用和干扰，并通过工程布置及施工组织优化设计，减少对原本就相对脆弱的生态环境的不利影响，甚至通过采取经济代价更高的建设方式来减少不利影响。

实际上，金沙江下游梯级水电站绿色水电设计贯穿于工程的整个生命周期，是包含规划、预可行性研究、可行性研究、施工图各个设计阶段与工程施工、运行全过程的一项工作，在施工图设计及工程施工阶段，侧重于对外交通工程、枢纽工程布置及其施工布置、移民安置等内容的优化。在工程实施过程中，难免出现现场实际情况与设计方案不一致的情况，设计人员需要根据现场实际情况对前期设计方案进行优化，优化过程以加大环境保护措施投入、不增加环境影响为原则。三峡集团在金沙江下游4座梯级水电站各个阶段通过多方案比较，提出一系列工程优化设计方案，从而尽可能避开敏感的影响对象，减少占地、水土流失和植被破坏等。

2.2.1 对外交通设计优化

金沙江下游流域梯级水电建设项目建设规模大、周期长、施工区范围广，施工期场内场外物资主要通过公路运输。由于水电站所在地区及周边山高坡陡，地形复杂，路况条件差，不能满足水电站施工期大件和大量交通运输需求。因此，在梯级水电站的可行性研究阶段即规划专用的对外交通道路。对外交通道路线路长，通常作为专用公路进行建设，先于水电站主体工程建设，在最开始阶段实施。

公路建设属于线性建筑类工程，特点是线路较长，穿越地貌类型复杂，遇到山体要开挖削坡、修隧道，遇到沟谷要架桥，地表植被和表层土一旦被破坏，则后期生态恢复会有一定难度。同时，公路建设时工程量较大，主要包括临时施工交通道路与结合当地需要而建设的永久交通道路。因此，三峡集团在对外交通设计时坚持节约用地、减少不利影响、协调地方建设的原则。

1. 向家坝水电站对外交通

向家坝水电站对外交通（见图2-4）是对地方改建公路的综合利用。在水电站可行性研究设计阶段，地方改建公路规划自水富县高滩坝附近起，经高滩坝、坝尾槽往上游展线，至大新号处与现有公路连接，公路长约20km，为明线公路。实施阶段，经优化调整，对公路起点进行调整，直接利用隧道穿过右坝头，出洞后降坡与原水富—馀江公路相接，总长3.40km，其中隧道长1.60km。通过一条长隧道，减少公路里程16.6km，减少占地面积约60hm²，减少施工对植被的破坏、扰动，减少水土流失影响，有利于水土保持。对于左岸，对外交通道路总长12.7km，本着"少占耕地和林地，避开集中居民点、挖填平衡，减少弃渣，保护生态"的原则确定线路高程，规划豆坝等隧道5.3km（见图2-5），明线段7.4km，隧道开挖料用作明线段路基填筑，大大减少了对周边植被的破坏[16]。

图2-4　向家坝右岸对外交通

图2-5　向家坝左岸对外交通

2. 溪洛渡水电站对外交通

在可行性研究阶段，规划的溪洛渡水电站对外交通公路从坝区下游桥起，经桧溪镇，至内昆铁路的普洱渡车站，根据山岭重丘二级公路标准建设，铺水泥混凝土路面，公路全长61km，其中路基工程长约45.7km，约占线路总长的75%，桥隧总长15.3km。

在初步设计及实施阶段，从减少地表开挖与影响等方面考虑，根据施工现场实际情况，将部分路段的设计按有关程序进行变更，缩短明线长度，增加隧道长度，进而减轻对河谷区脆弱生态环境的影响。比如，道路的C标段K17+802～K17+898段原设计为明线，施工时更改设计路线，改为黑梁子隧道，全长96m。又如，G标段K43+788～K43+890段原设计为明线路基，施工时更改设计为白岩隧道，全长102m。经过沿线一系列的明线公路改隧道的优化设计，最终建成的对外交通公路桥隧比由原来的0.25提高到0.30，线路总长度由设计之初的61km减少到57km。

渣场占地面积的变化也能反映对外交通优化设计的成效，在溪洛渡水电站对外交通公路实际建设过程中，弃渣场的占地面积42.90hm²，比设计之初减少了11hm²；溪洛渡水电站对外交通公路规划线路要穿过盐津县内的白老林自然保护区，现场施工时为避开保护区，从保护区一侧的山体内开挖一条隧道，穿山而过，以避免明线公路开挖填筑对自然保护区的影响。经过优化调整，交通公路明线长度缩短，桥梁、隧道长度增加，总长度缩短，同时渣场占地面积减小，避开了对白老林自然保护区的影响，整体上降低了施工对地表植被的扰动破坏，减少了土石方明挖、弃土弃渣量，有利于项目区生态环境保护和水土流失防治。相比以牺牲生态环境为代价、减少投资、节约成本与周期的优化方案，三峡集团在修建金沙江下游水电站对外交通公路的过程中贯彻"绿色水电设计优化"理念，选择以代价更高的隧道建设替代投资较少的明线公路施工，实现了生态环境保护和工程建设的双赢。

2.2.2　枢纽工程设计优化

枢纽工程是建设的主体，主要包括拦水大坝、泄洪设施、发电引水系统及交通与安全防护设施等，其中大坝的形式、工程用料及工程量决定施工规模，其优化设计的目的在于减少工程量，减少工程对环境的影响。

1.溪洛渡枢纽设计

溪洛渡水电站（见图2-6）从工程量优化入手，将水电站进水口形式由岸塔式改为露天竖井式，明挖工程量减少了98万m^3；将导流洞进水口形式由岸塔式改为地下竖井式，土石方减少了10万m^3；通过对泄洪设施优化而取消1条非常泄洪洞，减少土石方明挖5.61万m^3、洞挖7.24万m^3；通过深入研究，优化了挡水大坝建基面与弧形式设计，大坝基础开挖减少了161万m^3，坝体混凝土减少了113万m^3。主体工程优化方案实施后，减少了工程开挖与用料，减少了渣料对原始地表的占压，保护了地表植被和表层土壤，有效减少了工程施工的新增水土流失，减轻了干热河谷区恢复植被的压力，提高了项目的环境保护效益。

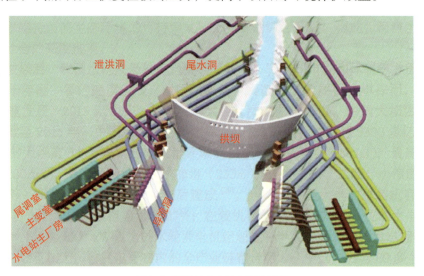

图2-6　溪洛渡水电站三维效果图

2.向家坝的底流消能

水电站泄洪消能有挑流消能、底流消能、面流消能和联合消能等方式。除底流消能方式外，其他消能方式均有不同程度的雾化现象。其中，挑流消能方式具有工程量少、调度灵活、冲刷坑远离坝脚从而避免对坝脚造成冲刷影响等优点，在基岩较好、冲坑发展不影响大坝及两岸稳定的条件下优先采用，我国的许多高坝均成功地运用了挑流消能方式，如溪洛渡水电站。

挑流消能方式与底流消能方式不同,就像用水管采用不同方式往水盆里注水一样。挑流消能方式像是将水管置于空中,水自上而下倾泻入水盆,利用水在空中与空气的摩擦、掺气及扩散消除部分能量,待入盆后,水与水的碰撞与混动会继续消除能量。底流消能方式则像是将水管伸到水盆里的水中注水使下泄水流在消力池内"打滚"进行消能(见图2-7)。

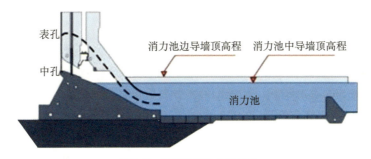

图2-7 底流消能方式示意图

向家坝水电站在汛期开闸泄洪时,最大泄洪量可达 4.9 万 m³/s,巨大的下泄水量如果用挑流消能方式则会在下游河段形成比较严重的水雾区。向家坝坝下右岸即是水富县的云南天然气化工厂(简称云天化工厂)生产生活区,在设计论证中,三峡集团高度重视水电站泄洪水雾对该区域的影响,最终确定设计方案为带"高低坎"的底流消能方式。这个优化设计虽然大幅增加了投资,但既能将泄洪产生的巨大能量消除,又不会影响水富县城和云天化工厂生产生活区,较好地解决了泄洪、消能、排沙和环境保护的问题。

三峡集团进一步结合厂房与底流消能设施布置进行设计优化。优化后的设计将底流消能建筑物布置于大坝中部,两侧设置有厂房建筑物,泄洪建筑物由导墙均分为 2 个对称的泄洪消能分区,泄洪溢流面一直延伸到消力池中,同时形成高于消力池底板的高低两个"坎"(见图 2-8)。当开闸泄洪时,从中孔和表孔下泄的高速水流在消力池中互相掺混消能,真正达到了泄洪、消能、排沙和保护环境的目的。从运行以来的监测数据看,向家坝水电站泄洪产生的水雾都限制在坝后中部消力池小的区域内,进一步减少泄洪水雾扩散范围与对两岸的影响。

(a)俯瞰底流消能建筑物

(b)仰看底流消能建筑物

图2-8 向家坝水电站底流消能建筑物

2.2.3 施工布置优化

随着设计工作的进一步深化，工程师对向家坝和溪洛渡水电站施工场地布置进行了优化，最根本的原则是节约用地，减少开挖，减少生态与社会环境影响。其主要方法因地制宜地运用开挖料造地并合理布置场地单元、优化施工交通布置等。

1. 施工布置与场内交通优化

（1）向家坝施工布局优化

向家坝水电站的设计重点考虑减少对坝址附近的水富县城区和企业生活区的影响。为实现弃渣合理，减少占地面积，取消了原规划磨刀溪渣场，将原规划放置于磨刀溪渣场的施工前期边坡开挖弃渣运至莲花池冲沟，填筑平整，作为后期施工场地；为避免渣料运输对云天化工厂和水富县县城产生大气与噪声污染，取消了原先对右岸地下厂房 120 万 m³ 洞挖料进行左岸上坝利用的方案，以及右岸施工场地平整弃渣堆放剪刀湾方案；为减少长期施工对云天化工厂和水富县城的影响，取消了原先布置在县城南侧一带的机械加工厂、钢管加工厂等，把这些施工生产用房布置在距离县城较远的左岸下游莲花池，并沿靠近云天化工厂生活区和水富县城一带布置仓库、生活办公用地，以形成噪声隔离带；为避免砂石料加工噪声对云天化工厂生活区和水富县城的影响，原先规划的左岸砂石料生产系统从大坝左坝头高程较高的磨刀溪沟调至凉水井低洼地带，并把右岸砂石料加工系统初碎、中碎场地调至距离较远的太平料场。

同时，对施工营地的总体布置进行优化，将可行性研究阶段 4 个营地调整为 3 个，即将莲花池生活营地（见图 2-9）和田坝生活营地合并布置在莲花池生活营地，建设的楼层增高，相应的污水和生活垃圾处理设施集中修建，整体上减少了环境干扰面。

（a）生活营地进行绿化　　　　　　　　　　（b）生活营地全景

图2-9　向家坝莲花池生活营地

此外，场内交通主要从控制水土流失等方面进行优化布置。依据向家坝水电站可行性研究阶段设计的方案，场内施工道路为左右岸各布置 6 条，左岸道路总长 9.7km，右岸道路总长 14.1km，总占地面积 79.35hm²。而在实施阶段，从临时占地与永久占地的角度进行了权衡，尽量因地制宜，将库区内淹没线以下的占地作为交通用地进行利用。根据实际需要，对场内施工道路走线进行了优化调整，左岸道路总长 14.09km，右岸道路总长 12.48km，总占地面积

82.85hm^2。虽然占地面积有所增加，但蓄水后 5.66hm^2 占地将被淹没。因此，场内道路变更后，道路长度略有增加，扣除库区重复占地后，占地面积略有减少，这种优化调整实际上减少了临时占地的面积，减少了水土流失的影响。

（2）溪洛渡施工布局优化

溪洛渡水电站在施工布局优化上遵循资源集约的理念，减少占地，重复利用场地，减少对环境的影响。根据现场地形条件，主要在塘房坪、大戏厂、黄桷堡、中心场、溪洛渡沟 5 个区域布置施工企业设施，对施工营地、施工工厂及设施的布置、场内道路、渣场布置等进行了一定优化调整，具有节约投资、方便职工生活、减少土地占用的优势，有利于生产管理和环境保护。

图2-10　溪洛渡工程建设管理中心

在溪洛渡水电站可行性研究阶段，施工区内规划了 11 个营地，分布在黄桷堡、马家河坝、塘房坪和中心场 4 个区域，实施阶段调整为 1 个工程建设管理中心（三坪营地）（见图 2-10），3 个承包商营地，1 个警消营地，4 个民工营地。与可行性研究阶段比较，取消了在马家河坝布置的营地，将塘房坪的 6 号营地并入邻近的花椒湾营地，将规划的中心场 6 个营地并入邻近的杨家坪营地（见图 2-11）。施工生活营地的集中规划可减少零星的施工营地，有利于减少地面占压面积，保护地表植被和表层土壤，具有良好的水土保持效益。

图2-11　溪洛渡杨家坪施工营地

溪洛渡场内交通原设计方案有大约 60km 的明线公路，三峡集团从公路设计方案着手进行优化，缩短明线公路长度到 42km，桥隧比由 0.29 提高到 0.38，从而减少了土石方开挖量，减少了弃渣量及渣场占地面积。实践表明，溪洛渡水电站场内交通公路的桥隧比提高减少了地表扰动与植被破坏，具有明显的生态保护意义。溪洛渡场内施工交通见图 2-12。

图2-12　溪洛渡场内施工交通

2.土石方平衡与取弃土场优化

土石方平衡是计算工程开挖所得的土石料量，以及填筑需要的土石料量。在大型水电工程建设中，土石方平衡设计极其重要，可最大限度地减少新增水土流失和原地表破坏。开挖料的充分利用可直接避免到别的场地开挖取料，也可减少弃渣的处理场地面积。三峡集团在金沙江下游溪洛渡、向家坝水电站建设过程中，坚持精心施工与品质管理的精神，在峡谷中因地制宜，通过优化处理，减少了料场和渣场面积，极大地降低了不利环境影响。

（1）渣场布置优化

金沙江下游水电站梯级开发规模大，虽然已充分利用，但仍产生大量的工程弃渣。这些弃渣如果得不到妥善处置，则会占压大面积的原始地表，破坏原有的地表植被，一旦弃渣场遭暴雨冲刷，将出现水土流失的问题。为了妥善处置工程建设过程中产生的大量工程弃渣，应规划合适的弃渣场，并对场地进行水土流失防治和生态恢复。选择渣场时一般遵循施工方便、运输合理、经济指标优越、水土保持良好、环境影响小、对当地景观破坏少的原则。在金沙江下游梯级水电站渣场选址中，三峡集团也遵循以上这些原则，考虑工程弃渣量巨大与工程区山高坡陡、可供堆渣的土地有限等因素，通过对大坝附近的主要支沟进行分析，选择了沟口堆渣、造地、对地质灾害压坡治理和局部水土流失地形改造等综合利用设计方案。

在选择向家坝水电站施工弃渣场地时，将新滩坝、大溪口、新田湾、磨刀溪、剪刀湾场地平整、莲花池场地平整等多处弃渣场进行对比，以减少环境影响的目的进行优化，右岸施工弃渣场为新滩坝弃渣场，左岸弃渣场为新田湾弃渣场（治理前后对比见图2-13和图2-14），同时利用部分前期施工弃渣对莲花池区进行填筑造地，用作施工场地。莲花池场地平整利用前期弃渣，减少了需要防护处理的弃渣量，取消了占地面积相对较大且靠近金沙江易引起水土流失的大溪口场地，这些优化都有利于水土保持。

溪洛渡水电站按照优化后的施工布置情况，结合施工区可供堆渣的区域，取消了左岸上游马家河坝渣场，在左岸下游增设杨家沟渣场（见图2-15），其他渣场按照可行性研究设计方案，渣场总数仍为6个，坝址上游2个、下游4个。在6个渣场中，左岸上游豆沙溪沟（见图2-16）、右岸下游杨家沟和溪洛渡沟3个渣场全部用于堆存开挖弃渣，其余3个渣场均为回采渣场，主要用于堆存可利用开挖料，回采后加工为混凝土骨料。经土石方平衡后，最终弃渣量约 2700 万 m³，设置的渣场总容量能满足堆渣需求。在土石方调运方面，结合砂石加工系统和混凝土系统的布置，6 个渣场中的 3 个渣场堆存回采石渣，其余 3 个堆存弃渣，土石方调运与工程施工需要结合起来，趋于合理化。

（a）场景一

（b）场景二

图2-13　新田湾弃渣场（治理前）

（a）场景一

（b）场景二

图2-14　新田湾弃渣场（治理后）

（a）边坡

（b）顶部

图2-15　绿化后的杨家沟渣场边坡及顶部

（a）场景一　　　　　　　　　　　　　　（b）场景二

图2-16　边坡平整后的豆沙溪沟弃渣场

（2）料场布置优化

金沙江下游梯级水电站拦河大坝为混凝土坝，需要的建筑材料主要为混凝土骨料和土料，除了充分利用开挖料，还需要设置料场，以补充填筑材料的不足。这些料场根据周边的土石条件确定，一般会进行存储量、运输距离、环境影响等多方面的比较。

在向家坝水电站可行性研究阶段，规划柏溪土料场为施工取土场，主要用于围堰防渗。柏溪土料场位于坝址下游金沙江左岸，运输距离17km，规划开采土量约4万 m^3，占地面积约2hm²。在实施阶段，因考虑土料需求量不大、运输距离较远，且坝区场地平整中剥离的覆盖土层可作为围堰的防渗用土，故取消了柏溪土料场，从而避免了施工对原地貌的扰动，减少施工占地和水土流失影响，有利于水土保持和环境保护。

图2-17　向家坝太平灰岩料场采区

在选择向家坝水电站混凝土骨料时，对太平灰岩料场、巡场灰岩料场、双河灰岩料场、新滩溪灰岩料场、汉王山灰岩料场等多处料场进行比较，出现4种方案，经过综合比较，确定主体工程混凝土骨料以太平灰岩料场（见图2-17）为主，辅以地下厂房开挖料。推荐料源太平料场共需开采毛料1343万 m^3，无用层剥离量95万 m^3，剥采比0.071，是所有料源中最低的，无用层剥离量少，弃料弃渣少，造成的新增水土流失量少，有利于水土保持。可以看出，通过多方案的比较和设计优化，推荐的料场布置方案最有利于水土保持和环境保护。

2.2.4　施工工艺优化

施工工艺的优化既能带来节省投资的经济效益，又能带来减少施工干扰的环境效益。施工工艺的优化包括设备、生产技术或运营手段等多个方面，通过这些改进的技术方法，规避不利影响的发生，减少对环境的不利影响。施工工艺优化还常作为预防性与减量化措施在工程设计中被广泛应用。在向家坝和溪洛渡工程建设过程中，三峡集团在施工工艺优化方面做了大量的实践。

1. 向家坝的长距离皮带输送

经太平料场初碎后的砂石料半成品需运至马延坡砂石料加工系统，两者之间的直线距离 30km，公路里程 59km。若采用公路运输，需要修建长距离公路，而在高山峡谷区建设长距离施工道路必然造成大面积山体开挖和水土流失，同时大运输量也会对区内大气环境和声环境带来较大的影响。为了避免长距离公路修建及砂石料公路运输，工程设计时采用长距离皮带输送线方案，建设 8 个隧道，线路总长 30.4km，其中隧道长约 29.5km，明线公路段仅 0.1km。这个优化设计大大地减少了石料运输对周边生态植被的破坏；运输期间产生的粉尘在隧道内不会扩散到外部，从而避免了粉尘对周边环境的影响；运输期间皮带输送机与石料的摩擦产生的噪声在隧道内得到屏蔽，从而避免石料运输对周边声环境的影响。

2. 溪洛渡的大型机械化作业

在溪洛渡工程建设过程中，在不影响工程进程的前提下，通过采取大型机械化施工（见图 2-18）等优化施工方法，使施工高峰期人数由预可行性研究阶段设计的 15 000 人减少到可行性研究阶段的 12 650 人，从而减少因施工人员集中进驻对环境产生的影响。

图2-18　溪洛渡大型机械施工现场图

2.2.5　移民迁建设计优化

水电开发会涉及大规模移民、搬迁和安置，其引起的自然环境和社会环境问题不容忽视。移民安置过程中的环境保护直接关系移民的生活质量和库区生态环境，应高度重视并正确处理好水电开发与移民安置、工程建设与环境保护之间的关系。三峡集团在金沙江下游梯级水电站开发过程中，积极地做好移民与环境保护工作，不断优化移民迁建设计，保障水电开发稳步前进。

1.农村移民安置方式与环境保护结合

金沙江下游梯级水电站移民安置工作针对人数及分布特点和移民安置区山高坡陡、土地开发难度大的情况，从妥善安置移民生产生活、保证库区长治久安、保护库区生态环境出发，开展了移民安置规划设计。三峡集团根据当时的社会发展情况，对早期的移民安置规划设计进行了优化调整。对向家坝和溪洛渡的移民安置，从原来规划的以开垦耕地移民安置方式为主调整为以低产田改造、坡改梯和调整土地移民等安置方式为主，从后安置为主调整为鼓励移民外迁安置，从单一土地安置调整为多种形式安置。优化后的安置方式可以减少库区因迁建而造成的地表扰动和水土流失，有利于保护环境。

向家坝水电站规划调整土地 2466.45hm²，低产田改造 199.33hm²，新开耕园地 1211.26hm²。由于生产开发方式的改变，新开耕园地减少了 329.47hm²，从而减少了对植被的破坏，减少了新开垦土地造成的新增水土流失。同时低产田改造、坡改梯使当地原有坡耕地上的水土流失得到有效治理，有利于当地生态环境建设和水土保持。

2.城镇迁建选址注重环境保护

农村移民安置具有分散、规模小的特点，而城镇迁建具有涉及面相对集中且规模较大的特点，需特别关注周围环境的影响。在城镇的选址、建设布局和环境保护措施等方面需要充分优化，从源头上避免出现不利的环境影响。在向家坝、溪洛渡水电站建设过程中，各城镇迁建工程、等级公路、输变电等专项设施在选址过程中充分考虑对生态环境的影响，禁止占用林地、草地，禁止占用陡坡开垦，避免在生态敏感区域建设，这些都在设计优化中充分体现出来。下面以向家坝水电站涉及的屏山县城和绥江县城选址为例进行说明。

屏山县城新址对共和、莲花池、真溪 3 个方案进行比较。屏山县城共和新址位于屏山镇共和村，南临金沙江，西靠富荣河，新址南北长 2.5km，东西宽 1.5km；共和新址地形地貌以单面山的缓倾斜坡为主，场地内发育有 4 条近东西走向的小溪沟，虽切割不深，却使整个城址地形起伏不平，城址地质条件较差，可能处在一个巨型古滑坡体或滑坡群上，大部分地区分布崩坡积、残坡积、滑坡堆积物，地基处理和地质灾害防治的难度很大，场地平整土石方工程量较大，容易产生水土流失，甚至会发生滑坡、坍塌等重力侵蚀，带来严重危害。屏山县城莲花池新址位于宜宾县安边镇的瑞莲村莲花池一带，南靠安边镇，西临金沙江，南北长 2.5km，东西宽 1.2km；莲花池新址地形以马草沟—莲花池—铜罐溪为中心，总体呈不对称 U 形谷地，莲花池新址场地稳定性和地基稳定性好，不存在制约场址存在的重大技术问题，但地形起伏较大，对建筑物的布置有一定的影响，土石方工程量亦较大，在场地平整中容易造成水土流失。屏山县城真溪新址位于宜宾县中西部岷江边的真溪乡丁家村，地处岷江南岸的阶地上，地形平坦，地质构造较简单，岩层倾角平缓，场地稳定，地基相对均衡，场地平整工程量最小，带来的水土流失影响最小。

由于屏山新县城（见图 2-19）附近的岷江为长江上游珍稀特有鱼类国家级自然保护区，因此在选址的同时充分考虑县城生活污水、生活垃圾等对保护区水体的影响。新县城规划建设 1 座污水处理厂，城镇生产、生活污水经处理达标排放入岷江支流真溪河，对岷江的水质不会产生影响。同时生活垃圾场选择在屏山县大乘乡的九黄埂，距真溪约 6km，远离岷江，生活垃圾产生的渗漏液不会对岷江的水质造成影响。此外，对工业园区实行准入制，严格限制对水质影响严重的工业企业进入，从而更好地保护了岷江水质。在采取有效的措施后，屏山新县城的迁建对岷江的水质不会产生影响，也不会对自然保护区产生影响。

图2-19　屏山新县城现场图

　　绥江县城新址对后靠五福堂—盘家山、珍珠坝 2 个方案进行比较。绥江县城后靠新城址位于现绥江县城东南 1km 处的中城镇凤池办事处的五福堂—盘家山—后坝一带，东西两侧有小汶溪、大汶溪，新城址东西长约 4.5km，南北宽约 1km，地势南高北低，地形坡度约 10°，场地内发育多条近南北向冲沟；新城址位于平缓的顺向坡上，地质构造简单，场区及外围周边无区域性断裂通过，区域构造稳定性好，场址建设适宜性综合分类为Ⅱ～Ⅲ类，较适宜工程建设。绥江县城珍珠坝新城址位于南岸镇南岸村境内，隔着金沙江与新市镇相望，距离绥江县城原址 16km，珍珠坝新城址用地范围高程 385～900m（缓倾顺向红层斜坡），地势西高东低，起伏较大，场内发育 10 条主要冲沟；地基大部分为第四系的崩坡、滑坡及流水堆积物覆盖（一般厚度 15～30m），场地内及周边发育滑坡 2 处，滑坡稳定性较差；场地内松散堆积物组成物质和结构不均衡，以松散堆积物作天然地基时可能产生不均匀沉陷，还会出现局部库岸再造问题；场地开挖和地面水渗入将改变边坡的自然环境，降低土体强度，导致开挖边坡的稳定性变差。该新城址突出的地质问题是边坡稳定性较差和地基不均匀沉降，场地平整和建设过程中较容易引起水土流失问题，工程建设适宜性较差。通过比较，推荐五福堂—盘家山新址方案，有利于水土保持和环境保护。

3. 淹没复建与环境保护结合

　　一般而言，库区被淹没的企业复建问题要结合政策解决，对产能落后与污染的企业进行淘汰或工艺改进，以利于环境保护。在向家坝库区被淹没的企业中，对污染较严重的 3 家企业按一次性补偿安置，1 家企业进行工艺改进，其余 10 家企业按照统一规划迁往屏山新县城工业园区，并执行准入制，对水质污染较大且在近期内无有效治理措施的工业企业限制进入。溪洛渡水电站库区淹没的工矿企业为 2 家，规划按补偿评估价值进行合理补偿，这种搬迁设计相当于去掉工业污染源，充分考虑了环境保护。淘汰产能落后和污染企业以满足环境保护"以新代老"要求，也有利于环境保护。

2.3 坚持绿色水电开发措施

我国水资源开发的过程中充满各方面的矛盾与问题，其中经济发展与环境保护的矛盾尤其突出，但随着生态环境保护认识和技术的不断提高，可在经济发展的同时加强生态环境保护工作，使得经济发展与生态环境保护相辅相成。随着水电开发的深入，环境保护工作不断面临新的挑战。

三峡集团遵循绿色水电理念（见图2-20），投资建设的水电站在开发过程中坚持生态优先、系统安排生态与环境保护措施、优化开展流域梯级联合调度、坚持创新引领和科学支撑、坚持开放与合作，以提升各水电站"绿色"特性。

图2-20 绿色水电理念结构图

2.3.1 践行水电开发生态优先理念

在金沙江下游梯级水电站规划阶段，系统研究流域性生态问题，基于生态优先的理念优化开发方案，制定流域生态保护系统性、全局性措施。在各项目论证阶段，系统、全面地开展环境影响评价工作，形成环境影响报告书，并通过环境保护行政主管部门审查批准。

2.3.2 系统安排生态与环境保护措施

在水电站工程技施设计阶段，以金沙江下游流域总体保护布局为基础，开展保护措施的专项研究和总体设计，确立多措并举的合理规划和布局。以白鹤滩水电站为例，水电站下泄不少于1260m³/s的生态流量，保证鱼类在繁殖期的产卵活动；建设叠梁门分层取水设施，缓解下泄低温水影响；与相关方共同系统实施长江上游珍稀特有鱼类国家级自然保护区保护、白鹤滩库区支流黑水河河流生态修复项目、库区人工鱼巢建设、300m级高坝过鱼设施建设、增殖放流、监测和研究等水生生态保护措施；开展受工程影响的300余株古树保护、施工区生态恢复等陆生生态保护工作；系统开展生态监测与科学研究，不断提升生态保护效果。

2.3.3 优化开展流域梯级联合调度

三峡集团在长江流域开发建设6个水电工程，尝试开展流域梯级联合调度。梯级联合调度能够发挥梯级水电站巨大的防洪效益，尽可能避免因洪灾导致的环境污染和生态破坏；提供巨大的可再生循环低碳清洁能源，对气候变化和促进流域低碳发展具有重要作用；改善中下游水资源供给和保障，尤其是枯水季节江湖生态流量的保障；提升长江流域生态保护与修复、水资源利用与保护的系统与协同作用。

2.3.4　坚持创新引领和科学支撑

三峡集团组建了以水电环境研究院、长江珍稀鱼类保育中心（中华鲟研究所）、长江珍稀植物研究所、上海勘测设计研究院为主体的水电环境保护技术创新平台，形成环境保护政策研究、物种保护技术研究和综合方案解决的环境保护核心能力。充分发挥与中国科学院、中国水产科学研究院及有关高校的合作关系，组织好行业内高校、科研院（所）的科技资源，形成协同创新能力，安排专项资金开展水电绿色发展相关专项研究。目前已取得中华鲟全人工繁殖、圆口铜鱼和长鳍吻鮈人工繁殖、高坝过鱼设施设计、DH 生产废水处理、黑水河河流生态修复等一系列引领水电工程绿色发展的科技创新成就。

2.3.5　坚持开放与合作

三峡集团在金沙江水电站开发过程中一直秉持开放、合作的态度，接受国内外相关行业主管部门监督考察，开展与国际行业协会、流域管理机构、同业机构、环境保护组织的交流与合作。三峡集团与原环境保护部环境工程评估中心联合成立了水电环境研究院，与原农业农村部长江流域渔政监督管理办公室、中国科学院等签订了战略合作或实施协议，与清华大学、河海大学等有关高校建立了长期稳定的战略合作关系，与水电水利规划设计总院、有关水电水利勘测设计院建立了良好的合作关系，与世界自然基金会（WWF）、美国大自然协会（TNC）、国际水电协会（IHA）等签署了合作备忘录，在包括白鹤滩水电生态与环境保护在内的水电绿色发展领域开展深入合作。

三峡集团在全面实践绿色水电理念的过程中（见图 2-21），积极对标国际标准。作为 IHA 的铂金会员，在 IHA《水电可持续评估规范》修订过程中，三峡集团组织其在水布垭项目的试用，并组织国内专家参与修订工作。2014 年，三峡集团老挝 NAMLIK1-2 水电站作为第一个中国企业所有项目，接受了 IHA《水电可持续评估规范》官方评估，完成了中国企业国际工程环境保护与 IHA 可持续水电标准的第一次全面对标。

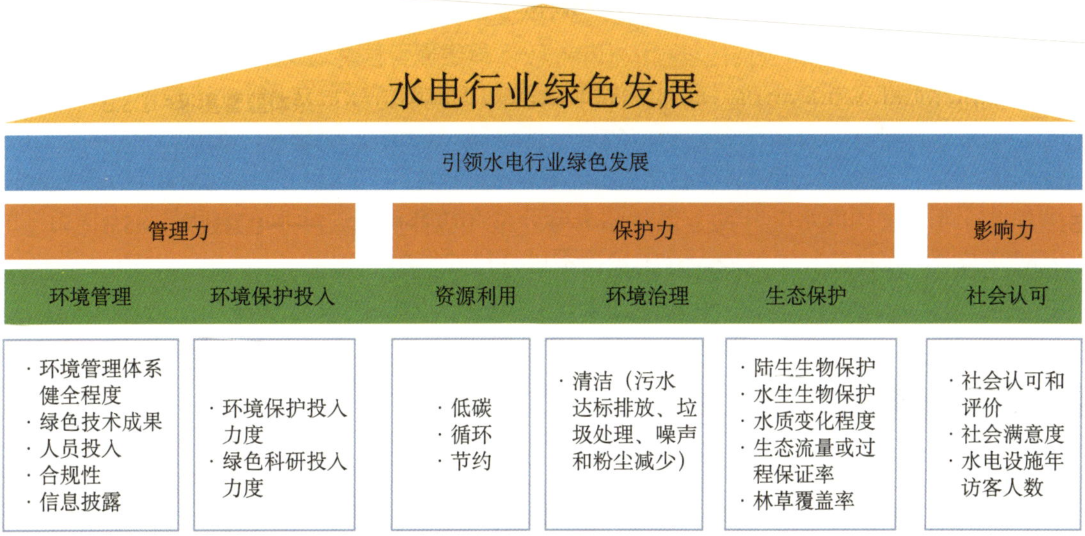

图 2-21　绿色水电发展规划

2014年，三峡集团国际业务拟通过三峡南亚公司（三峡集团下属的以巴基斯坦清洁能源开发为主营业务的国际工程公司）引进国际金融公司（International Finance Corporation，IFC）投资。为配合国际投资需求，三峡集团组织专家探索建立三峡南亚公司社会和环境管理体系，并根据体系运转情况进一步加大国际工程项目可持续规范化管理进程。2015年1月，参考世行、亚行、IFC等国际组织环境和社会标准，结合中国环境和社会环境标准，顺利完成三峡南亚公司环境和社会管理体系的建设工作，并得到IFC的认可。

2017年，三峡集团开展《水电绿色开发及中国三峡集团绿色发展对策》项目，尝试在系统分析国内外水电和企业绿色发展概念、理念、指标体系及实践应用的基础上，完善水电行业绿色发展的概念内涵以及相关理论，建立科学的绿色发展指标体系，引领企业和水电行业绿色发展。

同时，三峡集团积极探索开展绿色水电自评、考核并适时引入第三方评估。水电站建设管理单位或枢纽运行单位对照绿色水电标准、三峡集团水电绿色发展目标和水电站绿色发展行动清单，定期开展绿色水电自评工作。根据自评结果，分析显著差距，更新绿色发展行动清单，制定绿色发展工作方案，落实改进措施，推进绿色水电实践；三峡集团根据各单位绿色发展年度计划和年度目标，将绿色发展年度计划完成情况纳入年度绩效考核中；根据绿色水电建设进展，在根据三峡集团绿色发展评价指标标准、IHA水电可持续评估规范自评的基础上，适时引入第三方评估，系统评价绿色水电建设成果。

未来，三峡集团将继续建设以生态、低碳、清洁、循环为主要任务的绿色水电工程，在充分发挥水电低碳、清洁、循环特性的同时，降低水电工程对生态的不利影响。在"绿色"成为公众主题的形势下，三峡集团开展绿色水电工程建设，能够在逐步提升水电行业绿色绩效的同时，建立水电行业绿色发展标准，促进绿色水电市场的培育，引领水电行业绿色发展。三峡集团从绿色水电建设起步，向绿色产品、绿色服务、绿色企业进发，形成"绿色"的核心竞争力。在经济发展中，三峡集团不断强调生态保护的重要性，从技术方法上不断实现新的突破以应对新的挑战。从水电规划开始，到一座水电站的建成投产，再到多个梯级的联合调度，生态环境保护始终是水电开发不可缺少的一部分，也正是如此，水电开发之路才得以烙上"绿色"的印记。

如今，行走在金沙江下游，能够看到那条永无止境的"绿色之路"，这是中国水电人未竟的事业。只有坚持新发展理念，将"建好一座电站，带动一方经济，改善一片环境，造福一批移民"的"四个一"的水电开发理念落到实处，在水电开发的全生命周期充分融入环境保护理念，才能使西南水电开发、金沙江水电开发在西部地区"绿水青山就是金山银山"的发展战略乃至国家民族长远发展大计中发挥不可替代的作用。

参考文献

[1] 王红梅. 水电开发对河流生态系统服务及人类福利综合影响评价——以四川杂谷脑河水电开发为例 [D]. 成都. 中国科学院水利成都山地灾害与环境研究所，2007.

[2] 张诚. 科学和谐地开发水电 [J]. 水力发电，2005，31(12)：1-3.

[3] 王黎，马光文. 综合利用水电工程的投资费用分摊方法 [J]. 电力技术经济，2002(1)：28-32.

[4] 韦凤年，车小磊，王欢.水电开发与绿色未来 [J]. 中国水利，2007(4): 2-5.

[5] 王晓.水利工程对环境和经济的影响 [J]. 中小企业管理与科技，2014(2): 172-173.

[6] 明媚.金沙江上又一颗璀璨的明珠——溪洛渡水电站全面投产、蓄水至正常蓄水位、机组"首稳百日"纪实 [J]. 四川水力发电，2015(1): 129-133.

[7] 江泽明.国家重点工程助推民族地区发展——"溪洛渡效益"惠及雷波 [J]. 中国民族，2006(5): 71-71.

[8] 郑守仁.我国水能资源开发利用及环境与生态保护问题探讨 [J]. 中国工程科学，2006, 8(6): 1-6.

[9] 刘恒，耿雷华，钟华平，等.关于加快我国国际河流水资源开发利用的思考 [J]. 人民长江，2006, 37(7): 32-33.

[10] 崔希民，李海霞，缪协兴，等.中国水资源开发利用与水环境的保护 [J]. 中国矿业，2001, 10(1): 32-35.

[11] 柳向阳.从"网开三面"说起—说说中国古代的生态环境保护思想和环境保护实践 [J]. 中国三峡，2005(z1): 42-43.

[12] 龚一.流域梯级滚动综合开发的实践与探索 [J]. 水电与新能源，1996(4): 19-23.

[13] 毕亚雄.水电的流域梯级滚动统一开发 [J]. 中国三峡，2005(z1): 80-84.

[14] 杨少荣，王小明.金沙江下游梯级水电开发生态保护关键技术与实践 [J]. 人民长江，2017(s2): 54-56, 84.

[15] 陆佑楣，樊启祥.金沙江下游水电梯级开发建设项目管理实践 [J]. 人民长江，2009, 40(22): 1-3.

[16] 叶望.金沙江向家坝水电站环境保护建设与管理监理研究 [D]. 湖南大学，2016.

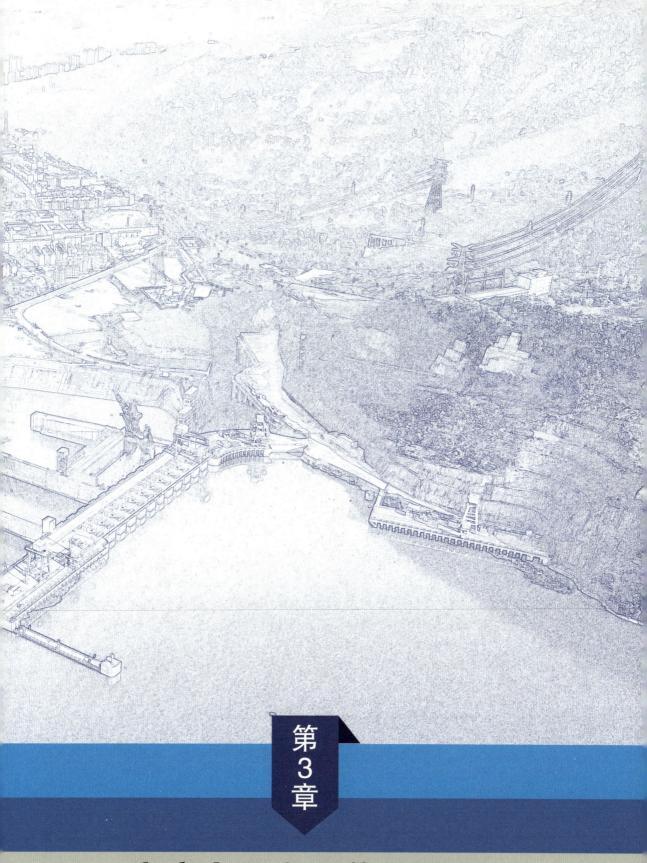

第 3 章

高库大坝资源集约建设

3.1 资源集约的重要性

3.1.1 工程区社会经济现状及其发展趋势

金沙江下游流域涉及四川、云南两省 7 个市（州）24 个县（区），流域总面积 5.84 万 km²，梯级开发以四川省凉山彝族自治州和云南省昭通市为主要影响区域。该区域属于高山峡谷地形，自然条件复杂，气候干旱，多数地区不适合耕种，生存环境受自然条件限制，大部分人口散布在零星平坝和支流河谷内，城镇化水平低，人口密度相对较大，人地矛盾突出。

金沙江下游地区是集大面积区域性经济欠发达和生态环境脆弱性于一体的地区，产业基础薄弱，多年来人均国内生产总值仅为全国水平的 50% ～ 60%。区域经济以农业为主，工业与商品流通业相对薄弱，缺乏经济发展的推动力。

金沙江下游大型水电站的建设与运行，从拉动消费需求、建设基础设施、改变思想观念等方面促进地方经济的深刻变革。工程建设投入了大量建筑物资与劳动力，部分来自当地。大量的材料需求成为当地工业强有力的推动力，刺激了当地经济发展。同时为当地创造了大量就业机会，群众收入增加，生活水平得以提高。经济发展和收入提高带动了地方消费，增加了就业率，地方经济得到较大发展。施工期大量施工人员的生活需求主要由当地满足，消费需求的增长促进了地方农业、餐饮业和其他服务业的发展，进而促进地方农业产业结构调整和第三产业产值快速增长。

发展是硬道理。在金沙江下游流域这样一个以干旱河谷为主要特征的区域，其土地资源有限，植被保护与水土保持尤其重要。20 世纪大规模的伐木造成的破坏已经充分说明依赖与过度开发地表资源支撑经济发展是不可持续的，也是不可行的。而金沙江蕴藏着丰富的水资源，水力资源就是当地的优势资源，优势资源转化为经济优势、发展的支柱产业及人们对资源利用的一种常态方式，具有可持续性和可行性。这种转化不仅是物质财富，也包含精神财富，转变了当地居民的观念和认识，为当地经济发展带来良好的机遇，对社会产生更深层次的影响[1-10]。

3.1.2 水电开发对资源环境承载力的影响

水电开发建设区域的空间资源是有限的，其环境资源也是有限的，水电开发建设活动必须在区域资源环境承载力内。而金沙江下游水电开发对资源环境影响最突出的表现是土地资源与人口之间的矛盾[11-14]。

金沙江下游 4 座梯级水电站枢纽建设规划用地处于河谷区，而河谷区土地具有较好的地形、光热、水土条件，利于农作物生长，是当地耕地、人口的重要分布区。水库蓄水后会淹没部分河谷区土地，水库淹没与枢纽建设挤占土地，导致区域土地承载力下降。以向家坝为例，水库淹没和安置占地使安置区的土地在数量上有所减少，减少幅度最大的是园地，屏山和绥江分别减少 53.2% 和 35.1%，水田方面分别减少 13.7% 和 19.7%，旱地分别减少 7.0% 和 7.3%，进而使得土地结构发生变化，屏山县的水田、旱地和园地的比例从原来的 1∶4∶0.6 变为 1∶4.4∶0.3，绥江县的水田、旱地和园地的比例由原来的 1∶3∶0.5 变为 1∶3.5∶0.4。移民安置将造成被安置地区人口密度增加，加剧人口与资源环境的矛盾，向家坝移民安置设计过程中，以耕地承载压力度和承载饱和度对安置区资源承载力进行了分析，确定宜宾、雷波、水富和永善 4 县承载饱和度小于 0，表明资源承载力大于人口压力，该区域农村移民全部在本县内安置，屏山县和绥江县的部分乡镇承载饱和度大于 0，仅可以就地安置少量移民，大部分移民需外迁进行异地安置。

水电开发建设打破了自然生态系统、人口与资源环境之间的平衡，打破的平衡在短时间内难以依靠区域自身能力去恢复[15]。因此，水电开发建设必须以资源集约的理念优化布局，不仅包括空间布局，还有时间布局，通过空间、时间、组织的优化，实现资源集约开发，最大限度地减轻人口与资源环境承载力之间的矛盾。同时，推进地区优势资源开发，将优势资源转化为产业优势，实现区域资源集约，以完成产业结构调整、升级，实现新的经济增长方式和资源有序、有度开发，使得开发与保护并重，帮助区域群众提高生活水平。

广义的统筹指的是统一筹划，现代研究将其定义为一个五步骤的过程，即统一筹测（预测）→统一筹划（计划）→统筹安排（实施）→统一运筹（指挥）→统筹兼顾（掌控）。统筹规划在重大项目的建设与管理中得以广泛应用是因为它能够节约资源、提高效率，其中蕴含着运筹优化的概念。金沙江下游水电站规模大，建设周期长，是水电项目中复杂庞大的工程项目，它不仅涉及工程建设、水资源调配、接入系统、外送规划、移民迁建和环境保护等多种技术，还需要对周边地方政府与民众、全社会民众和相关行业主管部门的关系进行处理，这些项目在具体实施时又统一到单个水电站所在的河谷区。在局部的河谷区面对复杂的水电站建设项目及它们与外部之间的关系时，统筹规划十分重要。运用科学的组织管理方法，统筹规划，综合考虑，以减少资源消耗和不利影响，既能处理好人与人之间的关系，又能处理好人与自然之间的关系，如施工场地、交通、料场、渣场、砂石料加工系统、混凝土拌和系统、机电仓库、油库、炸药库等，以及施工辅助系统的统一规划与优化设计，既有利于节省水电站建设投资，又有利于环境保护。

向家坝、溪洛渡水电站在设计时，利用时间和空间差，合理优化施工总布置和施工组织设计，优化交通布局和公路线型，符合统筹规划之道。在此之中，环境保护大受裨益。因此，致力于资源集约的统筹规划是环境保护的需要，随着金沙江下游梯级水电站的建设发展，统筹规划的理念和相关技术方法也逐步完善成熟，若推广到其他项目实践中，可发挥更好的环境保护效益[16, 17]。

3.2 工程占地资源集约规划

三峡集团在金沙江下游梯级水电站建设过程中始终坚持并强化资源集约利用，对溪洛渡、向家坝水电站的工程占地进行统筹规划，着力于设计方案优化和动态统筹管理。资源集约统筹规划贯穿于水电站筹建期、建设期和运行期，尤其是工程筹建期。工程筹建期是工程建设的开端，以可行性研究设计为依据，实际进驻现场后，需充分考虑场地实际情况，将理论设计向实际施工过渡，融入环境保护和资源集约理念，统筹用地，进一步优化工程布置方案。

在向家坝和溪洛渡工程筹建期，高度重视环境保护和资源集约利用，充分考虑环境保护要求，优化施工占地布置，实施统筹规划。筹建期的环境保护和资源集约从少征地、少移民、减少水土流失、保护环境出发，通过统筹规划管理措施和技术措施，合理优化施工总布置和施工组织设计，优化交通布局和公路线型。实践表明，通过统筹规划可减少占地面积、土地和植被扰动以及对环境敏感对象的影响。

3.2.1 向家坝施工占地规划

在向家坝水电站建设过程中（见图 3-1），环境保护和资源集约利用成为三峡集团的自觉行动。三峡集团从施工布局和建设方案选择方面着手，尽量避免占用农田。向家坝水电站可行性研究阶段施工占地面积约 1076.9hm²，实施阶段施工占地面积减为 772.96hm²，减少移民 745 人，减少房屋拆迁约 11 100hm²，有效地保护了土地资源[16]。

1. 向家坝砂石料皮带输送机线路规划

向家坝水电站建设需要大量的砂石料，其中，约 3500 万 t 砂石料来自距大坝约 60km 的云南省绥江县太平乡人工料场。原先规划修建一条长 59km 的公路，用汽车将砂石料运至工地，但考虑建设公路会破坏沿途的耕地和林地，为了尽量少占用耕地，少破坏林地，同时为了减少汽车运输对公路线沿途居民的影响和汽车尾气排放对大气环境的污染，重新规划了路线，不惜增加投资成本，把 59km 的公路改为一条长约 29km 的山洞，安装封闭式皮带输送机输送砂石料，仅这项举措就保护了约 70hm² 耕（林）地，充分体现了资源集约的理念[19–21]。

2. 向家坝渣场规划

向家坝水电站施工期有 5500 万 m³ 弃渣需要大型渣场堆放，原设计规划的是 5 个渣场。为了减少土地占用面积，通过统筹规划，调整施工场地布置，把部分开挖弃渣填筑在天然冲沟——莲花池冲沟内，将冲沟平整后用作后期施工场地，同时取消了左岸磨刀溪、右岸剪刀湾 2 个渣场，在满足工程需要的前提下减少施工占地约 424hm²，其中多数为质量较好的水田，充分体现了资源集约的理念[22]。

3. 向家坝施工场地规划

根据向家坝施工场地布置特点，统筹规划施工生活区。生活营地和生产场地在左岸的可集中布置，利于生活污水及生活垃圾集中处理，减少对右岸水富县城的不利影响。向家坝工程左岸对外交通专用公路，从征地移民与长江上游珍稀特有鱼类国家级保护区关系、与内昆铁路及既有道路关系等方面对"江边线路、利用地方原道路和长隧道"3 个方案进行比较，选择了长隧道方案，虽然增加了投资成本，但减少了占地和林地破坏面积，达到环境保护与资源集约的目的，使得交通线路更合理。向家坝工程围堰防渗料经过经济技术比较和材料试验，采用坝区场地平整中剥离的覆盖土层，调整取消了土料场，既减少了占地面积，又将场地平整副产物进行了再利用[23, 24]。

图3-1　建设期的向家坝水电站和邻近的水富县城

3.2.2　溪洛渡施工占地规划

　　溪洛渡水电站建设者在工程施工区（见图 3-2）场内交通和对外交通专用公路设计中，通过资源集约统筹规划，采用桥梁、隧道替代明线公路的建设方案进行公路设计。在溪洛渡水电站及周边地形条件下，修建专用公路每千米明线公路的造价约 1500 万元，每千米隧道的造价约 3800 万元，三峡集团不惜增加投资成本、减少耕地占用、避免林地破坏，达到环境保护与资源集约的目的。三峡集团在遵循可行性研究阶段确定的溪洛渡水电站施工布置原则的前提下，根据现场地形条件，主要按照塘房坪、大戏厂、黄桷堡、中心场、溪洛渡沟 5 个区域布置施工企业设施。同时，本着有利于生产和管理、方便职工生活、少占用土地面积、节约临时工程投资、工程布置利于当地经济发展的原则，对施工营地、施工工厂及设施的布置、场内道路、渣场布置等进行调整，取消了马家河坝营地，将塘房坪的 6 号营地并入邻近的花椒湾营地（见图 3-3），将规划的中心场 6 个小型营地并入邻近的杨家坪营地。集中规划施工生活营地，尽量减少零星的施工营地，有效地减少了占地面积，保护了地表植被和表层土壤[25-29]。

图3-2　溪洛渡工程施工区全景

图3-3　花椒湾营地全景

3.3 土石料资源集约创新利用

3.3.1 弃渣料的利用

"世界上并没有垃圾，只有放错位置的资源"，水电站建设过程中产生的弃渣就是放错了位置的资源。在工程建设过程中，大面积的开挖及大量弃渣的堆放破坏了工程区原有地表植被及坡面稳定，新增水土流失源，若处置不当，则可能对工程区环境及生态平衡造成严重影响。大量弃渣堆放在河滩、河岸及支沟内，雨量较大时将随径流流入或直接滑入河道，淤积河道，抬高河床，严重时会影响河道的过流能力，对工程区及其下游的防洪和群众的生命安全构成严重威胁。为解决弃渣问题，国内外水电建设者对弃渣的综合利用进行了深入研究，总结出以下几种综合利用方法：将石渣作为骨料用于水利水电工程建设；利用弃渣回填料场开采坑；利用弃渣造地或建设人造景观；将弃渣用于周边道路的建设。在向家坝和溪洛渡水电站工程实施过程中，三峡集团对弃渣利用进行了统筹规划，达到了环境保护与资源集约利用的目的[30-34]。

向家坝和溪洛渡水电站处于高山峡谷地带，平地是一种稀缺资源，而水电站施工设备布设往往需要平整的场地。一般情况下，在没有平整场地放置设备时，需要削坡造地，获得一个放置施工设备的平整场地。这种削坡造地的做法不仅耗费人力物力财力，而且会造成一定程度的水土流失和植被破坏。在金沙江下游流域水电开发过程中，三峡集团别出心裁地运用填沟造地的方式，将工程开挖的一部分弃渣填放在天然冲沟内，将渣面平整后作为后期施工用地，不仅解决了弃渣堆放问题，而且获得了平地资源。比如，向家坝水电站施工区的莲花池渣场和溪洛渡水电站施工区的溪洛渡沟渣场，堆渣完成后，对场地进行平整，将其作为后续施工场地，在避免占用天然林地的同时实现了资源集约利用。

除了弃渣造地，三峡集团对于渣场渣面还有其他妙用。溪洛渡水电站建设过程中，在当时的地形条件下，为满足工程建设的交通需要，计划建造一座桥，而在拟建桥的附近恰巧有一座渣场——豆沙溪沟渣场（见图3-4），三峡集团提出将弃渣作为路基建设一条公路来代替拟建桥，该方案不仅可以节约建设费用，还可以将渣场用地有效地利用起来。三峡集团根据这个方案建成了溪洛渡23号公路（见图3-5）。

图3-4 豆沙溪沟渣场　　　　　　　　　　图3-5 溪洛渡23号公路

3.3.2　开挖料的利用

开挖料的充分利用不仅可以避免异地开挖取料，还可以减少处理弃渣的场地。在金沙江下游溪洛渡、向家坝水电站的建设过程中，三峡集团在开挖料的利用方面开展了一系列研究与实践，实现了开挖料的充分利用。

1. 覆盖土层用作围堰的防渗土

在向家坝水电站可行性研究阶段，将柏溪土料场规划为施工取土场，主要用于围堰防渗。柏溪土料场位于向家坝坝址下游金沙江左岸，运输距离长达 17km，规划开采土量约 4 万 m^3，占地面积约 2 hm^2。在实施阶段，考虑土料需求量不大，且柏溪土料场运输距离较远，取消了柏溪土料场，以坝区场地平整中剥离的覆盖土层作为围堰的防渗用土。围堰防渗用土取料的优化，避免了施工对原地貌的扰动，减少了施工占地面积，减少了水土流失影响，有效地利用了剥离的覆盖土，有利于水土保持和环境保护，实现了资源集约利用[35-37]。

2. 石方弃渣用作混凝土骨料

在溪洛渡水电站枢纽工程施工过程中，三峡集团针对施工产生的大量弃渣，提出了施工优化方案，即以尽量减少弃渣、最大化利用弃渣的施工原则来设计方案。为尽量减少渣场渣体的堆存量，减少渣场占地，保护原生地表土壤和植被，三峡集团将弃渣加工成混凝土骨料，既可以保护环境，又可以减少投资，符合资源集约利用的建设理念。弃渣经过检测完全符合要求后，被直接送进骨料场，变成大坝的一部分，回收利用率高达 60%，而不符合要求的弃渣被送往渣场集中堆放。溪洛渡工程总开挖量约 6132 万 m^3，由于大部分主体工程石方洞弃渣回采用于混凝土骨料生产，部分弃渣用于场地平整回填和围堰填筑，经土石方平衡后，最终弃渣量约 2700 万 m^3 [38,39]。溪洛渡塘坊坪回采渣场见图 3-6。

图3-6　溪洛渡塘坊坪回采渣场

3.3.3　表土资源的保护

表土是一种珍贵的不可再生资源。一块肥沃的土壤自上而下分为表土层、心土层和底土层。一般用于耕作的是表土层。表土层内部富含作物生长所需的矿物质、有机质和微生物等元素，不仅为植物提供养分，还营造了适于植物生长的物理环境和生理环境。好的土壤不是一天形成的，数据显示，依靠自然风化形成 1cm 的表土层需要 400 年。也就是说，普通土壤 30cm 高的耕作层需要超过 1.2 万年的时间来"养"成。表土是珍贵的土地资源，1 hm^2 土层厚、土质好的表土中包含 100t 有利于植物生长的各种物质，能够提供植物生长所需的 95%的氮和 25% ～ 50%的磷，表土层厚度每减少 2.8cm，作物产量下降 7%。曾经耕作过的土地更珍贵，熟土有机质含量更高，将不同种类的生土培育为熟土至少需要 3 ～ 5 年甚至 10 年的时间[40, 41]。

工程建设不可避免地会造成大量地表和植被的扰动和破坏，使原表土层剥离形成裸露地表和基岩及高陡边坡，失去原有植被的防冲固土能力。若不采取水土保持措施对其加以防护，则表层耕植土或腐殖质层将被剥离、冲刷殆尽，土壤肥力下降，导致土地生产力下降。同样，若对工程开挖弃渣不进行防护，则其周围的地表可能会被流失的土石渣覆盖，使土壤中的养分大大降低，区域植被生长条件变差，对植被生长不利[42-49]。

溪洛渡水电站建设过程中，建设者意识到，施工活动中剥离的表土资源应该合理地保存并应用起来，形成剥离—存储—利用的全过程管理。依据资源集约的建设理念，在溪洛渡水电站主体工程施工方案和各附属配套设施的施工方案中，均针对表土资源保护制定了详细的处置方案，要求在所有标段施工方案中，最大限度地保护和利用表土。溪洛渡水电站施工区的表土堆存场建设在二坪，收集到表土资源至少 30 万 m³，用于施工区后期的绿化恢复和苗木培育。同时，在表土堆存场上游设置截排水沟，坡脚设置钢筋石笼临时拦挡，钢筋石笼表面喷混凝土防护，表土表面撒播灌草绿化，绿化面积约 3.50hm²。

（a）场景一　　　　　　　　　　　　　　（b）场景二

图3-7　向家坝表土堆存场

在修建向家坝（见图 3-7）、乌东德、白鹤滩水电站时，三峡集团也高度重视表土资源保护。在项目招标过程中，将表土剥离工程列为专项工程，要求承包商采取严格的表土收集质量控制管理措施，剥离表土运输至表土堆存场前，表土质量由业主环境保护中心和土建监理共同鉴定、双签后方能结算，不合格的不允许运至表土堆存场并不予结算。乌东德水电站已完工鱼类增殖放流站表土堆存场（8 万 m³）、施工期料场表土堆存场（10 万 m³）和鲹鱼河表土堆存场（10 万 m³）满足后期复绿、复耕需要，其中，施工期料场表土堆存场（见图 3-8）被评为乌东德水电站质量样板工程。

图3-8　实施绿化的乌东德施工期料场表土堆存场

3.4　废水资源集约处理与回用

　　水电项目建设过程中的很多环节离不开水，砂石骨料加工离不开水，施工降尘离不开水，施工营地工人生活离不开水。虽然水电项目依江河而建，但水资源并不是取之不尽、用之不竭的，更需要注重水资源的保护，稍有不慎便会造成水资源大量污染。在大型水电站建设过程中，建设者不惜加大投资成本，在水资源保护和利用方面以高标准严格要求施工单位。在金沙江梯级水电站建设过程中，建设者不仅针对水环境保护采取了一系列措施，包括设置砂石生产和混凝土拌和配套废水处理设施、建设施工营地生活污水处理厂、增设机修系统配套油水分离器等，而且针对部分水处理设施中的中水回用环节提出了超出环境影响评价报告书中的处理要求。三峡集团不是为了政策要求而保护水资源，而是真正地以保护水资源为出发点开展保护行动。

　　砂石加工系统的生产废水是水电站施工过程中的主要废水来源，将其进行妥善处理对水电站施工期水环境的保护十分重要[50]。在向家坝水电站建设过程中，马延坡砂石骨料加工系统负担水电站工程约 1200 万 m^3 混凝土所需骨料的生产任务，系统设计处理骨料能力为 3200t/h，相应的废水排放量为 4320m^3/h，废水含泥（粉）量约 40kg/m^3。这种泥沙含量高、总量大的生产废水，若直接排入金沙江，则会对下游水环境及沿岸居民的生活等造成很大影响，为此修建了马延坡砂石骨料加工系统废水处理天然沉淀池（见图 3-9）。

　　在修建马延坡砂石骨料加工系统废水处理天然沉淀池时，对多个方案进行对比与统筹规划，最终选择"尾渣库自然沉淀方案"，即含渣废水经过废水调节池，通过输水管由泵站抽至附近的黄沙水库，在水库的作用下，废水流速减缓，有助于废水中的细砂沉淀。经沉淀后，部分废水由清水泵直接打入高位调节池，以便循环利用。2013 年，该砂石废水处理系统共处理废水 371.3 万 m^3。废水处理后回用，不仅保护了水环境，而且节约了水资源。此外，经过马延坡砂石骨料废水处理系统，废水沉淀后的细砂通过细筛回收后成为大坝的填筑材料，生产废水的处理达到了"环境保护、废水回用、细砂它用"的效果，可谓"物尽其用，变废为宝"，是资源集约建设理念的体现[51-54]。马延坡砂石骨料加工系统废水处理流程示意图见图 3-10。

图3-9　马延坡砂石骨料加工系统废水处理天然沉淀池（黄沙水库）

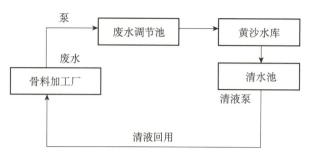

图3-10 马延坡砂石骨料加工系统废水处理流程示意图

　　中水回用是综合利用水资源、节约水资源的经典方法，将居民生活废（污）水（沐浴、洗衣、厨房、厕所）集中处理后，达到一定标准的可回用于小区的绿化浇灌、车辆冲洗、道路冲洗、家庭坐便器冲洗等，最大限度地实现区域内水循环，以便解决水资源短缺的问题。中水回用技术最早应用在水资源极其短缺的地区，随着技术不断成熟，逐渐得到推广。大型水电站依水而建，水资源并不短缺，但这并不意味着可以肆意浪费。三峡集团在建设水电站过程中应用中水回用技术，将处理后的水用于绿化浇灌，溪洛渡三坪业主营地绿化（见图3-11）的灌溉养护就是一个典型例子。溪洛渡场内交通绿化见图3-12。

图3-11 溪洛渡三坪业主营地绿化全景

图3-12 溪洛渡场内交通绿化

参考文献

[1] 樊启祥. 金沙江水电开发：在机遇中迎接挑战 [J]. 中国三峡，2010(9)：10-13.

[2] 樊启祥. 水力资源开发要与生态环境和谐发展——金沙江下游水电开发的实践 [J]. 水力发电学报，2010, 29(4)：1-5.

[3] 金沙江下游梯级电站开发影响区域的资源开发与产业可持续发展 [J]. 长江流域资源与环境，2007, 16(5)：565-565.

[4] 周双超. 加快金沙江水电开发 是我国经济社会发展的需要——金沙江水电开发综述 [J]. 四川水力发电，2010, 29(6)：252-253.

[5] 刘裕国 . 绿色使命——全国第二大水电站溪洛渡开工 [J]. 中国三峡：水文化，2009(VOO)：140-142.

[6] 周双超 . 绿色工程的绿色理念——向家坝、溪洛渡水电站工程中建设资源节约型、环境友好型水电工程侧记 [J]. 中国三峡，2009(1)：31-35.

[7] 樊启祥 . 西部水电资源开发的科学发展观 [J]. 中国三峡，2008，14(3)：58-61.

[8] 何永彬 . 云南境内金沙江流域城乡关系与协调发展战略研究 [J]. 资源开发与市场，2008，24(6)：520-525.

[9] 周睿萌，雷振，唐文哲 . 水电建设对地方经济发展影响实证研究——以云南省永善县溪洛渡水电站为例 [J]. 水利经济 . 2015，33(5) .

[10] 李娜 . "三江" 流域水电开发对攀西地区可持续发展的影响分析 [D]. 西南交通大学 . 2008.

[11] 熊利亚，夏朝宗 . 金沙江向家坝库区土地承载力与移民安置容量分析 [C]. 中国土地资源战略与区域协调发展研究 . 2006.

[12] 符裕红，丁剑宏，李季孝，等 . 云南省金沙江流域水资源承载能力评价分析 [J]. 中国农村水利水电，2010(6)：15-19.

[13] 熊利亚，夏朝宗，刘喜云，等 . 基于 RS 和 GIS 的土地生产力与人口承载量——以向家坝库区为例 [J]. 地理研究，2004，23(1)：10-18.

[14] 魏希侃 . 我国水电发展与金沙江水能资源的开发 [J]. 中国三峡，1996(8)：28-29.

[15] 汪盾，吴开杰，邵怀勇 . 水电开发对金沙江下游生态环境的影响 [J]. 湖北农业科学，2016(11)：2755-2758.

[16] 张晓利，姚元军，马树清，等 . 金沙江向家坝水电站施工区表土资源保护工程的实践 [J]. 水电站设计，2007，23(3)：78-80.

[17] 张晓利，姚元军，马树清，等 . 金沙江向家坝水电站施工区表土资源保护工程实践 [C]// 湖南水电科普论坛 . 2007.

[18] 梁永哲，夏振尧，牛鹏辉，等 . 生态修复边坡水土保持效果评价方法研究——以向家坝水电站工程为例 [J]. 湖北农业科学，2016(16)：4335-4339.

[19] 庞波，景茂贵，车公义 . 向家坝长距离带式输送机骨料输送线建设与运行 [J]. 人民长江，2015(2)：58-61.

[20] 周海，陈翔 . 浅谈向家坝电站长距离带式输送机的运行管理 [J]. 云南科技管理，2011，24(1)：78-79.

[21] 谭建平 . 向家坝水电站长距离带式输送机输送线设计简介 [J]. 建设机械技术与管理，2008，21(8)：133-134.

[22] 冯树荣 . 向家坝水电站工程总体布置 [J]. 水力发电，1998(2)：13-15.

[23] 宋立新 . 向家坝水电站太平料场和马延坡砂石加工系统设计简介 [C]// 中国水利水电工程砂石生产技术交流会 . 2008.

[24] 申明亮，张鹏飞，盛乐民，等 . 向家坝水电站工程土石方调配平衡研究 [J]. 人民长江，2004，35(5)：16-18.

[25] 王仁坤. 溪洛渡水电站的枢纽总布置研究 [J]. 水电站设计，1999(1)：8-14.

[26] 张立国，张万万. 溪洛渡水电站黄桷堡砂石加工系统建设实践 [J]. 人民长江，2008，39(7)：22-23.

[27] 郑家祥，阎士勤. 溪洛渡水电站施工规划研究 [C]// 全国高拱坝及大型地下工程施工技术与装备经验交流会. 2007.

[28] 杨璇玺. 溪洛渡水电站绿化总体规划设计探讨 [J]. 内蒙古林业调查设计，2009，32(6)：74-77.

[29] 周双超. 金沙江水电开发环境保护工作中的"加减法"——溪洛渡、向家坝水电工程建设资源节约型、环境友好型水电站侧记 [J]. 四川水力发电，2008，27(1)：99-101.

[30] 季臣，霍世坚，张瑞芳，等. 浅谈水利项目水保方案中取料、弃渣分析与评价 [J]. 水土保持应用技术，2014(6)：36-37.

[31] 熊国兵，杨胜强. 水电工程建设施工中弃料的利用和处理 [J]. 黑龙江水利科技，2012，40(7)：127-128.

[32] 刘冠军. 水利水电工程弃渣综合利用方式研究 [J]. 中国水土保持，2013(6)：62-64.

[33] 操昌碧. 水利水电工程弃渣场水土保持工程措施研究 [J]. 水电站设计，2001，17(4)：39-41.

[34] 叶国强. 弃料在三峡二期围堰工程中的利用 [J]. 水利水电科技进展，2002，22(3)：54-55.

[35] 李青云，张建红，包承纲. 风化花岗岩开挖弃料配制三峡二期围堰防渗墙材料 [J]. 水利学报，2004，35(11)：114-118.

[36] 张朝金，盛乐民，王福初. 向家坝水电站土石围堰防渗墙设计与施工 [C]// 水电工程施工系统与工程装备技术交流会. 2010.

[37] 盛乐民，张朝金. 复合土工膜在向家坝围堰工程中的应用 [J]. 水利水电科技进展，2009，29(6)：86-89.

[38] 柳景华，钟华，杨火平. 水布垭工程软岩开挖料工程特性研究与利用 [J]. 人民长江，2007，38(7)：10-12.

[39] 陈迁，王丽宏，柳学进，等. 用开挖料加工混凝土骨料工艺研究与实践 [J]. 人民长江，2011，42(16)：73-76.

[40] 张晓利，姚元军，马树清，等. 金沙江向家坝水电站施工区表土资源保护工程的实践 [J]. 水电站设计，2007，23(3)：78-80.

[41] 孙礼. 关于保护和利用表土资源的思考 [J]. 中国水土保持，2010(3)：4-6.

[42] 张川，严家顺，杨银华，等. 小水电建设中水土流失特征及水土保持措施 [J]. 亚热带水土保持，2009，21(2)：57-60.

[43] 王童，焦莹，菅宇翔，等. 水利水电工程表土剥离相关问题探讨 [J]. 水利水电工程设计，2016，35(3)：7-9.

[44] 姜德文，郭索彦，赵永军，等. 生产建设项目水土保持准入条件研究内容与方法 [J]. 中国水土保持科学，2010，8（3）：38-42.

[45] 姜德文. 生产建设项目水土流失防治十大新理念 [J]. 中国水土保持, 2011(7): 3-6.

[46] 刘新卫. 日本表土剥离的利用和完善措施 [J]. 国土资源, 2008(9): 52-55.

[47] 林海. 注意保护和利用表土资源 [J]. 资源开发与市场, 1987(1): 41.

[48] 朱先云. 国外表土剥离实践及其特征 [J]. 中国国土资源经济, 2009, 22(9): 24-26.

[49] 徐曙光. 澳大利亚的矿山环境恢复技术与生态系统管理 [J]. 国土资源情报, 2003(2): 1-8.

[50] 王涛, 孙剑峰, 郎建, 等. 水电站砂石加工系统生产废水处理工艺试验研究 [J]. 水处理技术, 2011, 37(5): 66-69.

[51] 朱传喜, 林昌岱. 向家坝水电站马延坡砂石加工系统废水处理设计 [C]// 中国水利水电工程砂石生产技术交流会. 2008.

[52] 丁衡英, 姚元军, 马树清, 等. 向家坝水电站混凝土生产系统废水处理试验与探索 [C]// 中国环境科学学会学术年会. 2009.

[53] 于江, 姚元军, 马树清, 等. 向家坝水电站混凝土生产系统的废水处理实践 [J]. 水力发电, 2011, 37(3): 4-6.

[54] 龚治国, 徐小英. 废水"零排放"的成功应用——浅谈向家坝水电站马延坡砂石加工系统的废水处理 [J]. 建材与装饰, 2013(3): 120-122.

第4章

长江上游珍稀特有鱼类保护

4.1 河流生境与鱼类资源状况

金沙江下游处于青藏高原向四川盆地过渡地带，属高山峡谷地貌。金沙江河床深切，相对高差达 2500m 以上。向家坝库区的新市镇以上河段为山地急流段，河床深切，落差大，水流湍急，滩潭交替，滩上底质为巨砾和卵石；潭内底质多变、复杂，主要为卵石和砾石。新市镇以下至重庆段处于四川盆地南缘，属丘陵地带，河道曲折，水面宽阔，滩沱相间，水流缓急交替，流态复杂，河床底质以沙砾石、沙泥质为主；河中心多沙洲，两岸多沙滩和碛坝。金沙江下游水质总体良好，可满足鱼类的生长和繁殖等功能需要。金沙江下游河段见图 4-1。

（a）雅砻江河口至乌东德段

（b）乌东德至白鹤滩段

（c）白鹤滩至溪洛渡段

（d）溪洛渡至宜宾段

图4-1 金沙江下游河段

长江作为我国第一大江，横贯东西，径流量大，是我国淡水渔业的摇篮、鱼类基因的宝库、经济鱼类的原种基地、生物多样性的典型代表。长江水系有鱼类 400 种（亚种）左右，其中，纯淡水鱼类约 350 种，占我国淡水鱼类总数的 1/3，淡水鱼类之多居全国各水系之首。

宜昌以上的长江上游地区跨越我国地势的第一级和第二级阶梯，地质构造复杂，地貌类型多样，自然环境复杂，生物多样性丰富[1-7]。金沙江下游及长江干、支流国家保护级鱼类及特有鱼类种类一览表见表4-1。

表4-1 金沙江下游及长江干、支流国家保护级鱼类及特有鱼类种类一览表

编号	鱼类名称	保护级别	编号	鱼类名称	保护级别	编号	鱼类名称	保护级别
1	白鲟	国家Ⅰ级	24	短臀白鱼	特有	47	昆明裂腹鱼	特有
2	达氏鲟	国家Ⅰ级特有	25	半鲹	特有	48	四川裂腹鱼	特有
3	胭脂鱼	国家Ⅱ级	26	张氏鲹	特有	49	小裂腹鱼	特有
4	短体山鳅	特有	27	厚颌鲂	特有	50	岩原鲤	国家Ⅱ级特有
5	戴氏山鳅	特有	28	长体鲂	特有	51	伦式孟加拉鲮华鲮	特有
6	昆明高原鳅	特有	29	川西鳈	特有	52	侧沟爬岩鳅	特有
7	秀丽高原鳅	特有	30	圆口铜鱼	特有	53	四川爬岩鳅	特有
8	前鳍高原鳅	特有	31	圆筒吻鮈	特有	54	窑滩间吸鳅	特有
9	宽体沙鳅	特有	32	长鳍吻鮈	国家Ⅱ级特有	55	短身金沙鳅	特有
10	双斑副沙鳅	特有	33	裸腹片唇鮈	特有	56	中华金沙鳅	特有
11	长薄鳅	特有	34	钝吻棒花鱼	特有	57	西昌华吸鳅	特有
12	小眼薄鳅	特有	35	短身鳅鮀	特有	58	四川华吸鳅	特有
13	红唇薄鳅	国家Ⅱ级特有	36	异鳔鳅鮀	特有	59	长须鮠	特有
14	方氏鲴	特有	37	裸体鳅鮀	特有	60	中臀拟鲿	特有
15	云南鲴	特有	38	鲈鲤	特有	61	金氏鱼央	特有
16	峨眉鱊	特有	39	宽口光唇鱼	特有	62	拟缘鱼央	特有
17	四川华鳊	特有	40	四川白甲鱼	国家Ⅱ级特有	63	黄石爬鲵	特有
18	短鳍近红鲌	特有	41	大渡白甲鱼	特有	64	青石爬鲵	国家Ⅱ级特有
19	高体近红鲌	特有	42	短身白甲鱼	特有	65	中华鮡	特有
20	黑尾近红鲌	特有	43	短须裂腹鱼	特有	66	前臀鮡	特有
21	西昌白鱼	特有	44	长丝裂腹鱼	特有	67	四川栉鰕虎	特有
22	嵩明白鱼	特有	45	齐口裂腹鱼	特有	68	成都栉鰕虎	特有
23	寻甸白鱼	特有	46	细鳞裂腹鱼	国家Ⅱ级特有			

注：根据2021年国家林业和草原局、农业农村部发布的《国家重点保护野生动物名录》编制。

根据多年的调查，金沙江下游及长江上游干、支流水域分布有鱼类189种，隶属于8目20科100属。其中，鲤形目鱼类是组成金沙江和长江上游鱼类的主要类群，有76属141种和亚种，占鱼类种数的75%。特有鱼类66种。其中，分布国家Ⅰ级保护动物白鲟、达氏鲟和国家Ⅱ级保护动物胭脂鱼，还分布四川省级重点保护鱼类鲈鲤、岩原鲤、细鳞裂腹鱼、西昌白鱼和窑滩间吸鳅等。这些特有物种是我国宝贵的生物资源，具有重要的科学价值、经济价值和生物多样性价值。在长江上游成立的珍稀特有鱼类自然保护区，将白鲟、达氏鲟和胭脂鱼列为保护区的重点保护对象[8-12]。

4.1.1 白鲟

白鲟（见图4-2），学名 *Psephurus gladius*，又称中华匙吻鲟、中国剑鱼，是长江乃至中国体型最大的淡水鱼类之一。白鲟是半溯河洄游性鱼类，栖息于长江干流中下游，也可在河口咸淡水域成活。成鱼主要以其他鱼类为食，通常会在繁殖季节上溯洄游至长江上游产卵繁殖，幼鱼孵出后顺水漂流到中、下游摄食生长，长江口是幼鱼的主要摄食繁育场所，成年后又回到长江上游进行繁殖，其产卵场的环境条件与中华鲟的相似，但主要分布在金沙江下游。初次性成熟年龄为7～8龄，个体长度一般为2m左右，重量为25kg以上，繁殖季节为3—4月，产卵场为水流流速较急约0.49m/s、水深10m以内、底质多为岩石或鹅卵石的河段[13-22]。根据中国科学院水生生物研究所的资料，1981年，长江中下游的白鲟溯河洄游受阻，不能对上游的群体形成补充，但上游出生的幼鱼则可能顺水漂流过坝到中下游进行摄食和繁育。这种长期单向交流的结果，使上游繁殖群体的规模逐年下降，中下游的幼鱼长成后因为没有合适的地点而无法完成繁殖活动，白鲟的数量不断减少。根据调查和资料记载，人为捕捞也是白鲟数量减少的一大因素。20世纪80年代前，白鲟主要分布于长江上游雷波—宜宾、泸州—合江、重庆市区附近河段及长江中游宜昌—宜都河段，这些河段均存在过度捕捞的情况。在金沙江下游梯级水电站未建成之前，白鲟已被列入《濒危野生动植物种国际贸易公约》（CITES）附录Ⅱ，近30年来，长江的白鲟资源量呈显著下降趋势。2000年左右，虽设立了长江上游珍稀特有鱼类国家级自然保护区，但仍难寻白鲟踪迹[23]。2022年7月21日，长江白鲟被世界自然保护联盟（IUCN）正式宣布灭绝[24]。

图4-2 白鲟

4.1.2 达氏鲟

达氏鲟，学名 *Acipenser dabryanus*，又称长江鲟、沙腊子，是淡水定居性鱼类，属杂食性鱼类，通常以水生昆虫和其他鱼类为食，主要栖息在长江上游干、支流上流速较缓、富腐殖质和底栖生物的沙质底或卵石碛坝的河湾或深水中。雄性达氏鲟的生殖年龄为 4～7 龄，雌性为 6～8 龄，体长 0.8～1m，体重 5～10kg，繁殖季节 4—5 月和 10—11 月。达氏鲟一般不进行长距离摄食或繁殖洄游，只在栖息的河段做一定距离的移动，其对繁殖地点、范围和环境条件的要求没有白鲟的严格，其产卵场目前主要分布在金沙江下游河段，繁育场所主要分布于泸州至合江河段。达氏鲟曾经是长江上游干流和主要支流的捕捞对象之一。20 世纪 70 年代初期，达氏鲟占合江渔业社捕捞产量的 4%～10%，近 30 年来，达氏鲟的资源量急剧下降，由于历史上达氏鲟很少出现在宜昌以下的长江中下游河段，因此葛洲坝水利枢纽的修建基本没有对其生活造成影响。2000 年左右，库区及上游河段仍然有少量达氏鲟分布，但资源量呈下降趋势[25-28]。目前，达氏鲟人工繁殖技术已获成功，三峡集团于 2005 年开始在长江上游开展达氏鲟等珍稀鱼类的增殖放流活动，希望达氏鲟可以维持野外种群[29-31]。达氏鲟幼鱼见图 4-3。

图4-3　达氏鲟幼鱼

4.1.3　胭脂鱼

胭脂鱼，学名 *Myxocyprinus asiaticus*，又称燕雀鱼、红鱼、木叶盘等，有"亚洲美人鱼"的美称，广泛分布于长江干流以及金沙江、岷江、沱江、赤水河、嘉陵江、乌江、清江和汉江等支流，洞庭湖、鄱阳湖等通江湖泊也有捕捞胭脂鱼的记录[32]。胭脂鱼属杂食性鱼类，通常以虾、蚯蚓等为食。胭脂鱼幼鱼（见图 4-4）和成鱼（见图 4-5）形态不同，生境和习性也不尽相同，幼鱼通常集群于水流较缓的砾石间，且多活动于水体表层，成鱼则喜欢江河敞水区[33]。胭脂鱼成鱼体长最长可达 1m，体重可达约 30kg，繁殖期为 3—5 月。据有关统计，1958 年在宜昌以上河段，胭脂鱼占岷江渔获量的 13% 以上；20 世纪 60 年代，在岷江偏窗子水库库区，胭脂鱼占渔获量的 13%；70 年代，胭脂鱼资源量开始明显下降，70 年代中期只占渔获量的 2% 左右；进入 80 年代后，长江中、下游亲鱼生存、繁殖范围有所缩减，宜昌河段的某些产卵环境也有所变化，虽然坝下仍有繁殖群体，但因捕捞过度，野生群体数量下降趋势显著，相关调查结果显示，胭脂鱼占长江上游渔获量的 1% 左右。

目前，胭脂鱼人工繁殖技术已较成熟，在长江流域的一些鱼类增殖放流站，如长江上游珍稀特有鱼类国家级自然保护区重庆增殖放流站、金沙江溪洛渡向家坝水电站珍稀特有鱼类增殖放流站等，对胭脂鱼进行了人工繁殖和放流工作[34-37]。

图4-4　胭脂鱼幼鱼

图4-5　胭脂鱼成鱼

4.2　主要问题与应对策略

水流与河道共同形成的水文水环境等环境条件被称为水生生境。水生生境因水电开发而改变，不可避免地会影响水生生物的生存与繁殖，其中，鱼类是需要关注的重点物种。金沙江下游规划的乌东德、白鹤滩、溪洛渡、向家坝4座梯级水电站均为高坝深库，首尾衔接，水电站建成并运行后会使金沙江下游工程河段及其下游河段的水生生境发生变化，同时该河段鱼类种类与资源非常丰富，因此工程对水生生境和鱼类的影响是主要问题之一。

4.2.1　主要问题

1.鱼类生存空间减少

金沙江下游4座梯级水电站首尾衔接，自乌东德库尾至向家坝坝址，天然河流全长约756km，水电站建成并运行后，库区水位抬高，水深增加，库区水流变缓，长距离河段的流水空间主要变为缓流的库区水域。长江上游自然河段水体流速大，长期以来，鱼类已适应这种流水状态，大多数土著鱼类形成了适宜流水环境而不适宜静水或缓流环境的栖息特性。因此，水电站的建设造成一部分土著鱼类生存环境空间减少，不利于种群的生存与稳定，如对流水生境依赖程度较高的鱼类，裂腹鱼类、鲱类、鲈鲤、岩原鲤等被迫由库区移向库尾及支流，其在库区的种群数量和资源量会显著下降。同时，库区鱼类种类组成可能由"河流相"逐步向"湖泊相"演变，适宜静水或缓流环境的鱼类种群数量将上升，如麦穗鱼、鲤、鲫、马口鱼、鲌类、鲇等，有的可能会成为库区的优势物种[38-42]。

2. 鱼类产卵生境破坏

金沙江下游河段是一些鱼类的重要产卵场或产卵水域。水库蓄水后，这些产卵水域环境发生变化，不再适宜鱼类产卵。如圆口铜鱼、长薄鳅、长鳍吻鮈等产漂流性卵的鱼类，库区河段产卵场将被淹没，没有苗种的补充就难以在此河段形成自然种群，甚至将逐渐在库区消失。圆口铜鱼产卵场主要在金沙江中下游及雅砻江下游，目前尚未发现能够在长江上游其他支流自然繁殖。若金沙江的产卵场被淹没或破坏，对圆口铜鱼等鱼类种群的生存前景有一定的不利影响。此外，这里的大多数鱼类产黏沉性卵，其卵一般产在浅滩的乱石缝中，水库建成后，水深增加，这些鱼类的产卵水域消失，不利于鱼类繁殖和种群维持[43-47]。

3. 鱼类基因交流受阻

鱼类洄游是鱼类因生理要求、遗传和外界环境等影响而出现的周期性的定向往返移动。金沙江中下游河段的鱼类大部分具有江河洄游习性，同时也有定居性的种类分布。江河洄游的种类以圆口铜鱼、长鳍吻鮈、犁头鳅、中华金沙鳅等产漂流性卵的种类为代表，其产卵场与仔鱼、稚鱼的索饵场距离较远，为完成生活史的全部阶段，这些鱼类往往需要进行较长距离的洄游。产卵场的选择通常是水流湍急的峡谷地区，在合适的水文条件下即可完成产卵行为。受精卵随水向下漂流，并在漂流过程中逐渐发育。孵出的仔鱼往往散布在下游较广阔、仔鱼饵料相对较多的环境中，目前主要在长江上游保护区和三峡库区索饵育肥。性成熟的亲鱼则又向上游洄游，到达合适的产卵场后，完成繁殖过程[48-52]。

水电站的建设将对鱼类洄游造成一定的阻隔影响。阻隔于坝下的鱼类，尽管流水生境大幅度下降，但仍保留坝下流水河段以及部分支流，使多数鱼类具有维持一定自然种群的条件。坝上河段流水生境大幅度下降，流水性鱼类退缩至库尾流水河段以及库区支流，对于金沙江下游流域的齐口裂腹鱼、长丝裂腹鱼、短须裂腹鱼、鲈鲤、四川白甲鱼、四川裂腹鱼、墨头鱼等多数没有长距离洄游习性的种类，可依靠库尾流水河段以及库区雅砻江、普渡河、黑水河、西溪河、牛栏江、美姑河等支流作为主要生境。而对于长距离洄游产漂流性卵的鱼类，库区流速小，不能支撑鱼卵漂流，因而大坝和库区水域对其繁殖的不利影响较大。目前，雅砻江下游水电站已建成，金沙江中下游支流大多已建有数量不等的水电站，这些都是阻碍金沙江中下游至长江上游以及干、支流间鱼类基因交流的主要原因之一[53, 54]。

4. 坝下河段水环境变化

向家坝水电站坝下 1.8km 后为长江上游珍稀特有鱼类国家级自然保护区河段，具有重要的保护意义。金沙江下游梯级建设虽不在该区域，但上游梯级运行带来的水文泥沙与水环境变化会使下游保护区河流的生境结构和环境条件发生变化，从而对水生生物群落结构和保护区功能产生一定影响。

（1）流量均化问题

金沙江下游河流的自然节律是丰水期流量大、枯水期流量小，且丰枯期差异大，丰水期（5—10月）径流量为全年的 80% 以上。金沙江下游梯级形成的水库库容较大，由于水库拦蓄洪水，蓄水发电，使得坝下丰水期流量减少，枯水期流量增加，自然河道的丰枯节律变化减弱，出现流量均化问题[55-58]。通过 4 座梯级水电站联合运行，丰水期梯级水电站断面径流量比天然情况减少约 1/3（变化率为 –39%），枯水期梯级水电站断面径流量比天然情况增加近一倍（变化率为 98%）。梯级坝址断面天然流量与调节后流量年内过程对比见图 4-6。

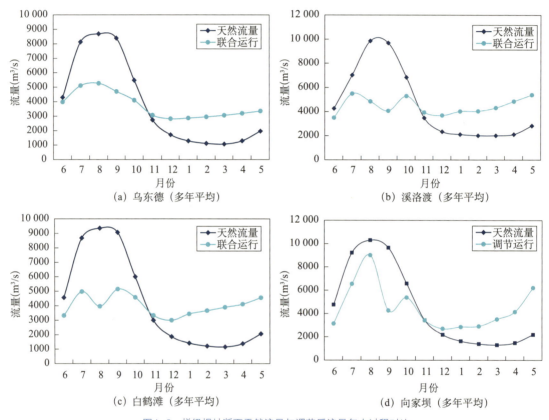

图4-6　梯级坝址断面天然流量与调节后流量年内过程对比

调查表明，产漂流性卵鱼类的产卵活动一般伴随涨水过程进行，江水涨水持续时间越长，鱼类产卵持续时间越长，涨水流量峰越大，卵苗数量越多。产黏性卵的鱼类也需要一定的流水刺激，入春季的桃花汛期有一批裂腹鱼类产卵，在大流量边滩中冲水形成适宜鱼类产卵的浅滩也为鱼类产卵提供场所。金沙江下游水库的调节作用造成洪峰过程的坦化，对需要洪水过程等产漂流性卵的鱼类繁殖不利；在日内调峰运行，坝下水位变化较频繁，浅滩出露，对产黏沉性卵的鱼类繁殖不利。

（2）水温延迟问题

水库蓄水后，特别是具有调节作用的水库，水体蓄热作用使得下泄水体水温较河道天然水温在春夏季降低，在秋冬季较高，年内过程延迟，趋于均化。梯级水电站联合运行后，越往下游，下泄水温年内均化过程越明显，并会持续至最后一个梯级[59-63]。

运用数值模拟方法计算，乌东德、白鹤滩、溪洛渡、向家坝 4 座梯级水电站联合运行后，下泄水温出现延迟。如升温期白鹤滩坝址天然水温到达 16℃的时段主要集中在 3 月中下旬，与上游乌东德水电站联合运行时，白鹤滩水电站下泄水温到达 16℃ 的时段为 4 月下旬，较白鹤滩天然水温延迟一个月左右；升温期坝址天然水温到达 18℃ 的时段主要集中在 4 月上中旬，与上游乌东德水电站联合运行时，白鹤滩水电站下泄水温到达 18℃ 的时段为 5 月中旬，也延迟一个月左右。在经过溪洛渡和向家坝联合调度后，这种延迟影响更明显，尤其是春夏季水温偏低。

由于水温变化对水生生物影响的研究较少，水库运行后下泄水温变化对不同生物的生态学效应并不完全清楚。目前研究结果认为，这种水温延迟主要对鱼类繁殖产生影响。鱼类主要繁殖期的 3—5 月水温回升减缓，达到鱼类产卵所需水温的时间会延迟，鱼类繁殖时间也会相应推后，缩短鱼类生长期。同时，鱼类达到繁殖水温的时间延迟后，原来长期形成的鱼类繁殖与自然环境条件（水文情势等）的耦合关系可能会被打乱，鱼类繁殖、孵化、育幼所需的环境条件可能不如以前，影响鱼类正常繁殖。

（3）清水下泄与边滩冲刷问题

向家坝坝址以下川江河段宽度为 400 ～ 1000m，河床主要由基岩、坡积体、泥石流堆积体、沟口砂卵石堆积体等组成，在天然情况下，河道基本处于冲淤相对平衡状态。金沙江下游水电站建成后，水库拦截了大量泥沙，下泄水体中的含沙量减少，造成靠近大坝的宜宾附近河道冲刷下切，底质粗化，河流并滩归槽，从而导致河床底质甚至河流形态发生变化。同时，河流中砾石、砂砾边滩或心滩往往是产黏沉性卵鱼类的产卵场所，如三块石产卵场距向家坝坝址 6km 左右，曾是中华鲟、达氏鲟、长吻鮠、白甲鱼、鲇、鲤等多种产黏沉性卵鱼类的产卵场所，河床结构的变化可能会导致这类产卵场变迁或消失，对鱼类繁殖产生不利影响[64-69]。

（4）溶解气体过饱和影响

高坝泄洪时，下泄水体能量较大，同时掺带大量空气进入水垫塘，由于空气在水垫塘中承受着高于大气压数倍的压力，致使周围水体溶解空气总量增加，即总溶解气体浓度迅速升高，导致下游河道溶解气体过饱和，而过饱和气体释放速率往往非常缓慢。水中某种气体过饱和会引发鱼类气泡病，如鱼的肠道出现气泡，或体表、鳃上附着许多小气泡，使鱼体上浮或游动失去平衡[70]。

关于高坝下游水体气体过饱和的研究，国内起步较晚，国外开始于 20 世纪 60 年代，研究成果较丰富，但多针对 50m 以下的大坝，对高坝甚至超高坝的研究极少。目前主要针对总溶解气体（TDG）饱和度进行研究。在我国目前的地面水环境标准中，尚未对水体总溶解气体饱和度进行限定。参照美国的标准，可按 110% 的 TDG 饱和度作为评价过饱和气体影响的指标。TDG 与泄洪方式和流量有关，溪洛渡泄洪采用挑流消能方式，水头高，流量大，已有监测表明水电站坝下出现过总溶解气体过饱和度大于 110% 的现象。向家坝水电站采用底流消能方式，在一定程度上减轻了过饱和气体的影响，但坝下仍然出现过饱和度大于 110% 的现象[71-74]。根据调查结果，TDG 在坝下河道内横向、纵向或是库区纵向的变化均不大，主要在纵向沿程呈缓慢的下降趋势[75]。

虽然河流中的自然鱼类在泄洪发生后可潜入较深的水体或远离泄洪点，从而避免伤害，但金沙江下游各梯级水电站泄洪流量大，产生的过饱和气体影响程度和范围均较大，其恢复过程也较缓慢，因此溶解气体过饱和问题需要重视。

4.2.2　应对策略

金沙江下游属于高原鱼类和江河平原鱼类过渡分布水域，其鱼类种类组成与长江上游干流、金沙江中游的鱼类种类组成具有相似性。金沙江鱼类资源的保护需要和金沙江流域及长江上游鱼类资源的保护统筹兼顾，对其进行合理规划和布局。金沙江下游梯级水电站建成后，原有河流生态系统的结构和功能发生巨大变化，因而鱼类保护技术和对策也必须与变化后的水域生态特点适应。科学制定综合的金沙江下游水生生物保护对策措施体系需要统筹的、动态的、可持续的理念[76-78]。

基于梯级规划后环境变化的影响、保护区域生态环境、维持河流生态环境健康、保护金沙江下游河段珍稀、濒危、特有及优势鱼类，需要统筹考虑干流与支流的开发与保护关系，在库尾和部分支流划定一定范围和质量的河流或河段作为鱼类栖息地进行保护，严格控制开发建设活动，保持这些河流的自然生境状态，保护鱼类资源。

在保护栖息地的同时应考虑水电站建设对一些鱼类资源的冲击，同步配套建设鱼类增殖放流站，人工弥补鱼类资源，缓解鱼类资源下降问题，促进长期的鱼类种群资源恢复与自然更替。从流域层面开展鱼类增殖放流站统筹设计、规划布局，并结合金沙江下游梯级建设进度与栖息地保护生境、渔政管理状况，有序建设，分步开展各项工作。

建立金沙江下游河段鱼类保护基金，从梯级水电站的收益中分出一部分费用建立长江上游珍稀特有鱼类保护基金，促进鱼类保护工作开展与效益发挥，同时强化监测与科学研究的支撑性作用，制定监测与科研规划。通过分步实施、全面动态地持续监测与科学研究，解决实际存在的问题。

加强渔政部门的能力建设，提高渔政部门的执法力度。渔政管理涉及建设单位和地方行政部门等多个方面，责任主体是渔政管理部门，建设单位与政府机构可构建高效的政企协调机制，共同实施管理工作。内容主要包括建立良好的渔业捕捞制度、限制渔具渔法、规定捕捞对象的可捕标准及渔获量、制定禁渔区和禁渔期、加强水环境保护等，以此维护良好的渔业环境，保证鱼类能够顺利地延续种群。

在枢纽工程设计中考虑采取过鱼设施、分层取水、生态调度措施，最大限度地减少对鱼类极其重要生境的影响，维持河流的生态结构和功能。

4.3 栖息地保护

栖息地保护是保护鱼类自然资源的最有效措施。分布在长江上游与金沙江下游的鱼类绝大多数需要依赖河流生境完成整个生活史全过程或部分过程（如繁殖、产卵和索饵等），但干支流梯级水电开发河段成为库区，导致河流生境萎缩，而宜宾至重庆河段、流水库库尾和库区支流，甚至支流汇口局部流水水域保留河流天然状态，均是这些鱼类的较好栖息地。近20年来，围绕长江干支流梯级开发与鱼类保护问题，逐步形成了以宜宾至重庆河段为主的长江上游珍稀特有鱼类国家级自然保护区，结合金沙江下游各库尾和库区部分支流等河流生境系统，形成了鱼类栖息地保护总体规划格局，并随着工程建设推进而逐步完善。

4.3.1 长江上游珍稀特有鱼类国家级自然保护区

随着长江干支流梯级水电开发，长江上游鱼类，特别是多种特有鱼类的生境范围被压缩，在流域开发规划时，可采取设立保护区的方式保护自然生境，对长江上游珍稀特有鱼类进行重点保护。保护区的主要功能是尽量减少水电工程造成的不利影响，有效保护珍稀特有鱼类及其特有的生存环境，使珍稀特有鱼类资源衰退趋势得以遏制，种群数量得以增加，保护区的价值得以实现。

　　长江上游珍稀特有鱼类国家级自然保护区在 2000 年初成立，随后发布了保护区面积、范围和功能分区。其中，赤水河全河流划分至保护区内，实现了在长江上游地区生物多样性较高的自然河流的保存，是支流替代生境保护的一个良好实践。

　　1. 保护区功能区划与保护对象

　　长江上游珍稀特有鱼类国家级自然保护区总体规划经过国家批复后界定了保护区范围和功能区划。保护区跨越四川省、贵州省、云南省和重庆市，位于四川盆地南部丘陵区以及云贵高原区的黔北山地区域范围内。保护区从金沙江下游向家坝水电站坝中轴线下 1.8km 至地维大桥干流段，总长度 362.76km，面积 23 647.59hm²，涉及的行政区域包括水富县、宜宾县、翠屏区、南溪区、江安县、纳溪区、江阳区、龙马潭区、泸县、合江县、永川区、江津市、九龙坡区、大渡口区 14 个市（区、县）；保护区岷江河段总长度 90.1km，总面积 3361.68hm²，涉及宜宾县、翠屏区 2 个县（区）；保护区赤水河河段总长度 628.23km，总面积 4057.10hm²，涉及威信、镇雄、叙永县、毕节市、古蔺县、金沙县、仁怀市、习水县、赤水市 9 个市（县）；保护区南广河、永宁河、沱江和长宁河的河口区总长度 57.22km，总面积 647.47hm²，涉及翠屏区、江安县、纳溪区、江阳区、龙马潭区、长宁县 6 个区（县）；保护区河流总长度 1138.30km，总面积 31 713.8hm²。保护区划分为三大功能区，即核心区、缓冲区和实验区（见图 4-7）。

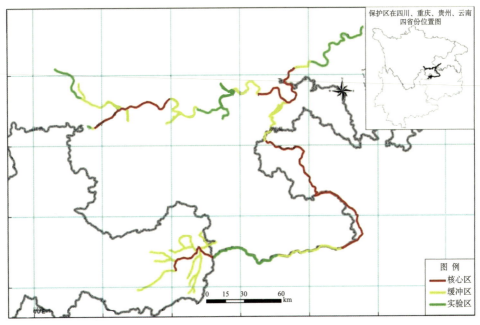

图4-7　长江上游珍稀特有鱼类国家级自然保护区功能区划图

　　1）核心区。核心区总长度 349.25km，总面积 10 803.48hm²，占保护区总面积的 34.07%，由 4 个河段组成。其主要保护目标为白鲟、达氏鲟、胭脂鱼的产卵场，白鲟、达氏鲟、胭脂鱼的幼鱼庇护场，小型特有鱼类的产卵场及大型特有鱼类的产卵场。

2）缓冲区。缓冲区总面积 10 561.20hm²，占保护区总面积的 33.30%，由 20 个河段组成。长江干流缓冲区的主要保护目标为白鲟、达氏鲟、胭脂鱼的繁育场和洄游通道。长江支流赤水河缓冲区主要保护目标为黑尾近红鲌、长薄鳅、长鳍吻鮈等特有鱼类的繁育场和洄游通道。

3）实验区。实验区总面积 10 349.10hm²，占保护区总面积的 32.63%，由 7 个河段组成。长江干流实验区的主要保护目标为白鲟、达氏鲟、胭脂鱼的越冬场。长江支流赤水河实验区的主要保护目标为黑尾近红鲌、长薄鳅、长鳍吻鮈等特有鱼类的越冬场。

保护区主要保护对象为 70 种珍稀特有鱼类，以及大鲵和水獭。珍稀鱼类 21 种，其中属于国家重点保护野生动物名录一级种类 2 种、二级种类 1 种，列入 IUCN（世界自然保护联盟）红色目录 3 种，列入 CITES（濒危野生动植物种国际贸易公约）附录二（Ⅱ）2 种，列入中国濒危动物红皮书 9 种，列入保护区相关省市保护鱼类名录 15 种。

依据国家规范的核心区、缓冲区、实验区三个功能区的不同管理规定，结合河段实际特点，在保护区实行分区和分类管理。

对核心区采取禁止性的保护措施，即禁止在核心区从事除管理、观察、监测和正常航运外的一切人为活动。该区域严禁任何捕捞和开发行为，不得进行任何影响和干扰生态环境的活动，尽可能保持其自然原生状态。

对缓冲区采取限制性的保护措施，即严格限制人为活动内容和范围；严格限制进入缓冲区的人员和数量，确保核心区不受外界的影响和破坏，真正起到缓冲作用；只允许进行经管理机构批准的无破坏性的科研、教学活动。

对实验区采取控制性的保护措施，即控制生物资源消耗总量。在实验区建立禁渔期制度，在禁渔期内严禁一切捕捞行为，在开放期内可进行适度捕捞。在保护好物种资源和自然景观的前提下，可进行适度开发，包括建立珍稀特有鱼类繁殖和苗种培育基地，发展珍稀特有鱼类集约化养殖；建立科学研究的生态系统观察站等，用来和自然生态系统做对比；进行院校教学、实习工作，作为野外标本采集地；划定一定区域开展生态旅游。前提是一切活动要有利于保护环境，有利于珍稀濒危水生生物物种的恢复和发展以及生态环境的改善。

2.保护区建设

在保护区建立和调整的过程中，国家和地方各级政府开展了相应的工作。原农业农村部主要负责自然保护区的建设和管理，保护区管理机构联合原农业农村部及相关部门、原国务院三峡工程建设委员会办公室（2018 年 3 月并入中华人民共和国水利部）和三峡集团开展了管理制度建设、能力建设、渔政管理、增殖放流、特有鱼类保护研究、鱼类生境监测等工作。三峡集团作为三峡工程和金沙江梯级水电站的建设单位，提供了该保护区鱼类增殖站等补偿项目经费，承担了保护区的科学研究、资源环境监测等工作，同时投资建设了长江上游珍稀特有鱼类自然保护区珍稀特有鱼类驯养救护中心。

（1）管理制度建设

在保护区建立和调整的过程中，泸州市、宜宾市、四川省分别提出了鱼类自然保护区的相关管理要求。2004 年，原农业部制定了保护区的总体规划，后又制定了建设总体规划。自

2006 年以来，根据鱼类自然保护区保护要求，保护区管理机构制定了长江上游珍稀特有鱼类国家级自然保护区管理办法、保护区生态补偿项目资金使用管理办法、保护区部分区段的档案管理办法、渔业水域突发污染事故应急预案、水生野生动物救护应急预案等管理制度，完善了保护区的制度建设工作，相应地建立了保护区管理机构，共设 4 个管理局、8 个管理处、20 个管理站。管理处和管理站是保护区管理的基础，是规划一些具体措施的实施机构，如负责对保护区进行巡逻、检查，及时查处偷鱼、电鱼、炸鱼等违法行为和破坏事件；进行环境污染的预防、监督和管理；对考察、参观、实习、旅游观光等外来人员及周围群众宣传有关自然保护区方面的法律、法规和政策以及安全知识、注意事项等。

（2）保护区基础建设

原农业部负责保护区的统一管理和协调工作，在自然保护区涉及的重庆、四川、贵州和云南各地分别设置管理处。自 2005 年以来，重庆、四川、贵州和云南等分别开展了重庆河段、四川河段、贵州河段和云南河段保护区管理能力建设，修建了办公、救护池、标志塔、界碑等设施。保护区各管理机构共征地 23 333m²，建造、改造或购置办公用房约 19 000m²；共采购车辆 37 辆，巡逻艇、救护船、趸船 32 艘，水质检测仪、台式电脑等仪器设备共 250余台（套），通信工具 73 部（套、对），宣传科普设备 160 余台（套）；建标志塔共 14 座、界碑 216 个、界桩 1963 个；购置了一艘白鲟运输和科学考察船"白鲟科考艇 01 号"，该艇总长 19m，装备有白鲟活体暂养箱、探测仪、雷达等设备，航速 42km/h，续航时间 12h；完善了重庆河段趸船功能，对船长和船型进行了调整，扩大建设船室 212.8m² 并配套相关设施设备；开展了保护区视频监控与执法管理信息平台建设，加强了巡护管理效果监控。

（3）渔政管理

渔政管理是保护区重点工作之一，自保护区设立至今全程贯彻，实践表明，严格管理能够对长江上游珍稀特有鱼类保护发挥积极作用。

在建立保护区后，当地政府对辖区内保护区河段的重要鱼类产卵场，如纳溪的野鹿溪、龙马潭区的金子山、合江的大石盘等实行全年禁捕政策，对部分产卵场、索饵场、越冬场实行半年禁捕政策，合江全段实行春季禁渔政策。同年，宜宾地区也对重要产卵场实行了全年禁捕政策。

2000 年，保护区进一步加强了对渔民、船只和网具的检查和管理，实行了珍稀鱼类全年全江禁捕政策，取缔了笼式张网等危害性大的渔具，严厉打击了毒鱼、炸鱼和电鱼等违法行为。

目前，各管理机构通过建章立制，规范了保护区的巡护管理，通过与长江禁渔工作结合，对破坏水生生物资源的行为进行了治理；通过开展定期培训，提高了保护区管理人员的管理与执法水平；对保护区内渔民、渔船开展了调研工作，研究了保护区渔民退出机制和试点方案；通过在不同河段设立鱼类资源与环境监测点（站），开展了渔业资源监测工作。

3. 保护区科研项目概况

保护区科研项目分为 4 类：珍稀特有鱼类生活史和人工繁殖技术、保护区环境因子变动特征及其对鱼类的影响、鱼类保护生物学与保护效果评估研究、水利工程建设与珍稀特有鱼类保护协调发展对策研究。

截至 2021 年底，三峡集团已开展保护区鱼类保护相关科研项目 35 个（见表 4-2）。

表4-2 保护区鱼类保护相关科研项目表

编号	项目名称	进展情况
1	圆口铜鱼繁殖生态与人工繁殖技术研究（Ⅰ期）	已结题验收
2	白鲟生活史及其人工繁殖技术研究（Ⅰ期）	已结题验收
3	圆口铜鱼等长江上游特有鱼类规模化养殖技术研究	已结题验收
4	珍稀特有鱼类增殖放流建设目标总体规划及圆口铜鱼驯养技术研究	已结题验收
5	长薄鳅规模化育苗与圆口铜鱼驯养技术研究	已结题验收
6	长江上游白鲟试验性捕捞	已结题验收
7	圆口铜鱼成鱼养殖技术研究	已结题验收
8	白鲟试验性捕捞及应急救护网络维护	已结题验收
9	长江上游珍稀特有鱼类保护数据库建设与维护	已结题验收
10	圆口铜鱼泸州基地后备亲鱼后续养殖	已结题验收
11	长江上游特有鱼类人工繁殖技术	已结题验收
12	岩原鲤等21种长江上游特有鱼类生物学、种群动态及遗传多样性研究（Ⅰ期）	已结题验收
13	珍稀特有鱼类繁殖生长的关键环境因子综合分析	已结题验收
14	长江上游珍稀特有鱼类保护区生态完整性研究	已结题验收
15	水电开发与鱼类保护协调发展研究	已结题验收
16	可控生态池塘圆口铜鱼人工繁殖技术研究	已结题验收
17	圆口铜鱼种群动态与遗传结构	已结题验收
18	胭脂鱼遗传特性和生物学特征研究	已结题验收
19	保护区河道过饱和气体监测专题研究	已结题验收
20	长江上游珍稀特有鱼类增殖放流效果评价	已结题验收
21	保护区管理体系及效能评估研究	已结题验收
22	气体过饱和与持久性有机污染等关键环境因子对鱼类生物学机理影响研究	在研
23	受金沙江下游水电开发影响的特有鱼类在赤水河栖息和繁殖的可能性研究	已结题验收
24	溪洛渡-向家坝库区及下游保护区的水温影响专题研究	已结题验收
25	保护区河道水文情势变化对鱼类影响研究	已结题验收
26	保护区河道水质变化及其对鱼类影响研究	在研
27	岩原鲤等二十四种长江上游特有鱼类生物学、种群动态及遗传多样性研究（Ⅱ期）	在研
28	圆口铜鱼人工驯养繁殖技术研究	已结题验收
29	达氏鲟种质鉴定及野生亲本档案库建立	已结题验收
30	金沙江下游梯级水电站生态调度	已结题验收
31	金沙江流域圆口铜鱼自然繁殖及生境调查	已结题验收
32	鲟鱼类物种保持技术与辅助人工生殖技术研究	在研

编号	项目名称	进展情况
33	圆口铜鱼人工繁殖技术研究（1）	已结题验收
34	圆口铜鱼人工繁殖技术研究（2）	已结题验收
35	圆口铜鱼人工繁殖技术研究（3）	已结题验收

鱼类保护科研项目取得了诸多成果，为保护区鱼类的保护及整个水生态系统的健康维持提供了理论支撑。鱼类保护科研项目规划的 4 类项目进展情况如下。

（1）珍稀特有鱼类生活史和人工繁殖技术

该项目包括白鲟的试验性捕捞、应急救护网络维护、生活史及人工繁殖技术等研究，圆口铜鱼及长江上游一些特有鱼类的人工繁殖技术研究。各项目均取得了一定的成果。

1）白鲟相关项目因未发现白鲟野生样本，故有关其生活史和人工繁殖技术的研究难以开展，但是试验性捕捞工作及应急救护网络的维护每年都严格按照规划执行。

2）基于对长江上游特有鱼类人工繁殖技术的研究，目前已成功实现长薄鳅、岩原鲤、中华倒刺鲃、厚颌鲂、黑尾近红鲌、四川裂腹鱼、鲈鲤、长鳍吻鮈、圆口铜鱼等的人工繁殖。

3）圆口铜鱼的人工繁殖技术研究历经圆口铜鱼驯养技术研究、圆口铜鱼成鱼养殖、人工繁殖技术研究三个阶段；人工繁殖技术研究开展了圆口铜鱼性腺人工催熟技术研究，进行了亲鱼催产实验，并在控制小瓜虫病方面取得了较大进步；2014 年和 2015 年连续两年在圆口铜鱼人工繁殖技术方面取得重大突破，获得 14 700 粒受精卵并孵化出苗，经过 160 天培育，存活幼鱼 2137 尾，总存活率超过 20%。

（2）保护区环境因子变动特征及其对鱼类的影响

该项目包括珍稀特有鱼类生长繁殖的关键环境因子研究，保护区河道水文、水质、水温、气体过饱和及有机污染物等环境因子的变化及其对鱼类的影响研究，目前都取得部分成果。

1）系统分析了保护区的水文、地形、泥沙、水质和水温等环境因子特性和演变特征，初步获得了天然情况下保护区的重要理化本底特征。

2）基于对珍稀特有鱼类产卵场、繁殖场和越冬场及鱼类各种生理生态学指标的多年观测研究，筛选了保护区典型鱼类生长繁殖的关键环境因子，确定重要鱼类的主要栖息地，提出了典型鱼类生长繁殖的生态目标需求，分析了金沙江下游梯级水库运行对关键目标需求的影响。

3）分析了水温、气体过饱和等因素的变化对鱼类生理生态学的影响，尤其针对有机污染物和过饱和气体等重要环境因子，开展了其对鱼类的毒性试验研究，得出了一些结论，如有机污染物对部分鱼类的致死剂量，以及气体过饱和致鱼类死亡的时间、深度和气体饱和度的阈值，对于保护区鱼类的保护措施研究具有重要意义。

（3）鱼类保护生物学与保护效果评估研究

该项目包括珍稀特有鱼类的鱼类生物学、种群动态与遗传结构的研究，以及保护区生态完整性的研究等，已取得部分成果。

1）深入研究了长薄鳅、前鳍高原鳅、红唇薄鳅、中华金沙鳅、高体近红鲌、黑尾近红鲌、半鳘、张氏鳘、厚颌鲂、圆筒吻鮈、长鳍吻鮈、异鳔鳅鮀、鲈鲤、宽口光唇鱼、四川白甲鱼、短须裂腹鱼、齐口裂腹鱼、细鳞裂腹鱼、四川裂腹鱼、岩原鲤和拟缘鱼央 21 种长江上游特有鱼类的生物学、种群动态和种群遗传结构变化，获得了丰富的研究数据。

2）专门针对圆口铜鱼和胭脂鱼开展了相关的种群动态与遗传结构研究，分析了不同年龄段鱼类的空间分布区域，研究了在向家坝蓄水前后不同区域鱼类数量的变化，并探讨了鱼类遗传多样性的变化。

3）建立了基于水体理化指标、栖息地生境、底栖动物、鱼类等多种指标的保护区生态完整性评价体系，开展了向家坝、溪洛渡水电站蓄水前后保护区的生态完整性调查与评价，分析了水库运行对保护区生态完整性的影响及保护区的实际保护效果。

（4）水利工程建设与珍稀特有鱼类保护协调发展对策研究

该项目包括鱼类的替代生境研究、保护区管理体系及效能评估研究、水电开发与鱼类保护协调发展研究等，已取得部分成果。

1）通过与国内外鱼类保护区相关管理体系的对比，实地考察长江上游珍稀特有鱼类国家级自然保护区的管理情况，评估保护区管理现状，提出保护区管理能力提升方法。

2）通过调研国内外水电开发对鱼类的影响、水电开发中鱼类保护措施情况等，研究在水电开发背景下，如何保护鱼类及其生态环境。

3）在就地保护对策研究的基础上，将赤水河作为潜在的替代生境，通过调查收集金沙江下游和赤水河的长江上游特有鱼类种群动态、水文水质等数据，分析金沙江下游和赤水河的生境相似性和鱼类物种相似性，探讨金沙江下游珍稀特有鱼类在赤水河栖息和繁殖的可能性，为鱼类的迁地保护打好技术和理论基础。

4.保护效果

保护区成立后，对生境和鱼类资源的监测与调查越来越频繁，从20世纪90年代的长江上游河段鱼类综合考察到近十年的综合考察、特有鱼类调查、产卵场和早期资源调查、水生生物调查、周边社会经济调查等多种监测与调查，核心在于更好地协调水电开发与鱼类保护的关系，制定更有效的保护措施，减缓水电开发的不利影响。实践表明，通过不懈努力，自然保护区的各项基本特征得到保留，自然保护区水域水质总体良好，基本能满足鱼类生长和繁殖需求，自然保护区水生生物总体变化不大，自然保护区河段仍是达氏鲟、胭脂鱼、圆筒吻鮈、长鳍吻鮈、长薄鳅、岩原鲤、中华金沙鳅、异鳔鳅鮀等珍稀特有鱼类的重要栖息生境。

目前，保护区干支流流水生境和三峡水库形成了较完整的江湖复合生态系统，能够满足保护区绝大多数鱼类完成整个生命史。部分水电站等建设项目得到了控制，自然保护区各阶段采取的保护措施对于保护区的珍稀特有鱼类及其生境保护、减缓人类活动的不利影响等发挥了重要作用。

4.3.2 库区支流与库尾流水河段的保护

1.保护规划

在流域水电开发的不断发展中，人们对鱼类栖息地保护的认识也在不断发展，形成了流域统筹规划、整体协调处理河流开发与保护关系的思路，以满足流域鱼类栖息生境要求。

鉴于金沙江下游与长江上游、金沙江中游及雅砻江下游鱼类相似度非常高，金沙江下游鱼类栖息地保护应与这些河流的鱼类栖息地保护总体规划统筹兼顾。除长江上游珍稀特有鱼类自然保护区外，在金沙江二期工程（乌东德—白鹤滩）及雅砻江下游的开发中，将库区部分支流和库尾上游的一些河段列为栖息地保护范围，与自然保护区共同发挥作用，构成流域整体鱼类栖息地保护格局。

近几年，在金沙江下游流域河段鱼类资源调查采集到的 72 种鱼类中，在雅砻江（二滩以下河段）、黑水河、西溪河、西宁河、龙川江等支流同时采集到的鱼类有 57 种，占总量的79%，金沙江下游干流分布的多数鱼类在支流中也有分布，支流不仅能够为一些流水性鱼类，如齐口裂腹鱼、长丝裂腹鱼、短须裂腹鱼、四川白甲鱼、细鳞裂腹鱼、西昌华吸鳅、中华金沙鳅等种类提供完成整个生命史的条件，而且为厚颌鲂、前臀鮡等适应开阔缓流、静水环境水域栖息，需要在流水中产黏沉性卵的鱼类提供了繁殖场所。金沙江下游从攀枝花渡口到宜宾约 782km 的干流河段中，大小支流有 30 多条，其中较大的支流从上到下依次有雅砻江、龙川江、尘河、大桥河、普渡河、小江、黑水河、西溪河、美姑河、西宁河、岷江等。据此系统分析各支流鱼类资源特点、生境特征以及开发利用情况，制定支流及其支流汇口水域生境保护规划，对保护库区鱼类资源具有十分重要的意义。主要的保护规划为：

1）将乌东德库尾（含桐子林以下的雅砻江）、黑水河作为金沙江下游乌东德水电站和白鹤滩水电站所在江段的栖息地保护支流或河段。乌东德库尾河段、黑水河将提供流水生境，可充分发挥其流水生境对长江上游特有鱼类的保护作用。同时这两处支流、河段分别与乌东德库区和白鹤滩库区相连，也可为喜缓流和静水生境但需流水刺激产卵的鱼类提供适宜的水生生境。

2）雅砻江锦屏二级 119km 大河湾河段作为圆口铜鱼资源保护河段，充分发挥雅砻江锦屏二级 119km 大河湾对圆口铜鱼资源保护的作用。锦屏二级大河湾的生境保护在雅砻江流域水电开发中予以考虑。

2.黑水河河流生态修复

（1）流域概况

黑水河是金沙江左岸一级支流，位于四川省凉山彝族自治州境内，发源于昭觉县西部三岗乡马石梁子，自北向南流经昭觉、普格、宁南 3 县，于宁南县东南部葫芦口注入金沙江，全长 173.3km，水面平均宽 45m，流域面积 3591km²。黑水河位于白鹤滩库区内，河口多年平均流量 68.2m³/s，多年平均径流量 25.25 亿 m³。径流主要靠降水补给，年际变化不大。天然落差 1931m，平均比降 11.90‰。上游为 V 形河谷，两岸山体陡峻，下游河道宽浅，呈 U 形河谷，两岸山体相对平缓，约为 30°，江心洲和河岸漫滩连片出现。河流水质良好，水量大，水流湍急，蜿蜒曲折，两岸植被茂盛，乔木灌木丛生，下游平坝阶地多发育，其上多为农田和村庄。底质多为卵石、沙砾、淤泥等。在河中调查到的鱼类有宽鳍鱲、鳑鲏类、麦穗鱼、棒花鱼、墨头鱼、裂腹鱼类、鲤、鲫、鮕、鳅类、黄颡鱼、鮡类等 36 种。黑水河干流规划苏家湾、公德房、松新、坤顺 4 级水电开发，已建成苏家湾、公德房、松新和老木河 4 级水电站，其中，老木河位于坤顺梯级减水河段，规划报废。黑水河河流规模相对较大，汛期和枯期流水状态河段较长，枯期未发现脱水现象，河道生境较好；河道内鱼类资源较丰富，且分布 11 种长江上游特有鱼类。通过黑水河干流的栖息地修复与建设可发挥其流水生境对长江上游特有鱼类的保护作用，并为白鹤滩库区喜缓流和静水生境但需流水刺激产卵的鱼类提供适宜的水生生境。

（2）生态修复方案

为了尽量减少金沙江下游梯级水电站建设对水生生态的影响，应对黑水河河流生态修复进行系统规划。由于实施支流栖息地保护的项目还较少，干流水生生态系统发生变化后，干支流生态系统的演变过程、支流发挥栖息地的保护作用仍需进一步研究，同时支流普遍存在水电梯级开发强度较大的现象。三峡集团作为以大型水电开发与运营为主的清洁能源集团，将在水电开发中承担更多的环境和社会责任，通过在黑水河栖息地保护生态试验场开展生态修复、生态试验场的建设和科研试验，为水电水利工程支流栖息地保护和修复、小水电开发生态修复技术体系的建立和应用提供技术支持。

为借鉴国际河流生态修复的先进理念，提升河流生态修复的认识，科学、系统地开展黑水河河流生态修复保护规划，创新水电开发生态保护补偿协调机制，三峡集团与大自然保护协会（TNC）进行合作，调动中国、美国和全球相关资源参与黑水河河流生态修复项目。通过收集流域范围的基础地理、生物多样性、环境数据、其他威胁等资料，对水文情势、河道连通性、水质、鱼类栖息地、生物组成及其他威胁进行了调查、评估与模拟，确定了水文情势、栖息地和连通性三个关键因子的期望产出，筛选合适的保护行动，然后将保护行动进行组合，形成了6种保护情景，并以"零"方案（即无保护行动方案）为现实基线，对6种保护情景从生态效益、投入、成本、可行性、投资回报率等方面进行评估和排序，确定了保护情景，并根据情景制订整体计划，形成保护方案。

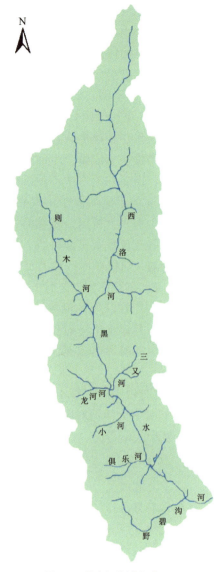

图4-8 黑水河流域水系图

根据黑水河环境现状，确定黑水河栖息地修复范围为普格县至黑水河汇口65km河段（即已建成的河口水电站发电尾水以下河段）。

1）保护目标与修复对象。

保护目标：充分发挥黑水河流水生境对长江上游特有鱼类的保护作用，并为白鹤滩库区喜缓流和静水生境但需流水刺激产卵的鱼类提供适宜的水生生境。

保护对象：下游河段（松新厂房以下）鱼类资源较丰富，是生态修复的重点，保护对象是短体副鳅、前鳍高原鳅、长薄鳅、张氏䱗、长鳍吻鮈、钝吻棒花鱼、短须裂腹鱼、昆明裂腹鱼、短身金沙鳅、中华金沙鳅和黄石爬鮡11种特有鱼类及其他流水性土著鱼类；中游河段（松新厂房—苏家湾坝址）通过生态修复，保护对象是红尾副鳅、短体副鳅、前鳍高原鳅、裂腹鱼、鲫和鰕虎鱼等土著鱼类；上游河段（苏家湾坝址以上）保护对象是前鳍高原鳅、泥鳅、麦穗鱼和鰕虎鱼等小型土著鱼类。

2）修复方案。黑水河的生境修复重点解决河流连通性和减水河段的生态流量保障问题。考虑技术可行性和修复效果，构建了针对黑水河栖息地生态修复措施评价方法，创新性制定了部分水电站拆除和改建的黑水河干流栖息地生态修复方案。

功能分区：根据黑水河干流各区段的河流发育条件、水文特征、连通程度、空间异质性以及受人类活动干扰的状况等，结合黑水河保护鱼类的生态习性及生境需求，将黑水河干流划分为重点保护区、试验区以及观察区，为指导各项措施工程布局提供依据。

实施阶段：主要分为第一阶段（2017—2020 年）及第二阶段（2021—2025 年）。

鱼类上溯、下行通道恢复：拆除老木河水电站以及苏家湾、公德房、松新、坤顺建设过鱼措施。

增加并保障闸坝处下泄流量：苏家湾、松新放水闸与鱼道结合下泄生态流量，公德房增设生态流量泄放管，并与鱼道结合下泄生态流量，同时安装生态流量下泄保障监控，掌握各水电站下泄流量及黑水河水文情势等。

4.4 分层取水

水温延迟的主要原因在于大型深水库水体水温在不同季节呈现不同的水温结构，发电取水口一般处于水体下层，所取水体的水温比同期表层水温过程延迟，因此下泄水温较天然水温过程延迟。为缓解水温过程延迟问题，工程师提出了水温调控措施方案，以减轻下泄水温的变化。水温调控措施分为工程措施和非工程措施。常用的工程措施有分层取水措施、人工掺混措施、坝下建设调节水池等。分层取水措施主要通过控制发电取水层的手段达到调节下泄水温的目的，其形式包括多层进水口、叠梁门取水、水温控制幕、浮子式等。人工掺混和坝下建设调节水池的措施仅适合小流量的取水调控，金沙江下游各梯级水电站规模宏大，坝址平均年径流量超过 1200 亿 m^3，只能采用分层取水措施。

分层取水措施中，多层进水口是在不同的水位下开启不同高程进水口的方式控制水温，具体布置受地形地质条件影响较大，系统运行的灵活性较差。叠梁门取水方案可根据进水口结构布置的特点，在原单层取水方案的基础上，采用多层叠梁门方式，达到分层取水的目的。分层取水高程相对灵活，发电量略有影响，运行较复杂。金沙江下游溪洛渡、白鹤滩、乌东德水电站均采取叠梁门分层取水措施。

4.4.1 关键要素

（1）水温控制目标设定

水温控制目标设定即从下游用水所需的适宜水温出发，提出下泄水温要求，为分层取水提供水温控制目标。下游用水对水温敏感的对象有农作物和鱼类。根据研究，低温水灌溉严重影响稻株的生长发育和产量，低温条件会造成稻株的光合作用、呼吸作用、矿物质营养吸收等生理活动过程变缓，最终导致稻谷产量降低。同时灌溉水温过低会影响土壤温度，降低土壤肥力，增加稻田病虫害风险等[79-82]。

鱼类学家经过研究发现，温度的变化往往是鱼类开始繁殖、索饵、越冬和迁移洄游的信号，是这些过程开始的天然刺激条件。长江上游鱼类种类繁多，区系组成复杂，大部分是西南山区激流性鱼类，并多集中于春季产卵，此时需求的水温为11℃以上。目前，专门针对各种鱼类水温适宜性的基础研究偏少，多数鱼类适宜水温范围皆为科研统计结果，不可避免存在一定偏差。在缺乏河段保护鱼类的适宜水温需求基础资料时，常常以河道的天然水温过程作为水温控制目标。

（2）进水口选型

取水口是分层取水结构的关键部位及设计核心，它的形式、尺寸和设置方式直接影响取水结构和取水性能的优劣。分层取水进水口形式主要包括多层式、叠梁门式、翻板门式、套筒式、斜卧式等。进水口选型应确保其布置与枢纽工程其他建筑物协调，结构形式与地形地质条件适应。在对比多个进水口形式时，应在综合比较论证建筑物结构稳定、分层取水运行调度、取水效果和工程投资后确定。大中型水电站分层取水宜采用机械控制的叠梁门式进水口或多层进水口。目前国内已建成的水电站分层取水建筑大多是岸塔式的叠梁门进水口，仅个别采用多层取水口和前置挡墙[83]。

（3）叠梁门布置

叠梁门分层取水是目前最广泛的应用形式。根据库水位的变化，提起或放下若干数量的隔水门，进行堰流取水。大型水电工程的叠梁门分层取水设施一般由拦污栅、取水闸门、取水塔、事故闸门、检修闸门、启闭设备等组成。目前根据NB/T 35053—2015《水电站分层取水进水口设计规范》对分层取水布置与结构进行设计。

取水闸门起隔水、取水作用，一般有平面取水闸门、圆筒取水闸门和半圆筒取水闸门形式。叠梁门取水闸门一般由多节平面闸门连成一体，根据库水位的升降而增减挡水闸门的数量，从而实现不同的取水高程，达到分层取水的目的。

叠梁门分层取水进水口的门顶过流为堰流形式，应根据门顶过水深度计算最小淹没深度、过流能力和叠梁门上下游水位差，设计合适的叠梁门尺寸和排列形式，并确保叠梁门及门槽结构安全，必要时通过水工模型试验论证进水口流态[84]。

（4）效果监测与运行管理

分层取水措施对于减缓水电站下泄低温水有一定的作用，但也会带来发电损失、操作运行烦琐等问题。后续长期监测可用于分析分层取水措施效果、优化运行调度中存在的不足，这是推动分层取水工程向操作更灵活、取水效果更好、发电损失最小化发展的必要途径。

分层取水效果监测一般包含水电站进水口附近的垂向水温、水电站引用流量及发电尾水水温的同步监测。监测方式包括人工监测和在线监测。在线监测可获得长期连续的数据，目前大型水电工程已逐渐实现在线自动监测。在线监测的方案应明确监测断面、垂线、点位布置及具体实施方案，其中，监测点位结合发电引水及尾水建筑物结构、分层取水各取水口高程等进行布设，监测设备要求精度及可靠性高，并便于维修。收集到监测成果后，及时分析分层取水的水温恢复效果，调整优化分层取水设施的运行调度。目前，金沙江下游溪洛渡分层取水设施已纳入水温监测网络。

在分层取水设施投入运行后，为取得良好的水温改善效果，须根据库区实际运行水位的变化、进水口附近水温监测数据和水温敏感对象的水温需求，加强管理，及时调整分层取水口的取水深度，减少水温影响。

4.4.2　溪洛渡叠梁门建设与运行方案

1. 方案论证与优化

为论证叠梁门分层取水方案的可行性，三峡集团开展了溪洛渡水电站进水口分层取水叠梁闸门工作特性及水工模型试验研究，从选定设计方案的水头损失、流道边界水流时均压力和脉动压力分布、机组增减负荷时对叠梁门及拦污栅墩受力等方面的影响进行研究，得出结论：水电站正常运行时，进水口水流流态稳定，进水口水力特性良好，压力分布合理，溪洛渡水电站进水口采取叠梁门分层取水的布置方案是可行的。按照设计提出的运行条件，水电站正常运行时进水口水力特性良好[85]。

为确定并优化叠梁门设计方案，三峡集团开展了溪洛渡水电站叠梁门方案数值模拟研究工作，结果表明，四层叠梁门方案（单层叠梁门门高 12m）比无叠梁门方案的下泄水温春夏季偏高，秋冬季偏低，更接近天然水温过程。总体来说，叠梁门方案比无叠梁门方案更有利于维持下游河道的原有水生生态环境，是一种可行的分层取水方案。溪洛渡水电站进水口建设了四层叠梁门。叠梁门最大挡水高度为 566.00m 高程。每台机组进口前缘由栅墩分成 5 个过水栅孔，9 台机组共设 45 个过水栅孔，挡水闸门数量为 45 扇，门叶共 180 节。

溪洛渡水电站左、右岸叠梁门分层取水口见图 4-9，溪洛渡水电站进水口拦污栅与叠梁门见图 4-10。

（a）分层取水口（一）　　　　　　　　　　（b）分层取水口（二）

图4-9　溪洛渡水电站左、右岸叠梁门分层取水口

（a）拦污栅　　　　　　　　　　　　　（b）叠梁门

图4-10　溪洛渡水电站进水口拦污栅与叠梁门

2.叠梁门调度方案与预测效果

根据《长江上游珍稀特有鱼类国家级自然保护区科学考察报告》，保护区内分布有很多产黏沉性卵鱼类，如白鲟、达氏鲟、胭脂鱼、裂腹鱼类等，考虑这些鱼类产卵习性，在鱼类集中产卵期内（3—5月）宜采用叠梁门分层取水的方式。水库水位为591m以上时，采用四层叠梁门整体挡水；水库水位为591～579m时，采用三层叠梁门整体挡水；水库水位为579～567m时，采用二层叠梁门整体挡水；水库水位降至567～555m时，采用一层叠梁门整体挡水；水库水位降至555m以下时，无叠梁门挡水。金沙江下游溪洛渡水库叠梁门分层取水方案见表4-3。

表4-3　金沙江下游溪洛渡水库叠梁门分层取水方案

水位Z（m）	叠梁门顶高程（m）	叠梁门层数	淹没水深（m）
$Z \geqslant 591$	566	4	566
$591 > Z \geqslant 579$	554	3	554
$579 > Z \geqslant 567$	542	2	542
$567 > Z \geqslant 555$	530	1	530
$Z < 555$	—	—	518

叠梁门设计方案优化研究计算结果显示，叠梁门作为一种工程措施，对于改善升温期的下泄低温水现象有一定效果，其中3—5月在采用叠梁门后，下泄水温分别提高了1.2℃、1.1℃和0.8℃，但随着运行水位降低、表层温水被取用及表层水温趋向同温变化等影响，后期的叠梁门运行对水温改善效果有限，且下泄水温与门顶淹没水深关系密切，若淹没水深减小则可进一步提高下泄水温。

4.5　生态调度[85-88]

自然河流的水文周期有明显的丰枯变化，如水文情势的节律性变化为鱼类产卵繁殖提供信号，鱼类产卵繁殖活动与河流生态水文指标存在一定关系。近年来，水库对河流生态环境的影响受到了政府和社会公众的广泛关注，期望水库调度在发挥防洪、发电等功能的同时也能在一定程度上满足河流的生态需求。生态调度作为主要的河流生态修复措施，是对传统水库调度方式的发展和完善。生态调度主要着眼于解决当前突出的河流水生环境问题，将生态因素纳入现行的水库调度中，在尽量减少水库防洪减灾效益的条件下，减少水库运行的生态影响。与工程措施相比，水库生态调度措施具有实施费用较低、对下游河流生态修复的作用范围较大、生态修复效果较明显的特点。

由于向家坝坝下为长江上游珍稀特有鱼类国家级自然保护区，因此需要在研究下游鱼类繁殖生物学的基础上，结合水库发电、防洪调度，合理利用水库的调蓄库容，考虑水生生物产卵、繁殖、生长需求，科学制定水电梯级调度方案。生态调度研究思路见图4-11。

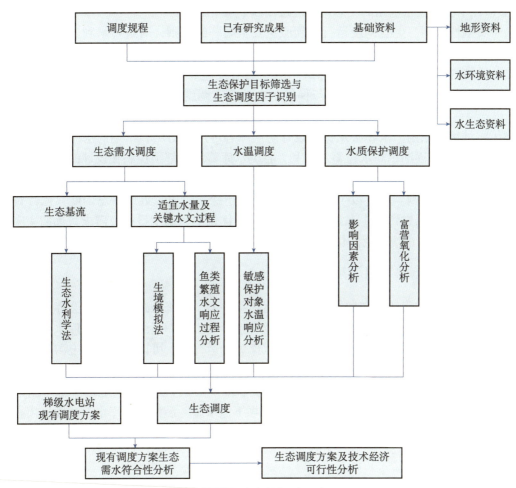

图4-11　生态调度研究思路

金沙江下游4座梯级水电站均为三峡集团开发建设与运行，能够很好地实现联合优化的生态调度运行，由此三峡集团组织开展下游梯级水电站联合生态调度研究工作。下游梯级水电站建设的时序不同，其影响也有所不同，因此这项研究按照统筹考虑、分阶段研究的方式进行。首先，明确生态调度的目标，满足此项目标所需的水文、水温等过程要求；其次，在此基础上设计生态调度方案和生态调度试验；最后，形成可操作的调度规程，纳入日常调度管理中[86-89]。

4.5.1　生态调度目标与原则

（1）生态调度目标

在满足梯级水库防洪、发电、供水、灌溉等多种经济社会目标的基础上，根据金沙江下游和长江上游川江段水生生态需求特性，调整和改变梯级水电站的调度运行方案，在水量、水文过程、水温方面修复和补偿水库运行对河流生态系统产生的负面影响，改善河流生态系统质量。

（2）生态调度原则

金沙江下游梯级水电站的生态调度应遵循以下基本原则。

1）安全性原则。生态调度运行必须服从安全第一的原则，对各种水利工程的操作、运用都必须控制在设计的或规定的安全范围内。

2）协调性原则。金沙江下游梯级水电站具有发电、防洪、改善库区及下游航运条件等综合利用效益，生态调度应尽量与梯级水电站现有调度规程协调，兼顾水电站运行的经济性。

3）防洪优先原则。水库必须保证设计防洪库容可用于防洪，汛期的水库蓄水位不可高于汛限水位，汛后逐渐抬高水位蓄水兴利，各类水库蓄水位都须控制在设计的或规定的安全范围内。

4）远近结合原则。现阶段生态调度研究仍处于探索阶段，近期生态调度只能针对有限的保护目标开展，通过评估生态调度的效果，持续优化生态调度目标及需求；远期4座梯级水电站联合运行时考虑更广泛的保护目标。

4.5.2　溪洛渡水电站水温调度方案

现阶段相关研究表明，在梯级水库联合运行条件下，河流下游水体水温会存在延迟加重的累积影响问题，进而对下游的鱼类繁殖产生直接影响。水库下泄水温同水库水温结构、入流条件、运行调度等条件密切相关，当梯级水库联合运行时，可以通过控制上游水库的下泄水温影响下游水库的水温结构及出库水温。溪洛渡水库是紧邻向家坝上游的具有水温调度的水库，为满足向家坝下游鱼类繁殖期对水温的要求，可通过溪洛渡水电站实施水温过程调度，在鱼类集中繁殖期内（3—4月）提高向家坝下泄水温。溪洛渡水库水温调度采用叠梁门分层取水方案。

4.5.3　向家坝水电站水文调度方案

向家坝水库下游紧邻长江上游珍稀特有鱼类国家级自然保护区，作为金沙江下游最后一个水库，其运行调度必须满足鱼类生存需求。三峡集团积极与科研单位开展合作，基于鱼类产卵高峰时段调查数据，建立其与同期产卵河段上下游水文站点监测到的水文过程的响应关系，分析卵苗径流量与各项生态水文因子之间的关系，在此基础上推测出鱼类产卵繁殖期的水文过程需求，兼顾产漂流性鱼卵与产黏沉性鱼卵鱼类，确定水文过程调度方案。

1）全年各个时段均应通过溪洛渡、向家坝水电站联合调度保证向家坝水电站下泄不低于 $1600m^3/s$ 的生态基流。

2）在产黏沉性卵鱼类集中繁殖期（3—4月），在向家坝下泄水温达到 $16℃$ 时，应尽量控制下泄流量 $1000 \sim 3500m^3/s$；同时应控制日内调节幅度，创造相对稳定的水流条件，尽量避免下游河段水位、水面频繁剧烈变化，满足产黏沉性卵鱼类繁殖栖息要求。

3）在产漂流性卵鱼类集中繁殖期（5—6月），在向家坝下泄水温达到 $18℃$，且监测到亲鱼性成熟度满足产卵需求时，应尽量控制向家坝水电站下泄流量 $1660 \sim 6600m^3/s$，并通过水库调度方式，制造适合产漂流性卵鱼类产卵繁殖的仿自然生态流量过程，涨水持续天数为 $2 \sim 4d$。

4.5.4　生态调度试验初步效果

1.溪洛渡水温调度及初步效果

（1）调度情况简介

2018 年 1—5 月，三峡集团在溪洛渡、向家坝水电站实施了生态调度试验。2018 年，溪洛渡生态调度方案拟采取落提两层叠梁门试验，结合 2018 年溪洛渡库水位消落计划，须在 4 月 20 日前完成第二层叠梁门提门工作（4 月中旬末水位消落至 567m，5 月中旬末水位消落至 557m）。但受 1—2 月持续寒潮影响，电网用电量增加，溪洛渡库水位加速消落，2 月底实际水位低于计划值 12.18m。综合考虑预测来水与用电需求、叠梁门操作运行时间等因素，决定不再落提第二层叠梁门，维持单层叠梁门运行工况。

2018 年，溪洛渡生态调度期间，水库平均入库流量为 2285.50m³/s，平均出库流量为 2465.45m³/s，平均运行水位为 574.15m。1 月受寒潮影响，电网用电需求加快溪洛渡水位消落，至 2 月 12 日，库水位从 585.50m 逐渐下降至 570.00m，平均消落速率为 0.55m/d。此后，库水位有小幅变动，平均运行水位为 571.81m。

2018 年，溪洛渡生态调度试验历时 108 天。1 月 15 日，正式启动第一层 90 扇叠梁门落门工作，于 2 月 8 日完成，历时 24 天，期间库水位范围为 571.43～580.39m；2 月 9 日至 4 月 17 日，单层叠梁门正常运行 68 天，期间库水位范围为 569.88～573.41m；4 月 18 日至 5 月 3 日，完成叠梁门提门工作，历时 16 天，期间库水位范围为 571.88～575.35m。此次落门未出现门槽卡阻现象，落门率为 100%。

（2）叠梁门运行效果分析

根据相关研究及前期叠梁门监测数据，在无叠梁门运行情况下，坝前水温分布同下泄水温数值相等的水温对应的高程高于进水口底板及进水口中心线高程；在叠梁门运行时，取水口高程提高，取水范围也随之提高。为便于分析叠梁门对下泄水温提升的定量效果，以下泄水温为特征水温，定义坝前水温分布中同下泄水温数值相等的水温对应的高程为特征高程（见图 4-12）。

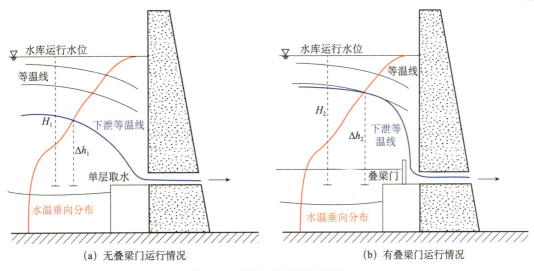

(a) 无叠梁门运行情况　　　　　　　(b) 有叠梁门运行情况

图4-12　叠梁门特征高程示意图

从图4-13及表4-4的统计结果看，单层叠梁门运行与无叠梁门运行情况下，特征高程虽在一定范围内变化，但高程变化同水位变化没有明显关系。生态调度期间与生态调度结束后，特征高程的平均值分别为542.20m与530.30m，其差值相当于一层叠梁门高度。因此，假定在坝前水位变动的情况下，取水范围不变动，特征高程对应的坝前水温可以认为是下泄水温。统计3月上旬至4月上旬两特征高程542.20m与530.30m对应的水温（见表4-5），可推算出生态调度期间叠梁门与无叠梁运行情况下，下泄水温序列差值的范围为0.16～0.92℃，平均值为0.54℃。

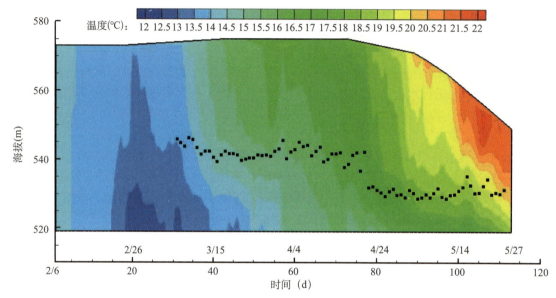

图4-13 温度链水温数据变化过程与特征水温（下泄水温对应）高程变化

表4-4 特征高程统计表 （单位：m）

下泄水温对应高程	叠梁门运行		无叠梁门运行
	有机组运行	无机组运行	
最大	546.30	543.70	535.20
最小	540.10	536.80	528.70
平均	542.40	541.70	530.30

表4-5 生态调度期间两特征高程对应水温及差值统计表 （单位：℃）

日期	542.20m	530.30m	下泄水温	水温差	日期	542.20m	530.30m	下泄水温	水温差
3/6	13.43	13.17	13.48	0.26	3/12	14.02	13.52	14.03	0.49
3/7	13.40	13.11	13.49	0.30	3/13	14.12	13.58	14.18	0.55
3/8	13.46	13.14	13.58	0.31	3/14	14.33	13.73	14.31	0.60
3/9	13.67	13.32	13.70	0.35	3/15	14.47	13.82	14.44	0.65
3/10	13.77	13.38	13.83	0.39	3/16	14.57	14.06	14.55	0.51
3/11	13.92	13.51	13.95	0.40	3/17	14.77	14.04	14.66	0.74

续表

日期	542.20m	530.30m	下泄水温	水温差	日期	542.20m	530.30m	下泄水温	水温差
3/18	14.80	14.03	14.69	0.77	3/29	15.45	14.67	15.42	0.79
3/19	14.75	14.03	14.74	0.72	3/30	15.54	14.67	15.44	0.88
3/20	14.82	14.01	14.87	0.81	3/31	15.41	14.69	15.39	0.73
3/21	14.90	14.09	14.99	0.81	4/1	15.34	14.73	15.40	0.61
3/22	14.99	14.07	15.06	0.92	4/2	15.36	15.16	15.44	0.20
3/23	15.16	14.25	15.13	0.91	4/3	15.52	15.27	15.54	0.24
3/24	15.23	14.33	15.20	0.90	4/4	15.54	15.30	15.58	0.24
3/25	15.25	14.41	15.25	0.85	4/5	15.56	15.34	15.59	0.23
3/26	15.38	14.84	15.31	0.54	4/6	15.53	15.33	15.59	0.20
3/27	15.33	14.55	15.36	0.78	4/7	15.56	15.38	15.61	0.18
3/28	15.37	14.60	15.40	0.77	4/8	15.59	15.43	15.68	0.16
范围		0.16～0.92			平均		0.54		

注：以上数据皆为日内平均值，计算结果统一保留小数点后两位。

从图 4-14 与表 4-6 可以看出，2 月上旬至 3 月上旬，溪洛渡水库 2018 年下泄水温较 2017 年同期低，旬均温差范围为 0.7～1.2℃；3 月下旬至 4 月下旬，2018 年下泄水温较 2017 年同期高，旬均温差范围为 0.6～1.3℃，平均值达到 1℃。而且 2018 年溪洛渡水库下泄水温于 4 月 12 日达到 16℃，5 月 3 日达到 18℃，较 2017 年分别提前 10 天和 7 天。

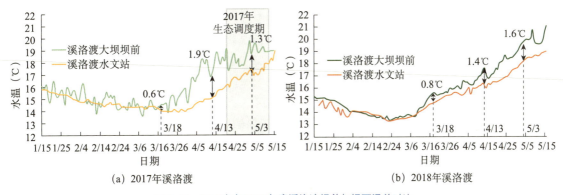

(a) 2017年溪洛渡   (b) 2018年溪洛渡

图4-14 2017年与2018年度溪洛渡坝前与坝下温差对比

表4-6 2017年与2018年溪洛渡坝下水温及温差统计表 （单位：℃）

时间	2018年下泄水温	2017年下泄水温	下泄水温差
2月上旬	14.15	15.03	−0.88
2月中旬	13.82	14.58	−0.76
2月下旬	13.29	14.48	−1.19
3月上旬	13.45	14.40	−0.95

续表

时间	2018年下泄水温	2017年下泄水温	下泄水温差
3月中旬	14.36	14.31	0.05
3月下旬	15.28	14.11	1.17
4月上旬	15.59	14.40	1.19
4月中旬	16.45	15.19	1.26
4月下旬	17.03	16.41	0.62

从监测数据结果看，通过取水范围特征高程与特征水温分析，溪洛渡单层叠梁门运行与无叠梁门运行时，以特征水温差来表征的叠梁门对下泄水温提升效果为0.54℃。由此可见，溪洛渡水电站的叠梁门取水方式在一定程度上减缓了下泄低温水。

2. 向家坝水文调度及效果

（1）调度情况简介

向家坝生态调度于5月15—18日期间开展。5月14日，向家坝日均出库流量为2760m³/s，15—18日分别上涨至3350m³/s、3650m³/s、3980m³/s、4300m³/s，持续涨水历时4天，流量日均涨幅390m³/s。

试验方案要求起始流量2700～3700m³/s，流量日涨幅500m³/s，持续3天。从此次向家坝水文生态调度过程看，持续时间和起始流量满足要求，但后三日流量上涨幅度小于试验方案要求。

（2）水文调度效果分析

从监测数据看（见表4-7），监测期间宜宾断面共出现5次洪峰过程，形成了3次产卵高峰期，卵苗高峰时间主要集中在5月9日—5月11日、5月13日—5月15日和5月22日—5月24日，产卵高峰与洪峰时间有一定重合，卵苗高峰期间累计产卵量为0.30×10⁸粒，占卵苗总径流量的66.67%。监测期间江津断面共出现2次较明显的洪峰过程，形成了2次产卵高峰期，卵苗高峰时间主要集中在5月20日—5月21日和5月23日—5月25日，产卵高峰与洪峰时间有一定重合，但较洪峰起始时间有一定延迟，卵苗高峰期间累计产卵量为3.22×10⁸粒，占卵苗总径流量的55.71%。监测结果表明，向家坝生态调度对鱼类产卵起到了促进作用，调度直接刺激坝下鱼类产卵，生态调度期间出现了鱼类产卵高峰，调度期间和调度结束初期较非调度期间产卵量高。

表4-7　向家坝生态调度涨水过程与产卵量关系表

统计指标	宜宾断面					江津断面	
	1	2	3	4	5	1	2
洪峰过程（月.日）	5.6—5.9	5.9—5.14	5.15—5.19	5.21—5.23	5.23—5.27	5.14—5.21	5.21—5.28
持续时间（d）	4	6	5	3	5	8	8
初始水位（m）	377.70	376.80	376.50	375.70	377.20	198.70	198.80
水位日上涨率（m/d）	—	—	0.51	0.15	0.23	1.30	

统计指标	宜宾断面					江津断面	
	1	2	3	4	5	1	2
初始流量（m³/s）	1950	2450	2550	2950	3050	5750	5835
流量日上涨率［m³/（s·d）］	225.00	83.33	262.50	400.00	300.00	416.67	2555
产卵初始时间	5.60	5.13	5.18	5.22	5.27	5.14	5.23
产卵持续时间（d）	6	4	4	3	3	9	5
产卵量（×10⁸粒）	0.064	0.057	0.030	0.095	0.014	1.732	2.685
日均产卵量（×10⁸粒/d）	0.011	0.014	0.008	0.032	0.005	0.192	0.537
生态调度吻合度	—	—	适宜	—	—	适宜	—

注：洪峰过程与生态调度过程重合，同时形成了产卵高峰，判定为"适宜"。

4.6　增殖放流

工程建设后，环境的变化会导致流域中鱼类的种群结构及数量发生变化。增殖放流的目标是通过人工放流，提高亲鱼繁殖效率和苗种成活率，增加自然种群的补充群体数量，弥补自然补充群体减少的损失。经过一定时间的增殖放流，结合渔业管理措施的综合实施，最终实现自然种群的自我恢复、稳定和资源增殖。对于少部分因生态环境变化后不能完成生活史的种类，增殖放流的目标是通过人工放流苗种的补充，维持水域一定规模的种群数量，实现物种的自然保存。

但过度的增殖放流同样可能存在负面影响。在水库蓄水初期，通过人工增殖放流，使保护鱼类以较大的初始种群占据有利的生态位，使其种群的发展处于优势地位，从而获得事半功倍的效果；但水库生态系统发育到稳定期后，生物类群各自占有相对稳定的生态位，放流鱼类进入生态系统后会产生激烈的生存竞争，特别是凶猛性鱼类的抑制会导致增殖放流成本增加，甚至导致增殖放流失败。对于凶猛性珍稀鱼类的增殖放流，维持适宜的种群大小，利用顶级生物的下行效应，有利于生态系统维持合理的种群结构和多样性。若任其种群过度增长，则会对其他鱼类种群造成威胁，导致种群结构失衡，生物多样性下降。

4.6.1　增殖放流规划

根据统筹规划，金沙江下游干流梯级开发增殖放流的鱼类种类共17种，包括白鲟、达氏鲟、胭脂鱼、厚颌鲂、黑尾近红鲌、圆口铜鱼、长薄鳅、岩原鲤、中华倒刺鲃、四川裂腹鱼、细鳞裂腹鱼、齐口裂腹鱼、鲈鲤、四川白甲鱼、白甲鱼、长鳍吻鮈、短臂白鱼。其中，国家级和省级保护鱼类6种，中国物种红色名录受威胁种6种，长江上游特有鱼类12种，另外2种为长江上游重要经济鱼类。将达氏鲟、胭脂鱼、厚颌鲂、黑尾近红鲌、长薄鳅、岩原鲤、中华倒刺鲃等11种鱼类作为短期重点放流种类，白鲟、圆口铜鱼、长鳍吻鮈、鲈鲤、四川白甲鱼等作为中长期增殖放流对象。

乌东德、白鹤滩水电站处于溪洛渡、向家坝水电站上游，2010年左右，达氏鲟、白鲟和胭脂鱼很少在金沙江下游干流出现，因此，这两个水电站的建设对达氏鲟、白鲟和胭脂鱼的直接影响较小，而厚颌鲂、黑尾近红鲌、中华倒刺鲃在金沙江下游干流河段的分布原本就较少，受影响程度较小。4座梯级水电站联合运行时，由于水温、水文条件改变，对岩原鲤影响程度较大，但在观音岩水电站已规划较大的放流数量，综合考虑后，规划每年放流10万尾。

鲈鲤、四川裂腹鱼、细鳞裂腹鱼和四川白甲鱼4种鱼类中，鲈鲤分布在金沙江、长江上游及一些支流（如岷江、大渡河），在各水域已形成地域性种群特色，金沙江梯级水电站鱼类增殖放流规划中，计划鲈鲤苗种每年放流15万尾，四川裂腹鱼和细鳞裂腹鱼每年各放流10万尾，四川白甲鱼每年放流20万尾，主要针对长江上游保护区水域进行放流。

溪洛渡、向家坝水电站规划每年放流长薄鳅、长鳍吻鮈苗种各10万尾，乌东德、白鹤滩水电站规划每年放流长薄鳅10万尾、长鳍吻鮈20万尾，在金沙江下游干流梯级水电站开发中，这2种鱼类分别放流20万尾和30万尾。溪洛渡、向家坝水电站规划每年放流5cm左右规格圆口铜鱼苗种100万尾，乌东德、白鹤滩水电站新增放流20万尾，金沙江下游梯级水电站开发规划每年放流圆口铜鱼120万尾。金沙江下游河段梯级开发增殖放流鱼类苗种的数量为每年307.5万尾。具体实施过程中，其中一些种类如白鲟、长鳍吻鮈等是在解决了人工繁育及苗种规模化生产技术后才开展的，并根据放流水域生态环境及鱼类资源变化情况适时调整。

对放流的17种鱼类，合理选择放流地点，放流的水域应满足放流种类完成全部生活史需求，还应综合考虑放流水域现有鱼类的种群结构、承载力、渔业资源管理能力以及交通条件、放流后的实际效果等因素。对部分种类，尤其对流水环境要求不高并在金沙江下游有分布的，如厚颌鲂、岩原鲤、齐口裂腹鱼、鲈鲤、四川白甲鱼、白甲鱼等，可在库区、库尾及支流进行试验性放流。圆口铜鱼、长鳍吻鮈、长薄鳅等喜流水，产卵繁殖活动对流水环境有特殊需求的鱼类不适宜在库区静水水域进行大规模放流，其放流地点在早期以长江上游珍稀特有鱼类国家级保护区的流水水域为主，后期可在乌东德库尾及一些具有较长流水河段的支流进行试验性放流。

4.6.2 增殖放流站概况与效果

1. 增殖放流站概况

金沙江溪洛渡向家坝水电站珍稀特有鱼类增殖放流站（以下简称增殖放流站）是《长江上游珍稀特有鱼类国家级自然保护区总体规划》要求建设的两个鱼类增殖放流站之一。作为溪洛渡、向家坝两座水电站的生态修复配套工程，项目由三峡集团独立负责建设和运行管理[90-92]。溪洛渡向家坝鱼类增殖放流站见图4-15，溪洛渡向家坝鱼类增殖放流站平面布置示意图见图4-16，溪洛渡向家坝鱼类增殖放流站全景见图4-17。

图4-15　溪洛渡向家坝鱼类增殖放流站（向家坝水电站址地区）

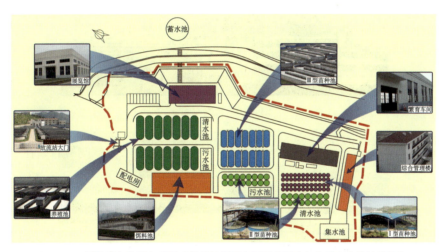

图4-16　溪洛渡向家坝鱼类增殖放流站平面布置示意图（向家坝水电站址地区）

图4-17　溪洛渡向家坝鱼类增殖放流站全景（向家坝水电站址地区）

2006年8月，三峡集团委托中南勘测设计研究院联合中国水产科学研究院长江水产研究所对增殖放流站开展设计工作。2007年7月，在宜昌组织相关专家对《金沙江溪洛渡向家坝水电站珍稀特有鱼类增殖放流站初步设计报告》进行了审查。2007年10月30日，开始场地平整。2007年12月10日，正式开工建设。2008年7月底完成验收及交接，进入运行阶段。三峡集团所属长江三峡水电工程有限公司参与了前期工程建设，并负责初期的运行管理工作。2009年，经三峡集团研究决定，增殖放流站正式移交至中华鲟研究所，由其负责运行管理。繁育车间见图4-18，水泥池养殖见图4-19，饵料池见图4-20。

图4-18 繁育车间

图4-19 水泥池养殖

图4-20 饵料池

增殖放流站主要承担金沙江、岷江特有鱼类人工繁殖放流作用，同时兼顾部分白鲟、达氏鲟、胭脂鱼及分布在长江上游干流的特有鱼类放流任务。增殖放流站建设遵循"总体规划、功能分区、远近结合、因地制宜、满足需要"的原则，根据场地实际情况，分区规划，逐步实施。增殖放流站位于向家坝工程施工区左岸 360m 平台，总占地面积约 2.7hm²。根据各功能分区，增殖放流站中设置了 4 套循环水处理系统，对珍稀特有鱼类驯养池、养殖池、苗种培育池和繁育车间的养殖水进行分区处理，从而有效避免鱼类交叉感染。增殖放流站布置繁育车间室内建筑面积 691.2m²，室外苗种池建筑面积 3112.4m²，室外养殖池建筑面积 2852.8m²，珍稀特有鱼类驯养池建筑面积 401m²。2008 年，增殖放流站建成后，又陆续根据养殖现状，对养殖设施等进行相关技术改造，包括加装苗种 I 型、II 型池，增设遮阳篷，安装站内视频在线监控系统，完成站内绿化，改造供水设施，改造养殖池水循环系统，建设展览馆和水族馆，补充购置设备等。

增殖放流站应该具备需要蓄养和培育在增殖放流任务中的所需亲鱼（包括后备亲鱼），并对亲鱼进行人工繁殖，计划每年生产 30 万尾全长 5～10cm 特有鱼类苗种和总数约 1 万尾达氏鲟、胭脂鱼大规格苗种，具备进行相关基础科学试验应有的基础设施，以及较好的环境保护宣传、科普教育设施条件。

2. 工艺流程

增殖放流站的放流对象包括长 30cm 以上白鲟、达氏鲟、胭脂鱼苗种和 6～10 种特有鱼类全长 5～10cm 规格苗种，约 20 种珍稀特有鱼类亲鱼、后备亲鱼（包括亚成体和成鱼）以及苗种生产环节的中间产物如受精卵、水花（卵黄苗）、仔鱼等。生产工艺流程包括亲鱼培育、人工催产与受精卵孵化、苗种培育、人工放流（见图 4-21）。

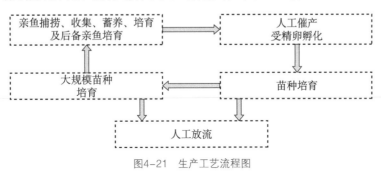

图4-21　生产工艺流程图

由于亲鱼池及鱼苗池是驯养亲鱼及鱼苗的构筑物，是鱼类增殖放流站中的关键设施，因此要考虑各种影响因素，包括流速及流场分布、底质的淤积及水温分布等。从鱼类生物习性考虑，圆形鱼池比矩形鱼池更好。不同进水方式也会对亲鱼池流场产生影响，从而改变鱼类行为，在设计时圆形鱼池选择切向入流，而矩形鱼池更适合水平入流。不同出水方式也会对鱼类增殖放流站亲鱼池流场产生影响，圆形鱼池一般采用底部出水。

3. 增殖放流站工作及效果

向家坝增殖放流站于 2008 年投入试运行。从 2009 年下半年开始，增殖放流站着手开展达氏鲟、胭脂鱼、岩原鲤、厚颌鲂、长薄鳅、白甲鱼、中华倒刺鲃、圆口铜鱼、长鳍吻鮈 9 种珍稀特有鱼类的亲鱼、种苗、鱼卵的收集引进工作，驯化养殖取得了较好效果。2011 年，站内厚颌鲂后备亲鱼培育成功，完成全人工繁殖。2012年，成功培育较大规模岩原鲤的后备亲鱼，形成了岩原鲤后备亲鱼梯队，建立了小水体培育岩原鲤亲鱼的整套技术措施，基本实现了岩原鲤的亲鱼自给；达氏鲟后备亲鱼筛选留种达到423尾，雄鱼已经有少数性腺发育成熟，第一次采集到精液；达氏鲟后备亲鱼平均增重2.5kg，三年后可形成自己的人工繁殖种群；胭脂鱼子一代最大个体达到1.6kg，其他特有鱼类亲鱼的总生物量达到500kg。2014年，圆口铜鱼站内小水体驯养、繁殖、培育技术取得14项重大突破，人工繁殖出苗4065尾，培养4个月后成活率约55%；实现长鳍吻鮈连续两年稳定驯养繁殖成功，苗种培育取得新突破。现阶段，可在站内完成厚颌鲂、岩原鲤、白甲鱼、长薄鳅、圆口铜鱼、长鳍吻鮈等鱼类人工繁殖，在中华鲟研究所完成胭脂鱼人工繁殖。

为做好苗种培育工作，增殖放流站针对不同鱼种分别制订了《夏季高温养殖方案》《养殖意外情况预防方案》《秋冬鱼类养殖管理技术方案》等技术手册。2012年，新编制了《水电站鱼类增殖放流站运行管理规范》。到2014年，鱼苗养殖综合成活率保持在75%以上，养殖设施利用率提高到95%左右。

溪洛渡向家坝鱼类增殖放流站珍稀特有鱼类放流统计见表4-8。

表4-8　溪洛渡向家坝鱼类增殖放流站珍稀特有鱼类放流统计表（2008—2016年）　（单位：万尾）

鱼的种类	2008年	2009年	2010年	2011年	2012年	2013年	2014年	2015年	2016年
达氏鲟	0.03	0.03	0.06	0.43	0.64	0.52	0.40	0.32	0.43
圆口铜鱼									0.22
长鳍吻鮈									0.02
胭脂鱼	0.17	0.74	2.00	1.23	3.23	2.13	1.50	1.45	1.02
岩原鲤	0.78	0.83	5.11	6.49	5.16	8.49	4.80	8.12	7.41
厚颌鲂	1.00	1.51	6.51	9.31	8.56	4.41	8.10	5.35	7.44
长薄鳅	0.02	0.01	0.08	0.20	0.20	1.00	1.00	1.09	1.00
白甲鱼			0.51			0.46	0.10		
中华倒刺鲃			0.55	0.04		0.94	1.10		
合计	2.00	3.12	14.82	17.79	17.79	17.95	17.00	16.33	17.55

增殖放流站养殖规模不断扩大，刚开始运行时年均养殖鱼种2万余尾，2011年后，站内每年养殖鱼种数量平均达到22万余尾，达氏鲟、胭脂鱼等苗种的养殖规模都超过了规划的数量。驯养种类除放流品种外，还收集了金沙江野生资源的其他品种，初步建立了长江上游珍稀特有鱼类活体种质资源库。

2008年12月，溪洛渡向家坝鱼类增殖放流站组织完成了首次增殖放流活动。到2016年，包括规划任务外的长江上游珍稀特有鱼类共9种已经形成稳定的生产能力和放流能力。溪洛渡向家坝增殖放流站每年可生产30万尾全长5～10cm特有鱼类苗种和总数约1万尾达氏鲟、胭脂鱼大规格苗种，按照总体规划要求，其承担年度增殖放流任务。截至 2016 年底，溪洛渡向家坝增殖放流站共放流珍稀特有鱼类苗种约 124.26 万尾。

达氏鲟放流现场见图 4-22。

图4-22　达氏鲟放流现场

2018 年 5 月 17 日，四川省人民政府和三峡集团在宜宾联合举行"长江鲟拯救行动（2018—2035 年）"增殖放流活动，总计放流达氏鲟亲本 50 尾、幼苗和鱼苗共计 85 175 尾，厚颌鲂 5900 尾、岩原鲤 1984 尾。这些活动对保护长江流域水生生物资源、促进渔业绿色可持续发展、维护长江流域水域生态平衡、共抓长江大保护具有重要意义。

4.6.3　圆口铜鱼人工繁殖技术

依托溪洛渡向家坝鱼类增殖放流站，科研人员开展了许多相关科学研究项目，其中主要课题是重点鱼类的基本习性和繁育技术。圆口铜鱼作为长江中上游代表性的产漂流性卵的特有鱼类，其种群在该区域的维持严重依赖金沙江中下游的补充群体。然而，随着人类对长江流域资源开发的进一步加强，圆口铜鱼不可避免地面临洄游通道阻隔及其生境改变、过度捕捞、水域污染、航运干扰等诸多水生生物共同面临的问题。

为了加快圆口铜鱼人工增殖放流工作的实施进度，保障增殖放流工作的实施效果，负责溪洛渡向家坝鱼类增殖放流站运行的中华鲟研究所重点投入圆口铜鱼人工繁殖技术研究工作，开展驯养繁殖和苗种规模化生产技术攻关，建立可操作性强的亲鱼驯养与苗种繁育生产技术规范体系，满足相关增殖放流站的放流苗种生产技术需要，现已实现圆口铜鱼人工繁殖技术的突破[93-96]。

1. 物种概况

（1）圆口铜鱼简介

圆口铜鱼（见图 4-23）隶属于鲤形目鲤科。该属为我国特有，目前已知的有 3 种，其中圆口铜鱼为长江中上游特有种。

图4-23 圆口铜鱼

（2）圆口铜鱼生物学特性

圆口铜鱼的食物种类较广，既有动物，又有植物，包括软体贝类（淡水壳菜和螺类）、甲壳类（虾和蟹类）、鱼类、水生昆虫成虫或幼虫（石蚕、石蝇、蜻蜓）、寡毛类（水蚯蚓）、植物碎片（如白菜叶、辣椒片、花生壳和谷壳等），是以肉食为主的杂食性鱼类。圆口铜鱼喜流水，游泳能力强。有研究表明，成鱼喜生活在干流急流洄水深沱中，喜集群，平时喜在流水河滩处觅食。

（3）圆口铜鱼的分布

根据参考文献，结合现阶段已开展的水生生态调查等工作，圆口铜鱼为我国特有鱼种，仅见于我国长江中上游干流、雅砻江下游和其他少数大的一级支流汇入干流汇口处的下游干流，适应长江中上游及以上游为主的干流急流生活。

（4）圆口铜鱼产卵场分布

圆口铜鱼的产卵场主要分布在金沙江，屏山以上至朵美附近均有发现。根据近年的多项调查，圆口铜鱼产卵场主要有金安桥产场（丽江市涛源乡至金安桥）、观音岩产场（华坪县江边至观音岩）、皎平渡产场（四川省会理县通安镇至云南省禄劝县皎西乡）等，新市镇至向家坝河段只有零星分布。

2. 致危因素分析

圆口铜鱼在长江上游渔获物中占有一定比重，曾经是川江段非常重要的经济鱼类。近年来，其资源量不断下降，其中有过度捕捞的影响，也有水电开发的影响。水电开发的影响主要包括以下两点。

（1）原有急流生境发生变化

圆口铜鱼是适应急流生活的鱼类，这是在长时间演化与适应过程中逐步固定下来的生物学特性，表现在食性、运动、产卵、孵化等各个方面。经过多年的调查研究，圆口铜鱼在金沙江的产卵场主要以中游为主。金沙江中下游连续的水电梯级开发，改变了金沙江干流的形态，形成多个河道型水库，原来的急流水环境逐步被缓流或静水替代，适宜圆口铜鱼生活的生境大面积缩小。

（2）大坝产生阻隔作用

大坝阻断了圆口铜鱼自然繁殖洄游的路线。一方面，在下游育肥成长的个体难以回到金沙江中下游的产卵场；另一方面，水轮机和巨大的下泄跌水成为完成繁殖的亲鱼、受精卵及孵化后下行的幼鱼等的巨大障碍。此外，原先生活在连续生态系统中的圆口铜鱼种群，在生境改变后会产生一系列生态效应，种群间得不到有效交流，种群的遗传多样性减少。圆口铜鱼种群遗传多样性的研究表明，虽然圆口铜鱼表现出较高的遗传多样性水平，还没有出现种群遗传分化，仍可视为同一种群，但受到已建大坝的影响，已经体现出种群裂化的趋势。

3.人工繁殖技术研究

圆口铜鱼因其特殊性而被列为鱼类增殖放流的重要对象。多年来，圆口铜鱼的繁育技术难以突破，依托鱼类增殖放流站并结合国内权威机构开展圆口铜鱼的繁育技术研究成为必然。自向家坝水电站建设起，三峡集团相继与中国科学院水生生物研究所、中国水产科学研究院长江水产研究所等单位签订了"圆口铜鱼人工繁殖技术研究"合同，对圆口铜鱼进行针对性的研究工作。这些工作主要包括圆口铜鱼亲鱼收集与驯育技术研究、圆口铜鱼性腺发育调控技术、圆口铜鱼性腺诱导成熟技术研究、圆口铜鱼人工催产技术研究、圆口铜鱼人工孵化技术研究、圆口铜鱼疾病防治技术研究等。

圆口铜鱼人工繁育的主要难点为，在全人工水体中，如何才能更好地培育并储备较大批量的亲鱼和后备亲鱼，在人工养殖条件下通过什么样的方式诱导圆口铜鱼性腺发育成熟并顺利产卵，以及如何有效地实现圆口铜鱼受精卵孵化和早期鱼苗培育。

4.人工繁殖技术实践

（1）圆口铜鱼亲鱼收集与驯育技术研究

2013 年，人工繁殖圆口铜鱼工作启动，分别在长江上游川江段、金沙江中下游河段和雅砻江下游河段开展现场收集工作，建立了稳定的野生圆口铜鱼亲鱼及后备亲鱼的采集渠道。

圆口铜鱼应激反应强烈，在捕捞过程中易受伤，可采用收集暂养方式，即将采集到的野生个体转入船体网箱暂养一段时间，再转入水泥池或循环水系统等全人工养殖环境中驯养。圆口铜鱼封闭循环水养殖实验系统的养殖技术基本成熟，但运行时间尚短，仍然存在一定的不确定性因素。溪洛渡向家坝鱼类增殖放流站采用了鲟鱼与圆口铜鱼套养的模式，这个模式取得了良好的效果，可以提高圆口铜鱼亲鱼存活率，并减少驯养环节的部分工作量。在循环水养殖系统中对圆口铜鱼进行驯养见图4-24。

图4-24　在循环水养殖系统中对圆口铜鱼进行驯养

（2）圆口铜鱼性腺发育调控技术研究

结合金沙江中游的历年水温，对其进行统计分析，在循环水鱼类驯育系统环境中，采用冷水机控制水温模拟金沙江中游的水温变化可以促进圆口铜鱼性腺发育。

（3）圆口铜鱼性腺诱导成熟技术研究

1）激素诱导法。激素诱导法即通过注射性腺诱导成熟激素达到催产个体要求的目的。实验选择体表鳞片完整、颜色鲜艳、游动活泼、无病无伤的个体进行激素诱导性腺成熟研究，将不同剂量激素注射于鱼体腹腔、尾鳍等不同部位。

2）饵料刺激法。饵料刺激法即通过投食不同饵料达到诱导性腺成熟的目的。选取多种饵料投用，包括500g鲜鸡蛋和20g维生素E（Ve）拌和物、水蚯蚓和黄粉虫等动物性饵料以及鱼油添加剂饲料等。研究表明，饵料刺激法能有效促进亲鱼营养发育，提高圆口铜鱼的摄食量，这为亲鱼的性腺发育提供了丰富的营养保障。

（4）圆口铜鱼人工催产技术研究

目前，科研单位已对通过不同方式收集的圆口铜鱼亲鱼进行了多批次的催产技术研究，尝试了不同激素组合、不同剂量组合和不同注射次数等方面的工作。圆口铜鱼人工催产技术已经相对成熟并被广泛应用，经过人工催产的亲鱼能够正常生长。圆口铜鱼幼鱼见图4-25。

（5）圆口铜鱼人工孵化技术研究

随着人工催产的成功，科研单位采用多种先进的人工孵化技术和理念进一步提高圆口铜鱼的孵化率。鱼卵受精

图4-25 圆口铜鱼幼鱼

后，采用循环水系统进行孵化，孵化方式包括锥形孵化桶流水孵化及搪瓷盆静水孵化。通过模拟河道天然水温，提升溶氧，使得受精卵处于漂浮的水流中，模拟天然的漂流状态，能有效地提高圆口铜鱼的孵化率。

（6）圆口铜鱼疾病防治技术研究

在移养、驯化过程中，圆口铜鱼极易感染小瓜虫、指环虫、斜管虫、车轮虫和三代虫等，尤以小瓜虫病最严重。科研单位在前期项目研究基础上，对变化的水文条件下的鱼病防治进行了研究，补充了研究实例，通过药水选用、剂量控制、杀菌措施、鱼体免疫增强措施等，取得了较好的实验效果。不同的鱼病选择不同的试剂，如针对早期的小瓜虫病，可以上午泼洒生石灰，下午泼洒甲醛，同时泼洒瓜虫净等药品，在鱼饲料中拌入鱼肝宝、维生素等。在溪洛渡向家坝鱼类增殖放流站中，采用鲟鱼与圆口铜鱼套养的技术，运用鲟鱼的生活习性解决因水体污染而致病的问题，从而预防病虫害发生，取得了良好的效果。

（7）技术研究成果

2014—2015年，溪洛渡向家坝鱼类增殖放流站成功组织实施了人工驯养的圆口铜鱼亲鱼人工繁殖试验，分别出苗4635尾和6080尾，产后亲鱼经过康复处理全部存活。2016年，溪洛渡向家坝水电站珍稀特有鱼类增殖放流站放流达氏鲟、厚颌鲂、胭脂鱼等7种珍稀特有鱼类约17.5万尾。如今，人工繁殖技术实现了在长江川江段的船体网箱中将后备亲鱼培育成熟、进行人工催产并成功孵化鱼苗的重要技术突破。在鱼类驯养方面，采用封闭循环水养殖系统、池塘和船体网箱3种方式进行圆口铜鱼驯养，对于封闭循环水系统，采用冷水机控制水温模拟金沙江中游的水温变化，投喂膨化饲料和黄粉虫以促进圆口铜鱼性腺发育，并与鲟鱼套养，以减少水质污染带来的病虫害。目前可成功实现一定规模的人工驯养。

在金沙江下游梯级水电站开发的过程中，基于长江上游鱼类保护要求，通过溪洛渡向家坝鱼类增殖放流站等多方探索，掌握了全人工环境下圆口铜鱼亲鱼培育成熟的操作方法，也

掌握了圆口铜鱼从人工催产到小批量鱼苗开口摄食并正常生长的关键技术，为尽快开展圆口铜鱼规模化繁育和大批量仔鱼生产、实施圆口铜鱼增殖放流奠定了技术基础。特别是溪洛渡向家坝鱼类增殖放流站内，已经实现了各阶段圆口铜鱼与鲟鱼套养成功的技术，这个模式为全人工环境下实现规模化繁育提供了新的技术突破。

4.7 　过鱼设施

长江上游干支流是我国水能资源最富集的区域，已成为我国乃至世界水电建设的中心。在河流开发与保护协调发展过程中，准确掌握保护鱼类的生态需求，采取有效措施解决鱼类洄游阻隔影响，有利于维护生态系统稳定和生物群落多样性。过鱼设施作为人造洄游通道，是当前解决水电工程造成的生境破碎的重要环境保护措施之一。长江中上游地区生态环境脆弱、物种稀有且特有程度高、鱼类游泳能力较弱、山区河流大比降与窄河谷特点造成过鱼设施布置困难。同时，乌东德、白鹤滩水电站作为世界级高坝，缺乏国内外成熟的过鱼设施案例且当时技术尚未成熟，进一步增加了过鱼设施建设的难度。

4.7.1　集运鱼系统

为解决这个世界级难题，三峡集团从 2017 年起组织长江水资源保护科学研究所、水利部中国科学院水工程生态研究所、中华鲟研究所（现改为三峡集团长江生物多样性研究中心长江珍稀鱼类培育基地）、长江设计集团有限公司等多家技术单位对乌东德、白鹤滩过鱼方案开展论证工作。在大量收集国内外集运鱼系统案例并进行分析总结的基础上，开展了鱼类资源调查、坝下鱼类分布探测、坝下流场模拟、物理模型试验、现场流速测量等大量基础科研工作，对鱼类生态习性、坝下鱼类分布、鱼类上溯路径等进行了详细分析，通过多个方案比选论证，最终确定了乌东德、白鹤滩过鱼设施方案。其中，乌东德、白鹤滩水电站皆由固定集鱼系统、提升系统、分拣装载系统、运输过坝系统、码头转运系统、运输放流系统和监控设施等组成集运鱼系统体系。

乌东德、白鹤滩集运鱼系统分别于 2020 年和 2021 年完成建设（见图 4-26），目前均投入试运行。

(a) 乌东德　　　　　　　　　　　　　　　(b) 白鹤滩

图4-26　乌东德、白鹤滩集运鱼系统照片

4.7.2　过鱼对象与过鱼季节

1.过鱼对象

根据乌东德坝址上下游鱼类种类组成研究，生境调查与鱼类遗传多样性分析结果，确定乌东德水电站主要和次要过鱼对象为圆口铜鱼、长鳍吻鮈、细鳞裂腹鱼、齐口裂腹鱼、短须裂腹鱼、长薄鳅、长丝裂腹鱼、昆明裂腹鱼、鲈鲤、中华金沙鳅10种鱼类，兼顾过鱼对象38种（见表4-9）。

表 4-9　乌东德集运鱼系统过鱼对象

过鱼优先级	种类
主要过鱼对象	圆口铜鱼、长鳍吻鮈
次要过鱼对象	细鳞裂腹鱼、齐口裂腹鱼、短须裂腹鱼、长薄鳅、长丝裂腹鱼、昆明裂腹鱼、鲈鲤、中华金沙鳅
兼顾过鱼对象	华鲮、短身金沙鳅、白缘䰾、中华纹胸鮡、黄石爬鮡、裸体异鳔鳅鮀、鲢、圆筒吻鮈、鲤、鲫、异鳔鳅鮀、前鳍高原鳅、峨眉后平鳅、重口裂腹鱼、中华沙鳅、铜鱼、岩原鲤、缺须墨头鱼、凹尾拟鲿、细体拟鲿、拟缘䰾、钝吻棒花鱼、西昌华吸鳅、四川华吸鳅、鮎、瓦氏黄颡鱼、泥鳅、蛇鮀、犁头鳅、短体副鳅、张氏䱕、宽鳍鱲、粗唇鮠、切尾拟鲿、泉水鱼、紫薄鳅、红尾副鳅、细尾高原鳅

2.过鱼季节

乌东德水电站主要过鱼季节为4—7月，次要过鱼季节为3月，兼顾过鱼季节为2月、8月和9月，在实际运行阶段可根据鱼类的繁殖行为做相应调整。

过鱼季节主要根据过鱼目标的生殖期确定，3月过鱼目标主要是短须裂腹鱼、长薄鳅、昆明裂腹鱼；4月过鱼目标主要是长鳍吻鮈、短须裂腹鱼、长薄鳅、长丝裂腹鱼、昆明裂腹鱼；5月过鱼目标主要是圆口铜鱼、长鳍吻鮈、长薄鳅、昆明裂腹鱼；6月过鱼目标主要是圆口铜鱼、鲈鲤。

4.7.3　运行情况

1.集鱼站运行情况

集鱼站自2021年1月入场以来，1—3月为间歇式设备运行阶段，共运行22天，提升次数162次，平均每日运行7.4次，4月进入正式运行阶段，4—10月共运行158.5天，提升次数693次，平均每日运行4.4次。每日上班时间为8:00—21:00，根据实际情况调整运行次数。

2021年，集运鱼系统集鱼箱提升1192次，集鱼站单日集鱼数量最高为1914尾，单次集鱼数量最高为861尾，集鱼总数为29 884尾，种类47种。其中，主要过鱼对象均已捕获，兼顾过鱼对象38种中已捕获21种，兼顾过鱼对象外捕获16种。2022年1—5月，乌东德集运鱼系统运行117.5天，集鱼箱提升553次，集鱼数量为887尾。

2.左右岸移动集鱼箱运行情况

右岸移动集鱼箱于 2021 年 7 月 20 日开始运行，于 2021 年 8 月 14 日终止，共运行 23 天，提升次数 63 次，平均每日运行 2.7 次；左岸移动集鱼箱于 2021 年 8 月 2 日开始运行，于 2021 年 8 月 14 日终止，共运行 12 天，提升次数 31 次，平均每日运行 2.6 次。

4.7.4　集鱼效果

2021 年 1—3 月主要是集运鱼系统设备的安装和调试，属于间歇式运行，2021 年 4 月开始正式运行，记录每天运行次数和渔获物采集数量，这里主要介绍 2021 年 4 月至 2022 年 5 月的集鱼情况。

1.集鱼种类及数量

截至 2022 年 5 月，乌东德水电站集运鱼系统共收集鱼类 64 种。其中，设计主要和次要过鱼对象 10 种全部收集，包括圆口铜鱼、长鳍吻鮈、细鳞裂腹鱼、齐口裂腹鱼、短须裂腹鱼、长薄鳅、昆明裂腹鱼、鲈鲤、中华金沙鳅、长丝裂腹鱼，共计 569 尾，其中不乏大规格性成熟个体，如圆口铜鱼（46cm）、长鳍吻鮈（30cm）、金沙鲈鲤（50cm）、细鳞裂腹鱼（53cm）、岩原鲤（46cm），长薄鳅（38cm），重点鱼类保护效果显著（见图 4-27）；设计兼顾过鱼对象 38 种，共收集到 21 种 29 466 尾；收集到其他鱼类 16 种共计 754 尾（见表 4-10 和表 4-11）。

(a) 长鳍吻鮈

(b) 细鳞裂腹鱼　　(c) 单次集鱼收获满满

数量最多的为中华沙鳅，共计 25 628 尾，占总数的 83.24%；其次是泉水鱼，数量 2283 尾，占总数的 7.41%；10 种主要和次要集鱼对象 569 尾，占总数的 1.85%。

(d) 长薄鳅

图4-27　集运鱼系统监测的鱼类

集运鱼系统捕获鱼类的种类数较多的时段为 5—8 月，集鱼数量较多的时段为 6—8 月，集鱼数量较少的时段为 9 月，因坝下水位太高而不具备运行条件。

表4-10　集运鱼系统收集的鱼类一览表

序号	主要和次要对象	数量（尾）	38种兼顾对象	数量（尾）	兼顾对象（外）	数量（尾）
1	圆口铜鱼	6	华鲮	8	云南盘鮈	675
2	长鳍吻鮈	106	短身金沙鳅		白甲鱼	32
3	细鳞裂腹鱼	112	白缘䰾		棒花鮈	2
4	齐口裂腹鱼	8	中华纹胸鮡	1	麦穗鱼	3
5	短须裂腹鱼	21	黄石爬鮡	6	草鱼	3
6	长薄鳅	105	裸体异鳔鳅鮀		短须颌须鮈	3

续表

序号	主要和次要对象	数量（尾）	38种兼顾对象	数量（尾）	兼顾对象（外）	数量（尾）
7	昆明裂腹鱼	22	鲢		短体荷马条鳅	3
8	鲈鲤	34	圆筒吻鮈	6	青石爬鮡	11
9	中华金沙鳅	153	鲤	1	红尾条鳅	5
10	长丝裂腹鱼	2	鲫	9	马口鱼	2
11			异鳔鳅鮀		鳈鮍	4
12			前鳍高原鳅		鰕虎鱼	1
13			峨眉后平鳅		银鱼	6
14			重口裂腹鱼		斑纹薄鳅	2
15			中华沙鳅	25 628	宽体沙鳅	1
16			铜鱼		乌苏拟鲿	1
17			缺须墨头鱼	115		
18			凹尾拟鲿	5		
19			细体拟鲿			
20			拟缘𫚉			
21			钝吻棒花鱼	4		
22			西昌华吸鳅	1		
23			四川华吸鳅	10		
24			鲇	16		
25			瓦氏黄颡鱼	1		
26			泥鳅			
27			蛇鮈	10		
28			犁头鳅	478		
29			短体副鳅			
30			张氏鳘	797		
31			宽鳍鱲	62		
32			粗唇鮠			
33			切尾拟鲿			
34			泉水鱼	2283		
35			紫薄鳅			
36			红尾副鳅	4		
37			细尾高原鳅			
38			岩原鲤	21		
合计		569		29 466		754

注：表中数据统计时间截至2022年5月。

表4-11　集运鱼系统集鱼记录表（2021年4月—2022年5月）

年度	月份	种类数（种）	数量（尾）	备注
2021	4	11	227	
	5	28	381	
	6	26	4345	
	7	15	20 282	
	8	17	1761	
	9	7	88	坝下水位太高，运行次数少
	10	18	1351	
	11	9	955	
	12	6	77	
	小计		29 467	
2022	1	4	17	
	2	2	3	
	3	6	60	
	4	10	173	
	5	8	634	
	小计		887	
合计			30 354	

2.集鱼站鱼类发育情况

在7月集鱼数量较好的时候，根据现场集鱼情况，对部分鱼类进行观察。通过对泉水鱼、张氏鳘和中华沙鳅的观察，泉水鱼和张氏鳘为雌性四期，中华沙鳅为雄性三期，性腺成熟，说明7月仍是部分鱼类繁殖期，因此7月为合理的过鱼季节。

参考文献

[1]高欣．长江珍稀及特有鱼类保护生物学研究[D]．中国科学院研究生院（水生生物研究所），2007.

[2]谢平．长江的生物多样性危机——水利工程是祸首,酷渔乱捕是帮凶[J]．湖泊科学，2017，29(6): 1279-1299.

[3]樊启祥．金沙江水电开发：在机遇中迎接挑战[J]．中国三峡，2010(9): 10-13.

[4]王亚民．长江上游鱼类资源保护对策[d]．中国科学院水生生物研究所，2004.

[5]李浩林，赵亚辉，张洁，等．金沙江下游与长江上游珍稀、特有鱼类国家级自然保护区鱼类物种多样性比较[J]．淡水渔业，2014(6): 104-108.

[6]孙志禹，张敏，陈永柏．水电开发背景下长江上游保护区珍稀特有鱼类保护实践[J]．淡水渔业，

2014(6): 3-8.

[7] 张敏, 孙志禹, 陈永柏, 等. 长江上游珍稀特有鱼类保护区水环境因子时空分布格局研究 [J]. 淡水渔业, 2014, 1(6): 24-30.

[8] 孙志禹, 张敏, 陈永柏. 水电开发背景下长江上游保护区珍稀特有鱼类保护实践 [J]. 淡水渔业, 2014(6): 3-8.

[9] 骆辉煌, 杨青瑞, 李倩, 等. 长江上游珍稀特有鱼类保护区鱼类生境特征初步研究 [J]. 淡水渔业, 2014(6): 44-48.

[10] 任杰, 彭期冬, 林俊强, 等. 长江上游珍稀特有鱼类国家级自然保护区重要鱼类繁殖生态需求 [J]. 淡水渔业, 2014(6): 18-23.

[11] 姜伟. 长江上游珍稀特有鱼类国家级自然保护区干流江段鱼类早期资源研究 [J]. 2009.

[12] 高天珩, 田辉伍, 叶超, 等. 长江上游珍稀特有鱼类国家级自然保护区干流段鱼类组成及其多样性 [J]. 淡水渔业, 2013, 43(2): 36-42.

[13] 丁瑞华. 四川鱼类志 [M]. 四川科学技术出版社, 1994.

[14] 曹文宣. 有关长江流域鱼类资源保护的几个问题 [J]. 长江流域资源与环境, 2008, 17(2): 163-169.

[15] 曹文宣, 常剑波, 乔晔, 段中华. 长江鱼类早期资源 [M]. 中国水利水电出版社, 2007.

[16] 段辛斌. 长江上游鱼类资源现状及早期资源调查研究 [D]. 华中农业大学, 2008.

[17] 余海英. 长江上游珍稀、特有鱼类国家级自然保护区浮游植物和浮游动物种类分布和数量研究 [D]. 西南大学, 2008.

[18] 张雄, 刘飞, 林鹏程, 等. 金沙江下游鱼类栖息地评估和保护优先级研究 [J]. 长江流域资源与环境, 2014, 23(4): 496-503.

[19] 高勇, 乔晔. 从远古走来的长江"精灵" [J]. 中国三峡, 2006(6): 76-81.

[20] 马骏, 邓中粦, 邓昕, 等. 白鲟年龄鉴定及其生长的初步研究 [J]. 水生生物学报, 1996(2): 150-159.

[21] 邢湘臣. 我国珍稀的中华鲟和白鲟 [J]. 生物学通报, 2003, 38(9): 10-11.

[22] 朱成德, 余宁. 长江口白鲟幼鱼的形态、生长及其食性的初步研究 [J]. 水生生物学报, 1987(4): 289-298.

[23] 谢平. 我们能拯救长江中正在消逝的鲟鱼吗 ?[J]. 湖泊科学, 2020, 32(4):899-914.

[24] 陈凌墨. IUCN 宣布: 白鲟灭绝, 长江鲟野外灭绝 [N]. 极目新闻. 2022-7-21.

[25] 李云, 刁晓明, 刘建虎. 长江上游白鲟幼鱼形态发育和产卵场的调查研究 [J]. 西南大学学报: 自然科学版, 1997(5): 447-450.

[26] 刘成汉. 有关白鲟的一些资料 [J]. 水产科技情报, 1979(1): 13-14.

[27] 陈金一. 长江三峡工程与白鲟的资源保护 [J]. 水利渔业, 1996(6): 7-8.

[28] 鲁雪报, 倪勇, 饶军, 等. 达氏鲟的资源现状及研究进展 [J]. 水产科技情报, 2012, 39(5).

[29] 刘军. 长江上游特有鱼类受威胁及优先保护顺序的定量分析 [J]. 中国环境科学, 2004, 24(4): 395-399.

[30] 徐薇, 杨志, 乔晔. 长江上游河流开发受威胁鱼类优先保护等级评估 [J]. 人民长江, 2013, 44(10): 109-112.

[31] 刘军, 曹文宣, 常剑波. 长江上游主要河流鱼类多样性与流域特征关系 [J]. 吉首大学学报 (自

科版），2004, 25(1): 42-47.

[32] 庄平, BoydKynard. 胭脂鱼早期生活史行为发育 [J]. 中国水产科学, 2002, 9(3): 215-219.

[33] 蔡明艳, 姜华. 胭脂鱼的早期发育 [J]. 淡水渔业, 1992(1): 8-12.

[34] 万松良, 裴家田. 胭脂鱼人工繁殖和鱼苗培育的初步研究 [J]. 水生态学杂志, 2002, 22(2): 1-2.

[35] 张春光, 赵亚辉. 长江胭脂鱼的洄游问题及水利工程对其资源的影响 [J]. 动物学报: current Zoology, 2001, 47(5): 518-521.

[36] 成为为, 汪登强, 危起伟, 等. 基于微卫星标记对长江中上游胭脂鱼增殖放流效果的评估 [J]. 中国水产科学, 2014, 21(3): 574-580.

[37] 陈春娜. 我国胭脂鱼的研究进展 [J]. 水产科技情报, 2008, 35(4): 160-163.

[38] ROSENBERG D M, BERKES F, BODALY R A, 等. Large-scale impacts of hydroelectric development[J]. Environmental Reviews, 1997, 5(1): 27-54.

[39] 许秀贞, 闫峰陵, 阮娅. 浅析乌东德水电站建设对鱼类资源的影响 [J]. 人民长江, 2016, 47(24): 17-20.

[40] 周路, 杨兴, 李正友, 等. 北盘江董箐水电站建设对鱼类资源的影响及对策[J]. 水生态学杂志, 2006, 26(5): 64-65.

[41] GABOURY M N, PATALAS J W. Influence of Water Level Drawdown on the Fish Populations of Cross Lake, Manitoba[J]. Canadian Journal of Fisheries & Aquatic Sciences, 1984, 41(1): 118-125.

[42] WANG Q G, MA G S, YANG Q G. Impact of large-scale ancient landslide lake in Hutiao Gorge river section of Jinsha River on hydropower development[J]. Journal of Hydraulic Engineering, 2010, 41(11): 1310-1172.

[43] LEE. The environmental impact of large scale hydroelectric development: lessons from Three Gorges[C]// Power Engineering Society General Meeting. IEEE, 2004.

[44] ROSENBERG D M, BODALY R A, USHER P J. Environmental and social impacts of large scale hydroelectric development: who is listening?[J]. Global Environmental Change, 1995, 5(2): 127-148.

[45] 卿足平. 四川水电工程建设对水生生物资源影响及保护措施探讨 [J]. 中国水产, 2008(5): 12-14.

[46] 王登菊, 李政柯, 陈仁军, 等. 水电开发对鱼类资源的影响及其保护措施 [J]. 海河水利, 2014(4): 53-56.

[47] 张东亚. 水利水电工程对鱼类的影响及保护措施 [J]. 水资源保护, 2011, 27(5): 75-77.

[48] 杨净, 王宁, 陈燕. 河流水电资源的梯级开发对生态环境的影响 [J]. 水资源与水工程学报, 2013, 24(4): 58-62.

[49] 徐薇, 乔晔, 龚昱田. 长江上游鱼类资源变迁及其保护评析 [J]. 人民长江, 2012, 43(1): 67-71.

[50] 张东亚. 水利水电工程对鱼类的影响及保护措施 [C]// 中国水利学会环境水利专业委员会成立三十周年纪念大会及年会暨学术研讨会. 2011.

[51] 刘湘春，彭金涛．水利水电建设项目对河流生态的影响及保护修复对策 [J]．水电站设计，2011, 27(1): 58-61.

[52] 袁喜，李丽萍，涂志英，等．鱼类生理和生态行为对河流生态因子响应研究进展 [J]．长江流域资源与环境，2012(S1): 24-29.

[53] 李陈．长江上游梯级水电开发对鱼类生物多样性影响的初探 [D]．华中科技大学，2012.

[54] 蒋艳，冯顺新，马巍，等．金沙江下游梯级水电开发对鱼类影响的分析 [C]// 水力学与水利信息学进展．2009.

[55] 李明．梯级水电开发对岷江上游径流特征的累积影响 [D]．成都理工大学，2014.

[56] 李帅．天全河流域梯级开发对环境的累积影响研究 [D]．四川农业大学，2010.

[57] 刘兰芬．河流水电开发的环境效益及主要环境问题研究 [J]．水利学报，2002, 33(8): 121-128.

[58] NILSSON C . Alterations of Riparian Ecosystems Caused by River Regulation[J]. Bioscience, 2000, 50(9): 783-792.

[59] LIGON F K , DIETRICH W E , TRUSH W J . Downstream ecological effects of dams: A geomorphic perspective[J]. Bioscience, 1995, 45(3): 183-192.

[60] SAITO L , JOHNSON B M , HANNA J B B . Assessing Ecosystem Effects of Reservoir Operations Using Food Web-Energy Transfer and Water Quality Models[J]. Ecosystems, 2001, 4(2): 105-125.

[61] 邓云，李嘉，李克锋，等．梯级电站水温累积影响研究 [J]．水科学进展，2008, 19(2): 273-279.

[62] 梁瑞峰，邓云，脱友才，等．流域水电梯级开发水温累积影响特征分析 [J]．工程科学与技术，2012(S2): 221-227.

[63] 邓云，张棚，脱友才，等．山区小流域梯级开发的水温累积影响研究 [J]．工程科学与技术，2016, 48(4): 1-7.

[64] 郭志学，黄尔，刘兴年，等．电站下游非恒定流清水冲刷水沙运动特性研究 [J]．中国科技论文，2010, 5(7): 549-556.

[65] 瞿靛，雷方亮．向家坝水电站坝下河段水文特性浅析 [J]．科技视界，2013(34): 410-410.

[66] 曹民雄，庞雪松，王秀红，等．向家坝水电站下游非恒定水沙特性研究 [J]．水利水运工程学报，2011, 2011(1): 28-34.

[67] 李元亚，吴迪．向家坝电站泄洪导致下游河道变化的数值模拟 [C]// 水电国际研讨会．2006.

[68] SHIELDS, F. D., SIMON, A., & STEFFEN, L. J.. Reservoir effects on downstream river channel migration[J]. Environmental Conservation, 2000, 27(1): 54 - 66.

[69] FAN J, MORRIS G L. Reservoir Sedimentation. II: Reservoir Desiltation and Long-Term Storage Capacity[J]. Journal of Hydraulic Engineering, 1992, 118(3): 370-384.

[70] 蒋亮，李然，李嘉，等．高坝下游水体中溶解气体过饱和问题研究 [J]．四川大学学报（工程科学版），2008, 40(5): 72-76.

[71] 冯镜洁，李然，李克锋，等．高坝下游过饱和 TDG 释放过程研究 [J]．水力发电学报，2010, 29(1): 7-12.

[72] 李然，李嘉，李克锋，等．高坝工程总溶解气体过饱和预测研究 [J]．中国科学：技术科学，2009(12): 2001-2006.

[73] ORLINS J J，GULLIVER J S．Dissolved gas supersaturation downstream of a spillway II: Computational model[J]．Journal of Hydraulic Research，2000, 38(2): 151-159.

[74] 马晶瑜．水利工程总溶解气体过饱和问题探究 [J]．赤子（上中旬），2014(21): 316-316.

[75] 四川大学．金沙江下游河道过饱和气体常规监测报告（2021 年汛期）[R]．成都：2022.

[76] 中国长江三峡集团有限公司．2015 年环境保护年报 [R]．2015.

[77] 中国长江三峡集团有限公司．2016 年环境保护年报 [R]．2016.

[78] 中国长江三峡集团有限公司．2017 年环境保护年报 [R]．2017.

[79] 姜跃良，何涛．金沙江溪洛渡水电站进水口分层取水措施设计 [J]．水资源保护，2011, 27(5): 119-122.

[80] 游湘，何月萍，王希成．进水口叠梁门分层取水设计研究 [J]．水电站设计，2011, 27(2): 32-34.

[81] 傅菁菁，李嘉，芮建良，等．叠梁门分层取水对下泄水温的改善效果 [J]．天津大学学报（自然科学与工程技术版），2014, 47(7): 589-595.

[82] 高学平，陈弘，李妍，等．水电站叠梁门分层取水流动规律及取水效果 [J]．天津大学学报（自然科学与工程技术版），2013(10): 895-900.

[83] 段文刚，黄国兵，侯冬梅，等．大型电站叠梁门分层取水进水口水力特性研究 [J]．中国水利水电科学研究院学报，2015, 13(5): 380-384.

[84] 郝红升，李克锋，李然，等．取水口高程对过渡型水库水温分布结构的影响 [J]．长江流域资源与环境，2007, 16(1): 21-25.

[85] 陈永柏，梁瑞峰．溪洛渡水电站叠梁门取水方式减缓下泄低温水的优化调度 [J]．长江流域资源与环境，2010, 19(3): 340.

[86] 中国长江三峡集团有限公司．金沙江下游梯级水电站生态调度研究 [R]．2017.

[87] 黄艳．面向生态环境保护的三峡水库调度实践与展望 [J]．人民长江，2018, 49(13): 1-8.

[88] 溪洛渡水库首次生态调度试验完成 [J]．四川水力发电，2017, 36(3): 68.

[89] 中国长江三峡集团有限公司．溪洛渡水电站生态调度水温监测工作总结和分析 [R]．2017.

[90] 于江，陈永柏．向家坝水电站的鱼类增殖放流站建设和适应性管理 [J]．水生态学杂志，2011, 32(2): 135-139.

[91] 孙志禹，张敏，陈永柏．水电开发背景下长江上游保护区珍稀特有鱼类保护实践 [J]．淡水渔业，2014(6): 3-8.

[92] 金沙江珍稀特有鱼类增殖放流站一年实现试养放流繁育目标 [J]．云南水力发电，2009, (4): 106.

[93] 李晓东，危兆盖，黄照．长江珍稀特有鱼类圆口铜鱼人工驯养繁殖成功 [J]．水产科技情报，2014(5): 268-269.

[94] 张富铁，刘焕章，王剑伟，等．长江上游特有鱼类圆口铜鱼的遗传多样性研究 [C]// 中国鱼类学会学术研讨会．2008.

[95] 杨志．长江中上游圆口铜鱼种群生物学研究 [D]．中国科学院水生生物研究所，2009.

[96] 郑斌，梁相斌，刘紫凌，等．2011 年长江珍稀鱼类放流 [J]．中国三峡，2011(7): 50-51.

第5章

干热河谷区水土保持与生态恢复

5.1 ┃ 干热河谷概况

5.1.1 自然条件

1. 基本情况

金沙江干热河谷区从青海省玉树地区的直门达蜿蜒到四川省宜宾市,全长约 2300km。这里全是裸露的红土,森林覆盖率不足 5%,生态条件不理想,水土流失明显,对长江流域中下游地区有负面影响。干热河谷属于我国北热带气候,是与北热带湿润类型对应的干热类型,具有雨季多雨高湿、旱季高温干旱、旱季持续时间较长、干旱严重的气候特点。其季节性干旱是干热河谷本质的气候特征。低纬度高原大江两岸的横断山脉深度切割的特殊地貌造就了干热河谷的荒芜,其形成是由复杂的地理环境和局部小气候综合作用的结果,既有大气环流和地理位置、山脉对季风进路的阻挡和焚风效应、山谷风等局地环流效应,又有人为因素的影响[1-3]。金沙江干热河谷区地貌见图 5-1。

图5-1 金沙江干热河谷区地貌

大气环流对干热河谷的影响来自大西洋和印度洋的气流,它们在越过青藏高原后下沉至河谷时产生增温作用。此外,由于青藏高原的热力与动力作用,大气环流在这一地区形成自成体的高原季风。夏季,高原四周的风向中间辐合,冬季,高原中心的风向外辐散,破坏了对流属中部的行星气压带和行星环流系统,导致冬季产生高原冬季风和青藏冷高压,夏季产生高原夏季风和青藏热低压，虽然它们的厚度都不大，但在某个范围内足以改变高原地区的行星环流。

横断山区山脉对湿润气流的阻挡与焚风效应对干热河谷的形成具有显著影响。金沙江、澜沧江和怒江上游的峡谷段因地处横断山区腹地，四周崇山围绕，地形闭塞，湿润气流难以进入，因而发育成典型的干热河谷。湿润气流在受到山坡阻挡的过程中，沿迎风坡上升冷却，在所含水汽达饱和状态之前按干绝热过程降温，达饱和状态后，按湿绝热直减率降温，并因产生降水而水分减少；过山后空气沿背风坡下沉，按干绝热直减率增温，故气流过山后的温度比过山前同高度的温度高得多，湿度也显著减小，这就是焚风效应。在这种效应下，干热的气流进入金沙江谷底，处在河谷越低处的区域越干燥。同时，本地区大部分为相对高差 1500m 以上的深切河谷。白天，山坡上部的空气受热大于河谷底层的大气，产生上升气流，谷底空气沿坡地上升形成谷风；夜间，山坡上部的冷空气下沉至谷底形成山风。白天，局部地区强烈上升的谷底气流与部分向深陷谷底下沉的气流汇合，在两侧山地的一定高度处形成云雾带，使下沉气流增温减湿，加强了谷底的干旱程度。

人为因素对干热河谷区植被破坏的影响也不容忽视。无论是稀树灌木草丛还是旱生落叶灌丛，都是明显的次生植被，在森林被严重破坏后形成。在生态环境脆弱的河谷地带，一旦人类活动破坏了原生植被，便难以恢复，进而加速河谷干旱的发展 [4, 5]。

2. 气候特点

干热河谷的气候特点与该地区所处的地理位置、山体的高度和走向以及大气环流的情况密切相关。干热河谷具有"干"和"热"的气候特点，主要表现为：全年热量充足；气温年差较小；干湿季分明；蒸发量远高于降水量，干旱严重；气候的垂直变化明显。

金沙江流域地势为西北高，东南低，呈西北向东南倾斜的狭长形。流域纵跨青藏高原、横断山脉和云贵高原地区，南北纵越 12 个纬度，东西横跨 15 个经度，地域辽阔，地形地貌十分复杂，高原、盆地、峡谷、丘陵交错其间，气候复杂多样。金沙江为典型的深谷河段，相对高差可达 2500m 以上，除局部河段为宽谷外，大部分为峡谷。其中，四川、云南金沙江流域属南亚热带气候区，是我国纬度最高、海拔最高的一块亚热带气候区。四川、云南金沙江流域位于四川攀西地区攀枝花市、凉山彝族自治州、云南楚雄彝族自治州北部，分为干热河谷、干暖河谷和准亚热带气候 3 个区。四川、云南金沙江流域南亚热带气候区气候有以下特点 [6-10]。

（1）水热条件垂直变化明显

深切于横断山脉的河谷地区，自谷底至高原面上，降水量呈明显增加趋势，但其随海拔变化的幅度很小。气候变化的另一个特点是降水量最少的不是海拔最低的谷底，而是盆地的中央，尽管二者的差异不大，但足以反映干热坝子的盆地效应。除降雨的垂直变化外，干热河谷的温度垂直变化也十分明显。以金沙江的龙街—元谋段为例，垂直高度每增加 100m，年平均温度降低 0.87℃。不同地段年平均温度随高度降低的幅度不同，如金沙江河谷奔子栏到白茫雪山东坡的书松段，垂直高度每增加 100m，年平均温度降低 0.73℃。另外，不是任何河谷、任何部位、任何季节的气温都会随着高度升高而递减，冬季，一些河谷盆地因强烈的辐射冷却和山上冷空气下沉，往往出现相反的逆温现象。12 月至次年 3 月，攀枝花市早上 7 时左右会在近地面出现一个 300 ~ 400m 厚的逆温层。

（2）光热资源丰富

海拔 1400m 以下的干热河谷地带光热资源丰富，日照时间长、太阳辐射强；年均气温 18～23℃，最冷月平均气温 10～16℃，大于 10℃时积温 6500～8300℃，达到南亚热带至热带的热量水平。以攀枝花市、巧家等坝子为例，其年平均温度分别为 20.3℃ 和 21.1℃，大于 10℃ 的有效积温均在 7000～8000℃ 以上，其热量水平相当于热带和南亚热带，这对于该区域的资源利用十分有利。海拔 1400～1800m 的宽谷盆地和低山地带，光热条件虽然次于干热河谷区，但仍高于同纬度同海拔的其他地区，相当于北亚热带水平。

（3）降水分配不均

干热河谷大部分地区夏季受西南季风控制，湿度显著增加，气温日变化小，雨日多，降水量大，称为雨季或湿季；冬季受热带大陆气团控制，湿度显著减少，气温日变化大，雨日少，降水量小，称为旱季或干季。雨旱季分明，每年的 5—10 月为雨季，11 月至次年 4 月为旱季。年降水量的 80% 集中在 5—10 月，其他 6 个月降水量不足 20%。区域内年均降水量 800～1200mm，年蒸发量 2500～4000mm。尽管大多数干热河谷区的年降水量为 600mm 以上，但旱季长达 6 个月左右，蒸发量远大于降水量，植物仍受到严重的干旱影响。

以上气候特点决定了金沙江下游梯级水电站所在干热河谷区域生态脆弱，存在自然环境恶化、土地荒漠化严重、植被破坏加剧、生物多样性降低和水土流失严重等问题。

3. 土壤特点

土壤多在石灰岩、砂页岩、紫色砂页岩、板岩、玄武岩、石英岩及第三系、第四系地层上发育而成。成土母质主要为岩层的冲积物、洪积物和残坡积物。金沙江下游区域群山起伏，沟壑纵横，高低悬殊，与其地质、地貌、生物、气候对应，分布红壤、黄壤、燥红土、紫色土、石灰岩土和水稻土等多种土壤[11-16]。

（1）红壤

红壤是中亚热带的地带性土壤。成土母质主要是第三纪末、第四纪初的深厚古红色风化壳和古土壤。红壤分布区水热条件好，土壤偏酸、较贫瘠、缺磷。红壤分布区是粮、油、烟主产区。

（2）黄壤

黄壤分布区为中亚热带气候，成土母质以泥质岩、酸性结晶岩、碳酸盐岩和石英质岩类的风化物为主。黄壤分布区热量稍低，湿度较高，适于杉木林生长。云南东北黄壤区是苹果主产区。

（3）燥红土

燥红土分布区多为封闭河谷，焚风效应明显，气候干燥，年干燥度 1.9～2.8，蒸发量比降水量大 2～3 倍。成土母质主要是石灰岩、花岗岩、老冲积物和玄武岩的风化物。燥红土分布区光热资源丰富，农作物可一年三熟，冬季气温高，可种植冬旱蔬菜和咖啡、胡椒、杧果等热带经济作物。

（4）紫色土

紫色土属岩性土。以楚雄为中心的云南中红层区，紫色土分布集中。成土母质为中生代紫色砂页岩风化物。紫色土中的磷、钾含量较丰富，胶体品质较好，酸碱适中，宜种性广，适种多种粮食作物和经济作物，是云南生产潜力较大的土壤资源。紫色土土层薄，极易冲刷，土壤侵蚀严重，是水土保持的重点地区。

（5）石灰岩土

石灰岩土是发育在石灰岩上并经过生物作用形成的一种岩成土，其中，生长的原生植被以常绿落叶阔叶林为主，大部分遭到干扰、破坏，次生植被以稀树多刺灌丛和草被为主。石灰岩土在昭通广泛分布。

（6）水稻土

水稻土是在水旱交替耕作条件下形成的特殊土壤，成土母质较复杂。区域内水稻土因不受地域限制，故分布最广，但主要分布在有水源且平缓的阶地上。

4. 生态系统多样性特点

从大范围看，金沙江下游梯级水电开发河段处于凉山山区的大凉山和乌蒙山系的五莲峰之间的"两山夹一江"地区。在中国植被区划中处于中亚热带湿润型常绿阔叶林与干湿气候交替型常绿阔叶林连接过渡的地带。在动植物种属的区系分区上有十分突出的过渡性。凡属过渡地带，生物多样性皆十分丰富，这也是该区物种资源多样化的原因，再加上高山峡谷地貌带来的生态环境的多变性，尤其是小生境的多样化，使该区域生物物种之间、生物与生境之间以及生物与生态因子之间的关系变得更复杂[17-22]。

金沙江下游水电梯级开发河谷区内陆生生态景观分为常绿阔叶林景观、落叶阔叶林景观、常绿针叶林景观、竹林景观、山地灌丛景观、干热河谷灌草丛景观、干热河谷稀树灌木草丛景观、人工栽培植物群落与农村聚落景观、水域生态系统景观和城镇生态系统景观共10种景观生态类型。斑块总数2756个，平均斑块面积为520.0hm²。斑块数最少的景观类型是水域生态系统景观，仅有4个斑块。斑块数最多的是山地灌丛景观，有762个斑块。斑块总面积最大的是干热河谷稀树灌木草丛景观，面积为177 634.6hm²。斑块总面积最小的是城镇生态系统景观，面积为557.3hm²。

金沙江下游水电梯级开发河段陆生生态系统中，干热河谷所占面积比较大。自然生态系统中，干热河谷稀树灌木草丛生态系统占绝对优势，占总面积的45.20%；其次，山地落叶阔叶灌丛生态系统占总面积的22.99%；人工生态系统中，经济林与人工林生态系统和大田作物与农村聚落生态系统占较大面积，分别占总面积的4.67%和9.11%[23]；其他占总面积的18.03%（见图5-2）。

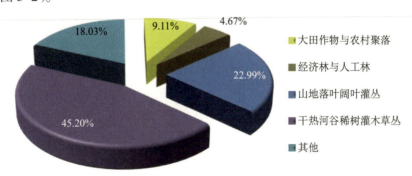

图5-2　陆生生态系统占有面积

（1）植物

综合野外调查资料、标本鉴定和历史文献资料，金沙江下游水电梯级开发区域内共有维管束植物211科，906属，2354种，包含蕨类、种子和被子三类植物。金沙江下游4座梯级水电站所辖区域范围涉及的维管束植物在物种组成方面具有一定差异，流域范围内上下游梯级植物种类组成差异较大，下游的种类比上游丰富，溪洛渡水电站位于两个区的交汇处，区内植物属种数量最多。

干热河谷区的主要植被类型有马桑、蔷薇、火棘、清香木、疏序黄荆、香茅、黄茅、坡柳、珍珠花、粉背黄栌、山黄麻、余甘子、短绒槐等干热河谷稀树灌木草丛，分布于干热河谷两侧的低、中山部，普遍见于向家坝、溪洛渡、白鹤滩、乌东德各地，以片状、块状大面积分布于当地的山坡坡面上。这些植被在金沙江下游区域总面积达 75 380.6hm²，属于干旱河谷的特征型和骨干型植被类型。该类型是亚热带常绿阔叶林遭砍伐被剧烈破坏后形成的次生性植物群落类型，群落因人为干扰大，故恢复成原来的植被类型较困难。

干热河谷稀树灌木草丛类型总面积达 69 501.8hm²，多见于金沙江流域干热河谷谷坡，适合较暖热且偏湿的生境，主要分布在溪洛渡雷波县以上地段、白鹤滩、乌东德，海拔为 800 ～ 1000m 以下，呈片状、片带状、连续或不连续的大面积分布，宁南县一侧相对较多。以草丛茂密的旱生性禾草为主，草本层高 1.5m 以上，主要种类有须芒草、黄茅、芸香草、糙芸香草、芒等。

（2）动物

1）两栖类：从乌东德水电站区域往下经白鹤滩水电站、溪洛渡水电站到向家坝水电站区域，两栖类动物属种数呈明显增加趋势。

2）爬行类：呈现首尾两个水电站物种丰富、中间两个水电站物种较少的特点，海拔 1000 ～ 2000m 区域最丰富，有 71 种，海拔 1000m 以下区域有 56 种，2000m 以上区域仅有 22 种，总体呈现类似纺锤形的垂直分布格局。

3）鸟类：鸟类物种分布大体上表现为溯江而上与从北至南由多向少递减的趋势，即向家坝最多，其次为溪洛渡、白鹤滩和乌东德。1200 ～ 1800m 低山阔叶林带的鸟类最丰富，1800 ～ 2600m 中山针阔混交林的次之，3800m 以上高山灌丛草甸带的最少，2600 ～ 3800m 高山针叶林带也是鸟类分布较少的地带。

4）兽类：兽类分布的特点各不相同。乌东德、白鹤滩、溪洛渡和向家坝 4 个特大型水电站影响区的兽类科、属、种组成差异明显。目和科数最少的是乌东德水电站，最多的是溪洛渡水电站；物种数最少的是乌东德水电站，最多的是溪洛渡和向家坝水电站；中国特有种分布最少的是乌东德水电站，最多的是溪洛渡水电站。金沙江下游流域农耕区的兽类垂直分布特征呈小片状至大片状分布，主要分布在海拔 600 ～ 1200m 以下矮山区。林区的兽类主要在海拔 1200m 以上的低中山常绿针叶林活动，该区域是中型兽类的主要栖息地，生活着不少国家保护级的兽类，库区内 93 种兽类中，国家Ⅰ级重点保护动物有 6 种，占全库区兽类种数的 6.5%，国家Ⅱ级重点保护动物有 15 种，占全库区兽类种数的 16.1%。需要特别说明的是，溪洛渡水电站影响区海拔 2000m 以上物种丰富，是工作区物种较丰富的地区之一，该区域有许多珍稀特有兽类，如大熊猫、金丝猴、牛羚、豹、金猫等。

5. 植被垂向分布特点

金沙江干热河谷的海拔范围主要为 300 ～ 3000m，使得该区域植被具有明显的垂向分布规律。以乌东德库区部分典型断面为例（见图 5-3），实际调查结果表明，沿江两岸典型的植被剖面从下至上为：灌丛灌草丛→水田或农作物→灌丛灌草丛或稀树灌木草丛→经济林→阔叶林或针阔混交林→针叶林。总体而言，乌东德库区河滩主要以灌丛为主；河谷至海拔 1600m 左右的区域主要分布车桑子、余甘子、疏序黄荆等干热河谷灌丛，也存在部分锥连栎等灌木草丛、黄茅等草丛、麻风树等灌丛、石榴等经济林以及农作物等；当海拔高于 1600m

时，植被主要以云南松林为主，以云南油杉林、滇青冈等阔叶林为辅。

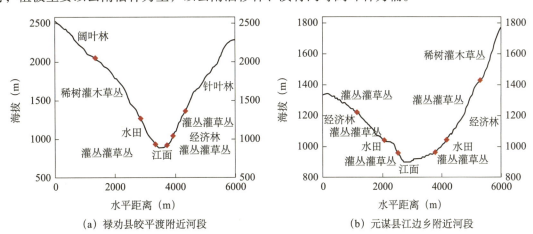

图5-3 乌东德库区植被垂向分布示意图

5.1.2 生态脆弱性

金沙江下游区域谷坡陡峻，一些峡谷段两岸基岩裸露，大部分干热河谷以稀树草丛、山地灌丛和栽培植物为主，林草植被覆盖率不足20%，区域水土流失较严重。区域内水土流失强度分级为中度至强度，四川、云南两省水土流失重点治理区和重点监督区，是长江中上游水土流失重点治理区域之一。水土流失以水力侵蚀为主，重力侵蚀也常见于金沙江及其支沟内。同时，河流沿岸山体断裂发育，岩层破碎，易导致崩塌、滑坡和泥石流。在汛期暴雨时段，大量泥沙进入水体，造成金沙江水体含沙量高[24-26]。

气候条件方面，由于干湿季分明，植被的生长受到限制，岩层物理风化强烈，易松散破碎，加上雨季降雨集中，历时短、降水强度大的局地性暴雨成为滑坡、泥石流发生的因素。人为因素方面，过度垦殖和放牧，滥伐森林，工矿、交通建设等都是加重水土流失的原因。各规划梯级水电站评价区水土流失一览表见表5-1。

表5-1 各规划梯级水电站评价区水土流失一览表 （单位：hm²）

侵蚀强度	乌东德	白鹤滩	溪洛渡	向家坝
极强度水力侵蚀	6936.86	14 701.23	15 064.50	4287.41
剧烈水力侵蚀	1129.42	3016.50	2335.78	1487.43
强度水力侵蚀	25 480.87	27 297.66	13 436.23	16 040.34
中度水力侵蚀	33 477.10	19 339.62	11 541.94	9436.36
轻度水力侵蚀	18 567.18	9540.34	24 589.91	17 292.18
微度水力侵蚀	35 240.07	25 502.87	32 214.35	24 524.29
微度冻融侵蚀	107.26	—	—	—
合计	120 938.76	99 398.20	99 182.70	73 068.00

除了水土流失严重，干热河谷区的生态脆弱性还表现在自然环境恶化、土地荒漠化严

重、植被破坏加剧和生物多样性降低等方面。造成生态脆弱的原因，除了降雨稀少、土壤浅薄等自然因素，还包括人口剧增造成的土地过度开发等人为因素。高蒸腾和低降雨是干热河谷的主要特点，以元谋干热河谷为例，其年日照时数达到 2670.4h，年平均气温为 21.9℃，大于或等于 10.0℃的积温为 7796.1℃。这样的热量条件加剧了水分的蒸发，蒸发量高达 3847.8mm，而年平均降水量为 634mm，90% 以上的降水集中在 6—10 月。在此后长达半年以上的旱季，其蒸发量为降水量的 10 倍，空气相对湿度极低。在如此恶劣的气候条件下，植物的生长受到很大抑制，许多植物难以存活，尤其是人工栽植的幼树。在元谋县黄瓜园镇进行的造林试验发现，即使已经成活数年甚至 20 年的云南松林也会因为极端干旱年的出现而死亡[27-29]。

干热河谷区的土壤大多是在紫色砂岩或砂页岩上发育而成的，其成土过程始终保持在幼年阶段，土层薄，土壤肥力低，保水性差。在金沙江下游河谷区较平缓的台地上有居民居住，因而土地耕作和人为干扰程度大，使得本身就很贫瘠的土地遭受一定的侵蚀，从而加剧了土壤荒漠化的进程。土壤荒漠化的加剧使土地的承载力降低，而人口的压力又使得为解决口粮而进行的陡坡种植更严重，导致土地肥力向恶性循环方向发展[30-31]。

在如此脆弱的生态系统中，一旦植被被破坏，恢复极其困难。由于历史原因，干热河谷区的森林曾遭受毁灭性的破坏。植被破坏以后使得土壤直接受到径流的冲刷，再加上该地区土层浅薄、有机质含量低和陡坡种植等特点，导致水土流失十分严重。极端的气候条件会周期性地降低种群密度，从而增加稀有物种灭绝的可能性。环境的波动引起的不稳定性会冲击另一个未受干扰的环境，如果环境的波动是全球气候变化导致的更多变和更极端的气候引起的，那么物种的灭绝速度会大大加快。由于原始植被的严重破坏，使得原来的生态环境发生变化，物种减少，生物多样性减少。尤其对珍稀濒危物种更严重，因此其栖息地被人为分割，种群之间被隔离，导致近亲繁殖。此外，河谷地区大量人工纯林的出现使得森林病虫害的防治工作十分困难。

5.2 主要问题与应对策略

5.2.1 主要问题

在梯级水电站建设过程中，因人类对原地形地貌和地表植被的破坏，故不可避免地产生新的水土流失，进一步增加区域内水土流失强度，表现为面蚀、沟蚀和重力侵蚀等，这主要集中在工程建设期。以溪洛渡水电站为例，如果不采取任何水土保持措施，则工程及影响区域水土流失量将达到 2807.10 万 t，新增水土流失量为 2741.10 万 t，其中渣场在预测时段内的水土流失量为 1895.07 万 t，是工程区内最集中、强度最大的潜在水土流失场所，为水土流失重点防治对象[32]。

在引起水土流失的同时，施工建设还会破坏地表植被，而工程区域为干热河谷，土壤贫瘠，干旱缺水，植被一旦遭到破坏，则恢复困难。工程建成后，水库将淹没河流两岸区域，造成部分物种数量减少、其生长地和栖息地缩小。由于动物可以迁移，同时建设征地与水库淹没范围内未调查到狭域性动物栖息地，因此对动物的影响不是很大，但对植被及其恢复的影响需要重点关注。此外，河谷区水面增加对周边气温、降雨的改变也不可忽视，库区气温可能冬季升高而夏季降低，降雨增多，这对原区域动植物的影响有利有弊[33-35]。

对整个金沙江下游水电梯级开发区而言，干热河谷稀树灌木草丛景观、城镇生态系统景观和人工栽培植物群落与农村聚落这3类景观受影响较大，并且淹没线的分割进一步增加了这些景观的破碎化程度。对于森林景观，蓄水会淹没一些分布在海拔较低地区的常绿阔叶林、落叶阔叶林、竹林。而分布在海拔较高地区的常绿针叶林不会受到水电站蓄水淹没的影响。

总之，在金沙江下游这样一个干热河谷区进行水电开发，需要高度重视水土流失和植被破坏问题[36, 37]。在工程建设的过程中，应着力进行水土保持和植被生态修复。如何及时、有效地防治开挖边坡引起的水土流失，如何在该地区选择树种和草种，如何采用高强度水平整地松土，如何提高对雨季天然降水的利用率，促进苗木生长，增强植株在来年旱季的抗旱能力，从而提高造林成活率和保存率，都是梯级水电站开发中水土保持与生态修复工程需要研究解决的问题。在这个过程中，其主要难点有三个：

1）金沙江下游梯级水电站工程区位关系较敏感，施工影响范围较广，场地分散，不同施工场地环境敏感性、立地条件差异大，生态修复及景观绿化的要求不同，生态修复设计需要考虑区域生态修复的差异性。

2）金沙江干热河谷区是我国典型的生态脆弱区，工程施工开挖扰动后，部分石质、土质开挖坡面结构较松散，容易剥落；渣场、料场以石砾为主，缺乏土壤；生产生活区场地硬化后缺少植被生长的基质。经过综合分析，该区立地条件差，生态修复难度大，需进行立地条件改良，适当覆土。

3）干旱和缺水一直是金沙江流域及长江上游植被恢复的制约性因素。施工迹地生态修复的限制因素主要为水分。水电工程施工扰动特征和干热河谷区气候炎热的客观现实要求必须针对水分这个限制因素采取相应的人工措施，改善植被恢复的立地条件。

5.2.2 应对策略

对于陆生生态保护，基于全流域、多方位立体保护工作面，以保持流域与区域生物多样性安全、生态系统结构完整性，生态功能和生态过程健康发展为目标，采取避让、减缓和恢复补救的保护思路，构建完整的保护措施体系。首先，通过工程布局优化设计，避开环境敏感对象，避免大面积开挖与扰动；其次，通过施工组织方案优化设计，如利用开挖料造地用于施工场地，最大限度减少施工占地与工程量，以减少施工影响；最后，对施工迹地及时进行恢复，包括工程措施和植被恢复措施，如动植物保护、水土流失治理、生态与景观恢复等。在金沙江下游梯级水电站实施过程中重点关注水土流失防治与生态修复问题。

为了重点预防和治理梯级水电站开发区域内的水土流失，保障工程的安全运行和生产，同时通过水土流失综合治理，促进并改善工程地区生态环境，最大限度地发挥水土保持措施功能与效益，金沙江下游梯级水电开发制订了较高的生态环境保护和水土保持目标，如溪洛渡水电站开发区域内的生态保护和水土流失防治目标为以下 4 个。

1）对工程建设过程中因开挖、填筑、占压等活动影响而降低或丧失水土保持功能的土地，及时采取工程措施与植物措施恢复或改善其水保功能，保护生态环境，控制和减少水土流失，防治责任范围内扰动土地治理率达到 85%（其中项目建设区达到 95%）以上、水土流失治理度达到 75%（其中项目建设区达到 90%）以上。

2）规范弃渣堆放，按照"先拦后弃"的原则及时对弃渣过程中形成的松散堆积体采取工程措施防护。弃渣完成后再采取工程和植物措施的双重防护，有效防止弃渣流失，使弃渣拦渣率达到 90%（其中项目建设区达到 95%）以上。

3）使工程各开挖面得到及时有效的处理；对封闭管理区、施工区和场内交通线路等永久、临时用地等采取复耕、植树、种植灌草等绿化措施，使防治责任范围内植被恢复系数大于 95%，林草植被覆盖率达到 13%（其中项目建设区达到 35%）以上，改善区内生态环境，使荒地减少，林草地增多，对局地小气候、生态景观及环境的改善具有积极作用，促进生态环境的良性循环和可持续发展。

4）工程竣工验收前，水土保持工程措施充分发挥其功能，植物措施初具规模。通过综合治理，使防治责任范围内的水土流失减轻，土壤侵蚀强度小于允许值，控制的水土流失量大于 2600 万 t，水土流失控制率达到 90% 以上，水土流失程度控制在轻度以内。

为减少水土流失带来的一系列危害，在干热河谷区建设的工程必须结合干热河谷的环境特征和工程特点，认真落实各施工区域的水土流失防治工作。在该工作中，以方案优化与植被绿化为重点，通过方案优化，从源头上避免大的影响；通过植树、植草保持水土，恢复生态，建设绿化园林景观，使得工程开发与生态景观协调发展。

在干热河谷区实施绿化恢复工程，首要任务是确立绿化工程的原则、总体思路和理念。实践表明，绿化恢复工程要遵循因地制宜、与工程建设协调的原则，并不是所有开挖面都适合并需要植被恢复。在设计与实施中，根据不同施工场地和自然条件设置差异化的绿化标准要求，对于涉及工程安全和高陡岩石开挖面的枢纽工程区以主体工程的工程防护措施为主，配合开展植被绿化，永久性的营地、交通道路是植被恢复的重点，以注重景观与排水防护为要点，临时施工场地、渣场等区域也是植被恢复的重点，但应注重其生态功能的恢复。

5.3　工程区水土保持

金沙江下游梯级水电项目建设的施工区主体工程开挖、砂石料场开挖以及弃渣场、场地平整和道路修建等工程，会扰动施工区地表，破坏原有地貌植被。在主体工程建设过程中，优先考虑工程防护措施，预防水土流失和不良地质灾害。按照现有水电工程水土保持技术和经验，将水电工程水土保持防护区分为枢纽工程区、施工道路区、料场区、渣场区、施工生产生活区、移民安置区和其他区。不同的工程分区采取不同的工程防护措施。在溪洛渡和向家坝水电站建设过程中，因地制宜，与工程安全结合，采取灵活的工程防护措施是该区域水土保持的一大特点[38-44]。

根据资料，2013年蓄水时，溪洛渡工程扰动土地整治率为97.60%，水土流失总治理度为94.41%，林草植被恢复率为96.12%，至2016年，林草覆盖率达21.18%，拦渣率达96.3%，土壤流失控制比降低至0.87。水土保持监测成果显示，溪洛渡水电站工程的建设没有造成巨大的环境危害，并且由工程施工造成的水土流失基本得到有效控制，水土流失强度较建设前降低了1个等级，表明工程区水土流失程度从施工前的中度到强度转化为以轻度为主，水土流失状况发生了根本性的良性变化，生态环境恢复措施效果显著，有效地保护了项目区生态环境，溪洛渡工程施工区的生态环境较之前有了很大改善。

5.3.1　边坡开挖与坡面的工程防护

在金沙江下游区域建设水电站工程必然面临大量的高边坡土石方开挖，由于金沙江下游河谷地形深切，若不制定合理的高边坡开挖施工方案，及时进行高边坡开挖后的坡面防护，则开挖过程中和开挖后的裸露岩石边坡容易出现水土流失问题。溪洛渡水电站建设过程中，坝肩槽工程、水垫塘上边坡、水电站进水口上边坡均为高陡边坡，施工过程中的施工工艺和方法与水土流失防护有很大关系，好的施工方法可以减少水土流失，并为采取有效防护措施提供条件。比如，在溪洛渡坝区两岸开挖过程中采取了光面爆破、毫秒微差爆破等先进的爆破技术，减少了对岩体的扰动，保持了岩体的稳定，充分发挥了岩体的自承作用，使得工程扰动控制在最小范围内。

对于枢纽工程区大面积的裸露岩质边坡，为了保证边坡稳定，防止垮塌，采用锚杆、锚索、挂网喷混凝土以及挡土墙、网格梁护坡、截排水沟、挡水坎挡护等固坡措施。这些常规的工程防护措施效果往往和及时程度密切相关。在溪洛渡和向家坝坝肩开挖过程中，均实行边开挖边支护的施工方案。对于坝肩高边坡，从上而下分阶段分级开挖，第一个台阶土石方开挖完成后，转向第二个台阶土石方开挖，这时，第一个台阶开挖面开始实施支护措施，主要采用边坡固化处理措施，这样可以有效防止水土流失，特别是防止暴雨冲刷。开挖过程中产生的弃渣一般被堆放于临时场地，以供综合利用或转运，对于这部分弃渣也采取了临时防护措施，如SNS防护网等。

据统计，溪洛渡水电站大坝两岸高边坡的防护工程量为：锚杆113万根，锚索3000余束，喷混凝土19.5万m³，SNS防护网2万m²，浆砌挡渣墙15.8万m³，干砌石挡墙5万m³，混凝土挡墙5.7万m³，钢筋混凝土7.9万m³，钢筋石笼5.2万m³。这些高边坡防护措施发挥了良好的水土保持效益，对控制高陡边坡开挖过程中的水土流失起到了积极的作用。

值得一提的是，在溪洛渡水电站坝肩边坡开挖前已经考虑弃渣可能会在施工过程中落入河中，为了使开挖过程中产生的弃渣全部得到有效处置，沿河边修建了集渣平台，开挖过程中产生的弃渣落到集渣平台后，再清运至弃渣场集中处置，这种方式可有效地避免石渣落入河中。此外，右岸坝肩开挖面在最上层的坡面，由于坡地较缓，且面积较大，在网格梁护坡的基础上增加了草木护坡，并在挖方边坡坡顶设置了截水沟，截流上游汇水，避免雨水冲垮坡面上的草木，在坡面下方考虑工程安全和陡峻的岩石边坡实际情况，采取了大量的工程防护措施。这种工程与植物结合的防治方式使得边坡水土流失得到有效控制，如今坝肩开挖面最上层的合欢树等当地树种已经长得郁郁葱葱。

溪洛渡集渣平台和坡面分层防护措施见图5-4。

(a) 网格梁护坡

(b) 草木护坡

(c) 溪洛渡左岸坝肩植被与工程防护结合

(d) 溪洛渡右岸坝肩植被与工程防护结合

图5-4　溪洛渡集渣平台和坡面分层防护措施

5.3.2　弃渣场的工程防护

溪洛渡和向家坝水电站产生的弃渣量大，弃渣场堆方量大，在此情况下，工程防护措施非常重要，因其涉及弃渣场的稳定与安全。为满足工程建设期间各阶段的堆渣需求，溪洛渡水电站建设有溪洛渡沟、塘房坪、癞子沟、杨家沟、豆沙溪沟、黄桷堡6个弃渣场，弃渣场总容量为5123万 m³，均按照相关水土保持设计要求，修建挡土墙和排水设施，设置马道分层堆渣。施工区内的弃渣场均按照"先挡后弃"原则，设置挡护，各弃渣场根据实际情况分别选用钢筋骨架石笼护坡、浆砌块石挡渣堤加护坡、混凝土挡渣堤加护坡等挡土墙，这些都是一般弃渣场防护的常规做法。

在工程实施中，一方面考虑沟口填渣造地以用于施工场地，另一方面重点关注弃渣场的工程防护措施。由于溪洛渡水电站位于高山峡谷中，弃渣场主要布置在两山之间的沟口处，如豆沙溪沟和溪洛渡沟弃渣场均为沟道型弃渣场，布置在沟口的弃渣场并不是设置于沟的一侧就能满足堆渣容量，而需要填平整条沟口，然而这样会阻截沟内排水，渣场防护必须考虑沟内的排水，如处理不当则可能造成洪水冲刷事故。为有效地避免沟水对弃渣场渣料冲刷而产生水土流失，在沟口上游建设了堆石坝以拦截沟水，并在山体内打通一条排水洞，用于排放拦截的沟水，沟水从排水洞排出，未对弃渣场渣体造成冲刷，有效地避免了沟道型弃渣场的水土流失。溪洛渡沟弃渣场工程防护与场地建设结合见图5-5。

(a) 上游挡水坝

（b）江边挡土墙

(c) 泄水洞进口

（d）泄水洞出口

图5-5　溪洛渡沟弃渣场工程防护与场地建设结合

　　工程建设期间，黄桷堡、豆沙溪沟、杨家沟等弃渣场在完成堆渣任务，封场后，做相关水土保持设施；溪洛渡沟弃渣场在进行场地平整后做施工场地用；塘房坪弃渣场作为后期施工区内的建筑垃圾集中堆放场地，承担后期施工时生产作业产生的废渣、施工场地拆除废弃建筑物等堆存。塘房坪弃渣场通过管理单位配备现场管理人员、设置指示牌等措施，引导施工单位的建筑垃圾清运车辆在指定区域倒渣，并实施分层平整，避免违规倾倒而影响后期场地整治工作。现场环境监理对施工区内各施工临时场地的拆除整治进行日常巡查监督，督促各施工单位将责任区临时施工场地拆除产生的废渣按照规定堆存至塘房坪弃渣场指定区域，禁止乱弃。

　　溪洛渡弃渣场工程防护措施实施效果见图5-6。

　　向家坝水电站新田湾弃渣场的防护主要是坡脚防护、坡面防护及排水处理。该弃渣场下游为莲花池场地平整区和左岸缆机平台道路。为保证施工安全，主体设计中对填筑后的土

（a）豆沙溪沟路基混凝土坡面防护

（b）杨家沟弃渣场坡面综合防护

（c）溪洛渡沟弃渣场边坡防护

（d）溪洛渡沟弃渣场河边综合防护

（e）癞子沟弃渣场

（f）塘房坪弃渣场

图5-6　溪洛渡弃渣场工程防护措施实施效果

石方、路基采取了碾压、边坡防护、明暗排水等措施，使回填区成为安全、稳定的整体。其中，道路填筑形成高30.0m、顶宽12.0m、两侧坡比1∶1.5的路基作为弃渣场坡脚拦渣坝工程，这个因地制宜、统筹布置的设计解决了渣场的防护问题。

　　向家坝新田湾弃渣场堆渣情况见图5-7，向家坝新田湾顶部绿化防护见图5-8，向家坝新田湾弃渣场挡土墙见图 5-9，向家坝新田湾弃渣场排水沟见图 5-10。

图5-7 向家坝新田湾弃渣场堆渣情况

图5-8 向家坝新田湾顶部绿化防护

图5-9 向家坝新田湾弃渣场挡土墙

图5-10 向家坝新田湾弃渣场排水沟

5.3.3 石料场和土料场的工程防护

金沙江下游梯级水电站开发中的大坝浇筑需要大量的砂石骨料，一部分来自洞挖石渣，另一部分来自石料场取料。溪洛渡水电站在大戏场规划了一处石料场，料场开挖取料前，对占地范围内腐殖质含量较高的表土进行了剥离，剥离厚度按 0.30m 控制，剥离表土 23.43 万 m³，集中堆置在二坪表土堆存场。实施阶段，为避免开挖高陡边坡及易水土流失的边坡，对开采方案进行优化，将分阶开采改为平台开采，不再形成高边坡。最终开采平台高于正常蓄水位，同时对低矮的开采边坡实施喷锚支护措施。为暂时存储已经开采出来的有用料，石料开挖周边设置了三个有用料暂存场，占地 5.10hm²，三个有用料暂存场均实施了浆砌石护脚，防止有用料堆存、回采期间石料滚落至下游，产生新的水土流失。大戏场料场停运后，原有水土保持设施完好，移交当地政府，并办理了水土保持和环境保护责任移交书。溪洛渡大戏场石料场开采同步实施的工程防护措施见图 5-11，溪洛渡沟弃渣场植被恢复情况见图 5-12，溪洛渡杨家沟弃渣场植被恢复情况见图 5-13，溪洛渡水电站左岸坝肩高边坡植被恢复情况见图 5-14。

（a）二坪表土堆存场情况

（b）大戏场石料场情况

图5-11　溪洛渡大戏场石料场开采同步实施的工程防护措施

图5-12　溪洛渡沟弃渣场植被恢复情况

图5-13　溪洛渡杨家沟弃渣场植被恢复情况

图5-14　溪洛渡水电站左岸坝肩高边坡植被恢复情况

　　在向家坝水电站施工区设置了一个位于库区右岸绥江县新滩坝镇、新滩溪沟内的大湾口处的太平石料场，开采石料时采用了分片开挖、稳定坡度控制的采挖工艺，在开挖的同时设计并实施了挡土墙、护坡、排水等措施，实践表明，这种与施工进度同步开展的防护与迹地绿化措施在施工过程中可避免出现大量水土流失，也利于植被恢复，该石料场开挖造成的地表扰动等影响也较小。向家坝太平石料场开采同步实施的工程防护措施见图5-15。

（a）护坡措施

（b）绿化情况

图5-15 向家坝太平石料场开采同步实施的工程防护措施

太平石料场开采顶高程约1492m，终采平台高程至1228m工程建设期间，形成了高约264m的边坡，完成了对高程1240m以上边坡的系统支护和排水设施修建，已累计开采原料1475.8万 m^3。太平石料场弃渣主要来源于料场剥离、场内道路、骨料输送线1号隧道进口段开挖、临时建筑物场地平整等，经回填利用后，共产生弃渣265.77万 m^3（自然方）。根据太平石料场周边地形条件，在石料场周边300～1000m范围内的小冲沟和缓坡地布置了5个弃渣场。各弃渣场按照"先拦后弃"的原则分层碾压堆放弃渣，削坡后，坡比较缓，采用的主要措施有浆砌石挡土墙、网格梁植草护坡、浆砌石截排水沟。太平石料场工程区内水土保持工程措施较完善，总体运行情况良好。向家坝太平石料场俯视图见图5-16，向家坝太平石料场植被恢复情况见图5-17。

图5-16 向家坝太平石料场俯视图

图5-17 向家坝太平石料场植被恢复情况

5.3.4 场内外交通施工的水土保持措施

溪洛渡、向家坝水电站工程公路跨越范围大，施工过程中土石方开挖回填数量大，需采取有效的水土流失防治措施，防止工程区及周围地表植被破坏、水土流失和工程景观破坏。溪洛渡、向家坝场内外交通公路施工区的水土保持工程措施主要有浆砌石挡土墙（护脚墙）、网格梁护坡、截排水沟、涵洞、盲沟、急流槽等，与植物绿化结合的工程有场地整改、绿化覆土、边坡修整等。"三通一平"期间，水土保持措施以边坡防护、排水及未占压地绿化为主，在枢纽工程施工完成后，对临时道路进行及时恢复。下面以溪洛渡为例，对场内外交通采取的水土保持措施进行简单介绍。

（1）施工过程中临时防护措施

溪洛渡水电站场内公路土石开挖量为588.07万 m³，其中，用于公路回填土的石方量为70.87万 m³，其余大部分就近做施工场地平整回填利用，剩余土石就近堆放于各渣场内，不再设置临时堆渣场，避免公路开挖弃渣乱堆乱放造成新的水土流失。同时，公路及桥梁均按照稳定边坡进行开挖，边坡坡比为1∶1.3～1∶1.75，并及时设置挡土墙、护坡等对开挖、回填形成的土质边坡进行防护。

（2）边坡防护措施

对于路基边坡高度大于2.5m的路段，采用浆砌石片石方格骨架及拱形骨架护坡防护；对于边坡高度小于2.5m的路段，采用直接撒播灌草子的方式进行防护。对于挖方岩石边坡高度大于20m，地面横坡度陡于1∶2的路段及顺层地段，路堑边坡采用预应力锚索加固；高度小于20m的地段，采用挂网喷浆护坡防护；公路走线在陡坡挂线的地段采用路肩挡土墙或托盘式带拱路基墙收坡。溪洛渡边坡防护效果见图5-18。

(a) 边坡挂网喷混凝土或素喷混凝土　　　　　　(b) 挡土墙或护面墙

(c) 高边坡挂网防护　　　　　　　　　　　(d) 混凝土网格梁护坡

图5-18　溪洛渡边坡防护效果

（3）排水措施

溪洛渡工程建设对地表水采取的截排水措施包括路基边沟、排水沟、截水沟等；对地下水采用暗沟、渗井与渗沟等设施进行引排，将地下渗水、泉眼及基岩裂隙水引排至路基附近的地面排水设施或自然沟槽内；将路面水通过路面横坡分散排水；对土路肩采用 C20 水泥混凝土铺砌加固。溪洛渡场内外交通的水土保持措施见图 5–19。

（a）道路边坡混凝土喷护护坡

（b）路堑挡土墙

（c）道路填方边坡网格梁护坡

（d）永久道路内侧排水沟

（e）路堑边坡坡顶截水沟

（f）道路排水边沟

图5–19 溪洛渡场内外交通的水土保持措施

（g）填方边坡网格梁护坡 （h）防洪排导工程

（i）消力措施 （j）挖方边坡急流槽

图5-19 溪洛渡场内外交通的水土保持措施（续）

5.4 工程区绿化与生态恢复

　　河流开发与生态环境只有协调发展才能长久，而植被是保护生态环境最好的"外衣"。金沙江下游4座梯级水电站均位于干热河谷区，其水土保持与生态恢复工作面临干热河谷气候的严峻挑战。21世纪初，在金沙江下游水电站规划及建设过程中已经意识到工程绿化的重要性。从工程筹划到建设完成，向家坝和溪洛渡工程区的绿化与生态恢复工作始终是紧抓不放的大事。金沙江下游梯级水电站采用大量植物防护措施促进工程区的水土保持、景观与生态平衡。对工程区总体绿化进行规划设计，对工程区总体绿化措施进行布局，并严格落实到建设阶段的工程实践中，对于出现的问题进行了优化调整。经过十多年的不懈努力，如今，高峡出平湖，园林营地草木环绕、鸟语花香，可以说这是金沙江下游水电站建设环境保护工作成功的典范，也是大型绿色水电站建设的里程碑。

5.4.1　总体方案设计

三峡集团从规划设计、科学研究、试验保育与专业养护等方面入手，逐步攻克了干热河谷区绿化恢复困难的问题。《溪洛渡水电站施工区绿化总体规划设计》对溪洛渡水电站施工区的总体绿化思路进行了明确，确定溪洛渡水电站施工区绿化恢复工程的目标，即除了大坝附近因工程安全必须暴露在外的混凝土表面，其他地方不能出现裸露的岩石表面。总体以"适地适树、定向培育"为基本原则，充分发挥地方植物资源的优势，并结合自然景观资源，在保证绿化措施发挥良好水土保持效果的同时营造一个有景观、有生态、可持续发展、工程建设和水土保持齐头并进的典范工程。同时将水土保持功能与景观要求结合起来，既改善工程区域环境生态质量，又充分发挥景观效益[45]。溪洛渡施工区绿化恢复工程见图 5-20。

（a）杨家沟弃渣场工程措施及植被恢复

（b）花椒湾营地绿化措施效果

（c）杨家坪营地绿化措施效果

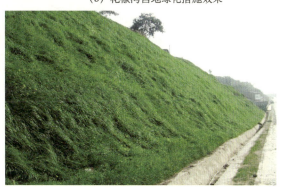

（d）交通干道行道树及绿化带

图5-20　溪洛渡施工区绿化恢复工程

在溪洛渡水电站施工过程中，三峡集团根据施工扰动区域在生态恢复和修复完成后最终目标的差异性，将生态恢复按功能划分为两大区域：景观绿化区和生态恢复区。其中，对景观绿化区严格要求，大坝枢纽区施工迹地板块、作为进入对外交通公路起点的癞子沟弃渣场Ⅰ区施工迹地板块、库区大坝可视范围内的豆沙溪沟弃渣场—23 号公路沿线区域施工迹地板块，马家河坝施工迹地板块等应兼顾景观的需要，适当提高生态恢复标准；对景观绿化区外需恢复的施工迹地，对景观没有特殊要求的生态恢复区，主要以保持水土功能的生态恢复为主[46]。

5.4.2　生态恢复原则

将金沙江下游水电站工程建设区的气候—扰动创面—植被—建（构）筑群构成的复合生态系统特征进行综合分析，遵循植物自然生长客观规律和生态恢复原理，修复地带性植被，重塑自然风貌。在实践中进行生态恢复时主要遵循以下几个原则[47-54]。

（1）生态优先和可持续利用

环境与发展是两个相互制约又相互促进的因素，发展经济应建立在生态优先、可持续利用的基础上。三峡集团始终坚持生态优先为环境生态规划建设中的重要理念，建立结构优化、生长稳定、抗逆性强、生态功能显著的项目景观生态体系，确保和支撑金沙江下游水电站的可持续发展。对水电站进行景观规划时，立足于环境生态体系本身具有的可持续发展能力，也就是说，营造的园林植物群落应具有较强的天然自净能力，使生态体系的稳定性提高，达到生态功能持续、稳定发挥的目的。三峡集团在金沙江下游水电站施工区绿化措施实施过程中，重视大自然的自我恢复能力，充分、合理地利用施工迹地现有地形、地貌，以植物措施为主，工程措施为辅，逐步恢复施工区生态功能。从项目建设发展的角度看，以溪洛渡水电站为例，水电站毗邻永善县城，进行合理景观规划很有必要。从植物生长特性与景观形成的变化规律看，将景观营造和乔、灌、草合理配置，从而形成良好的库区生物群落，这样群落内部能进行良性的生物循环。在选择绿化树种及组合时，需要充分考虑其生态体系条件特点，遵循自然规律和自然属性，使营造的森林、树木、植物形成与自然地理条件适应、生长良好且稳定的森林植物生态系统。目前，溪洛渡水电站已成为县城居民日常休闲的首选去处。

（2）因地制宜——适地、适树、适种

在生态恢复设计中，强调因地制宜，根据当地的气候、土壤条件选择合适的树种，筛选适合当地土壤、气候及水文条件并与当地环境协调的优良乡土树种、草种进行合理搭配，体现地方生物多样性的特点，实现生态风险最低化、生态效益最大化。尽量利用乡土树种，遵循植物的适应性原则。

（3）增加物种多样性，提高景观异质性

利用景观生态学原理，充分掌握环境的景观生态特征，结合水土保持与生态恢复措施，创造风景优美的自然园林景观，具体表现为增加物种多样性，提高景观异质性。

坚持物种多样性原则是指避免工程区生态体系内的植被种群单一化或简单化，因单一的草地或乔、灌木绿化带不利于植被生态系统的结构与功能稳定。坚持景观异质性原则是指根据不同生态恢复点的主要功能，尽量增加多种景观特色，这样在美化环境的同时可提高生产与生活的效率与质量。因此，设计方案时应充分考虑物种多样性与景观异质性原则，以求充分利用不同植物种类生态位，利用各种自然景观，创造良好的水电站生态环境。

（4）保持整体有序性和区域差异性

水电站生态恢复目标应与区域生态环境保护规划目标一致，融入区域大环境中，实现工程建设与生态保护的共赢。以良好的生态环境为依托，实现生态环境和社会经济效益的同步发展。生态恢复规划设计不仅要充分发挥自身功能，还要与建设区其他功能形成有机结合体，保持植被生态系统的整体性和稳定性。

（5）有针对性和可操作性

水电站工程区位于金沙江干热河谷区，降水量小，蒸发量大，干旱和缺水是影响植被重建和生态环境建设的"瓶颈"因素。为了有效地预防干旱，提高造林成活率，可采取针对性的措施解决这些问题。根据环境条件，可选用适宜的耐旱、耐贫瘠的当地植物。

（6）近期目标和远期目标结合

生态环境的优化建设是一项耗时又复杂的生态系统工程，规划时应有超前意识，立足长远、高标准、高起点地进行规划。合理提高绿化覆盖率是在景观规划与建设时追求的远期目标。近期目标应根据规划对象的现实需要与经济性确定。一些工程量大、建设期长的项目和影响水电站施工的项目，如比较普遍且基础薄弱的森林生态景观改造问题，通常任务较重，需要较长时间分期、分批改造，而且树木的生长需10年以上才能初见成效，必须早起步，以便积累经验，树立样板，推进建设速度。像这样的项目必须根据可能做到的情况，确定近期目标，使其与远期目标很好地结合起来。

在规划设计中，根据施工进度和特点，分阶段、按步骤地进行水土保持林、水源涵养林、景观经济林及生态景观湿地等多种现代园林植物配置模式的构建，以及各个片区中速生树种、辅助树种及远期景观树种的搭配选择，共同体现近期目标和远期目标结合的原则。在环境较差的情况下，多考虑抗逆性强的树种；在立地条件较好的地段，着重考虑高价值景观树种，同时需要考虑具有生态效益的树种，发挥各树种独特的优势，做到优势互补，兼顾近期与远期的效果，最终建成生态效益、社会效益、经济效益三效统一的具有自然风貌的库区环境生态体系。

（7）以生态美学指导设计

近年来，环境规划设计作为规划中的一个重要组成部分受到人们的普遍关注。环境规划设计以人为主体，突出以人为本的思想，从人的生理、心理和行为的规律出发，进行空间布局和形体塑造，以达到发挥生态环境功能、生态和景观效益的目标。因此，生态美学是环境设计的重要追求。随着科技的高速发展和人们生活水平的提高，城市居民在紧张的工作之余越来越向往回归自然，人们需要的是更大面积的绿地，功能齐全的植物空间以及由绿地带来的清新、自然和无污染的空气。遵循生态美学的原则，规划时运用乔木、灌木、藤本及草本植物创造景观，充分发挥植物本身形体、线条、色彩、结构等自然美，形成一幅幅美丽动人的自然图画，达到人与自然和谐发展的状态，让人们在自然环境的整体结构中感受蓝天、碧水和绿树成荫的环境生态美。

在金沙江下游水电站环境规划设计中，处处注重运用和体现生态美学的原则。在树种配置时，充分考虑各种环境因素特征，做到适地适树，让各种植物组合能最大限度地发挥其生态效益；运用大乔木、小乔木、大灌木、小灌木、藤本、地被各种层次结构、色彩组成、线条组合进行复层森林式植物配置，不仅可以改善生态环境，还可以体现与周边环境相适的自然之美，使得营地和绿化斑块各有特色，彼此协调，共同构筑壮观美丽的水电站大环境景观。

（8）以人为本的人性化设计

"人与自然和谐发展"是当代设计的一个重要主题。人本身即为自然的一部分，人类破坏自然，也是破坏自身的生存空间。生态系统如果被破坏，将直接影响人类的生存。从某种意义上说，造园也是平衡生态系统的一种手段，最终目的是为人类服务。水电站开发项目建设周期较长，项目建设区域是建设工人活动的中心之一，项目建成后是观光游客的聚集点。

要处理好人类活动与环境保护的关系，需要对项目区域内部环境进行合理规划。一方面要求造就优美的景观，空气清新；另一方面要求环境绿地内的园路系统、园林小品等符合人的使用尺度。乔、灌、草相结合，保护原有植被，既能构成景观，又能形成良好的生态系统。园林设施应结合各个营地区域不同的人为活动特点，充分考虑潜在的游客，以方便人们休闲娱乐。

以溪洛渡水电站为例，"建好重点、开发一片"是溪洛渡水电站生态恢复设计的战略目标之一。结合溪洛渡水电工程施工总体布局及施工迹地生态恢复结构布局，运用景观生态学的"斑块、廊道、基质"原理，打造溪洛渡水电站工程区独特的自然和水库生态景观，体现人与自然和谐发展的原则，营造一个环境优美、生态良好的绿色环境。重点突出项目区内"一江、两带、四点、十二大区域板块，形成多斑块、多廊道"的生态景观格局，体现溪洛渡水电站的工程建设特点和特有文化。

"一江"：指施工迹地生态恢复设计中的金沙江蓄水后形成的一条"蓝带"。

"两带"：在金沙江左右岸两侧形成宽度不等的沿江生态保护绿化带，打造金沙江"金光闪烁，波涛翻滚"的自然风貌。通过左右岸施工迹地生态恢复和景观绿化，突出金沙江的生态安全性和景观旅游价值，打造既能小范围调节气候、发挥生态功能和巨大电力效益的工程，又能带来生态效益的左右岸沿江两带新的绿化景观空间。

"四点"：指施工迹地生态恢复的癞子沟弃渣场、豆沙溪沟弃渣场—23号公路沿线区域、右岸高程610m布置的高线混凝土生产系统及马家河坝施工场地。

"十二大区域板块"：指枢纽区施工迹地板块、马家河坝施工迹地板块、豆沙溪沟弃渣场—23号公路沿线施工迹地板块、癞子沟弃渣场施工迹地板块、二坪施工迹地板块、花椒湾施工迹地板块、塘房坪施工迹地板块、溪洛渡沟弃渣场及临江施工迹地板块、中心场—3号交通洞口板块、杨家坪—左岸出线竖井区域板块、黄桷堡施工迹地板块、大戏场施工迹地板块。

"多斑块"：指以各施工营地为中心的绿色景观核心，并以此向四周辐射，形成一定规模的绿色区域，彼此遥相呼应，形成项目区内多处绿地，衬托和支撑宏观绿色生态网络。

"多廊道"：指以规划形成的工地内多条道路和沿江生态保护绿带为轴线，开展道路绿化，营造绿色生态长廊，串联起绿色斑块，共同形成工地内部宏观完善的绿色生态网络。

上述几个方面体现了可持续发展的生态体系的需求，同时也体现了人与自然和谐共处的修复重建要求，具体表现指标为水土保持效益和景观价值。由此可见，生态恢复不仅是自然的重建过程，更是人参与其中发挥综合作用的恢复过程。

5.4.3　生态恢复技术与实践

1. 树种选择与培育

（1）树种优化选择

造林树种的选择是干热河谷区荒坡治理成败的关键。在植物选择过程中要充分考虑植物的生态适应性、水土保持效益和景观价值，树种应能在各开挖面上苗壮成长并逐渐演进为稳定的物种群落，最终与周边相似的物种形成相同的生态功能，实现生态恢复，同时避免外来物种侵袭而破坏原来的生态平衡状态。这是绿化工程选择树种的一般原则。

生态恢复也要避免物种单一，其稳定性与生物多样性呈正相关关系。物种生物多样性的形成需要多样性的生境条件，施工造成的景观异质性为生境的多样性提供了良好的基本条件。在实践过程中，应在尊重场地特征的基础上，按功能需求，从空间异质性（景观结构在空间分布的复杂性）、时间异质性（景观空间结构在不同时段的差异性）、功能异质性（景观结构的功能指标，如物质、能量和物种流等空间分布的差异性）3个方面综合考虑，建立疏林草地、湿地走廊、风景林带、植被恢复林带、果园等多种类型的生境空间，为动植物的生长提供丰富多样的生存空间，从而增加生物多样性，提高生态系统稳定性。

在进行溪洛渡水电站的树种选择时，充分遵照适地适树的原则，以乡土树种、草种为主，适当引进防护效果好、经济效益高、耐干旱瘠薄、生长迅速的外地优良树种和草种。根据永善县和雷波县多年来实施天保林和退耕还林工程经验以及溪洛渡水电站不同施工区特点，综合考虑树种、草种选择技术指标，结合沿线的野生植被及种苗人工驯化调查，选择以下树种、草种作为施工区景观绿化及生态恢复的植物。

生态类乔木：刺桐、白杨、合欢、乌桕、油桐、女贞、刺槐、构树、旱柳等。

生态类灌木：木豆、马桑、荆条、胡枝子等。

生态类草本植物：白茅、芸香草和狗牙根。

有景观功能需求的场地可选择具有一定观赏价值的植物进行点缀。

景观类乔木：天竺桂、杜英、小叶榕、银杏、香樟、椿木、鹅掌楸、桢楠、水青树。

景观类灌木：黄花槐、海桐球、金叶女贞球、红花继木、石楠、垂丝海棠、元宝枫、金叶假连翘等。

景观类草本植物：黑麦草、狗牙根、高羊茅、紫花苜蓿等。

为了让施工区的绿化项目更好地发挥效益，应及时更换枯死苗木，进行苗木储备。溪洛渡工程建设部在二坪880泵站西侧修建了花卉养护基地，包括一栋玻璃温室、两栋仓库楼等，用于培育各种花卉、苗木。

（2）亩种假植场

花园式营区、别墅式宿舍镶嵌在青山之间，景随人移，移步换景，看不完的翠绿、赏不完的美景，这便是人们第一次看到溪洛渡、向家坝两座大型水电站后的切身感受。春天的溪洛渡建设营地环境清幽，树木繁茂，亭台水榭点缀其间。

据统计，溪洛渡水电站的人工绿化面积达120万 m^2，栽植乔木6.8万株、灌木28.8万株。这么多乔木、灌木之所以成活得这么好都是因为一个假植场（见图5-21），它被形象地称为"植物幼儿园"。假植场是为了让树种适应干热河谷气候特点而设置的，将适合工区生长的树种先在"植物幼儿园"中培育，再移栽到大自然中。

溪洛渡水电站封闭管理区总占地面积1785.0hm²，需要对封闭管理区内的大部分原生植物实施砍伐，表土剥离，场地平整等。考虑工程建设区位于金沙江河谷地带，具有地域特征的原生植物长成一定大小的株径、株高较不易，并且溪洛渡水电站生活营地、生产设施和场内交通建成后需要实施绿化措施，尚需大量绿化苗木，可采取保护措施将这部分原生植物移栽至一个地方暂时集中保护起来，后期再用于建设空闲区域的绿化带。在实施溪洛渡水电站"三通一平"工程时，溪洛渡水电站左岸5号路下边坡区域规划建设的杨家坪苗木保育基地用于对封闭管理区内受施工影响的部分原生植物进行暂时集中移栽保护，后期用于场地绿化，这便是假植。假植是苗木栽种或出圃前的一种临时性保护措施，被掘出的苗木如无法立即定植，则可暂时将其集中成竖或排壅土栽植在无风害、无冻害和无积水的小块土地上，以免失水枯萎。植物假植场便由此而来。

假植场占地面积超过 10 000m²，启用后根据溪洛渡水电站前期施工场地平整施工进度要求，及时将封闭管理区内受影响的且符合要求的苗木移植到该保育基地。实施移植的苗木应杆形通直，分叉均匀，树冠完整、匀称；茎体粗壮，无折断折伤，树皮无损伤；无病虫害；其他满足设计要求的特殊形态苗木。苗木种类有枇杷树、石榴树、黄葛树、榕树等。

在实施苗木假植时，负责实施的人员严格做好起苗苗木的修根、消毒和生根剂的应用工作，并且对假植苗木做好浇水、施肥、除杂草等日常维护工作，以提高苗木的假植成活率。后续在溪洛渡水电站"三通一平"场地绿化恢复期间，逐步将这些苗木供应到三坪、花椒湾等营地用于场地绿化。溪洛渡水电站建设的假植场为溪洛渡水电站的绿化工程作出了很大贡献，自运行以来，提供了优质的假植树苗上千棵，精心呵护的树苗在施工区内茁壮成长。

（a）场景一

（b）场景二

图5-21　溪洛渡亩种假植场

乌东德水电站也开展了类似植物假植的原生植物移栽工程。乌东德水电站施工区原生植物资源能为水电站绿化工程提供优良的树种来源，缩短运输距离，节约大量的经济成本。在以往水电站建设过程中，由于原生植物为当地居民私有财产，在施工占地迹地清理过程中，此类植物往往被居民直接毁掉，用于生柴、制作农具等，造成植物资源的极大浪费。为充分利用施工区原生植物资源，乌东德水电站开展了施工区原生植物资源分布情况调查工作，结合绿化工程设计，列出施工区可利用原生植物资源情况表，并将此表纳入绿化工程招标文件中，采取公开招标方式，在评标方法中规定综合评分相等时，以投标报价低为优，要求投标人尽量移栽本地原生植物。对于投标人而言，相比外购苗种，购买本地原生植物价格更低，运费也更低，不仅降低投标报价，还能保证苗种存活率，更有利于中标；对于当地居民而言，既获得了业主的征地补偿，也能通过变卖原生植物增加额外收入；对于业主而言，能促使投标人积极主动地从当地居民手中购买原生植物，激发当地居民在迹地清理时保护原生植物资源的动力，减少过程管理，节约工程投资，取得良好的生态效益。这种方式可以实现"三赢"的目标。据统计，已移栽施工区的可利用原生植物有 800 余棵，其中，胸径 15cm 以上的高大乔木有 200 余棵，仅它们就为绿化工程节约了 400 余万元的成本。

（3）种植技术

金沙江下游4座梯级水电站位于我国干热河谷气候区域。传统的植被恢复技术体系及方法缺乏科学理论的支撑，其管理水平、物种选择和植物种植技术及措施的时空配置方式都难以保障本地区施工开挖面植被恢复质量和生态治理效果。

自20世纪80年代以来，金沙江干热河谷植被恢复研究快速发展，其初步形成的理论体系为本区域植被恢复提供了科学依据，一些地区取得的成效亦为河谷内广大地区提供了成功范例。但是，因自然条件的限制，其植被恢复比较困难。以金沙江下游流域水电站建设项目为依托，参建各方都开展生态恢复研究与实践。针对水电开发建设项目中生态恢复技术现状及其关键科学问题，通过对工程建设区特有气候条件、植被特征及开发建设区特征的研究与实践，探索解决流域水电群开发与生态环境保护之间的矛盾；逐步总结出技术可行、成本低的开发建设区地表开挖、破坏和扰动等开挖创伤面植被恢复技术体系；达到工程建设与生态环境的和谐统一，同时有效地节省工程投资。金沙江下游水电开发采取集流技术、节水保墒技术、植物化学抗旱措施等相关技术措施，保障建设区域施工开挖面植被恢复质量和生态治理效果。

集流技术：将苗木周围的地表径流汇集到树穴，在时空上形成相对充足的水分条件以满足苗木生长发育的需要。在种植前2个月进行整地，给土壤蓄存足够的水分，是干旱地区生态恢复、提高造林成活率的一项关键技术。进行过整地的造林苗木比一般造林苗木成活率高15%左右。这项技术可用在干热河谷区的高山陡坡和立地条件恶劣之处。溪洛渡的假植场采用的就是这种技术，利用高处的杨家坪水厂集水，在杨家坪建设苗木抚育基地。溪洛渡水电站各生活营地均采用节水灌溉技术，在营地内铺设中水回用灌溉管道，利用和生活营地配套建设的生活污水处理厂处理后的中水回灌绿化地，不仅使中水得到合理利用，还可提高树木的成活率。

节水保墒技术：采用节水保墒技术可减少土壤水分蒸发，保持土壤水分。具体采用地膜、秸秆、石块等材料覆盖在幼苗周围，提高土壤含水量及地温，抑制土壤中的水分蒸发，改善苗木周围的环境，有利于苗木的成活和生长。该项技术使得造林当年平均成活率提高了20%。

植物化学抗旱措施：采用生根保水剂，利用植物蒸腾抑制技术，增加植物对水分的有效利用，缩小植物气孔开张度，减少水分流失。近年来，生根保水剂被广泛应用于干旱干热地区抗旱造林，明显地提高了干旱地区造林成活率。生根保水剂能在短时间内吸收超其自身重量几十倍至百倍的水分，并保存下来，为植物干旱时供水，可改良土壤、保水抗旱，为树木（植被）栽植前期的护理、后期的生长创造良好的生长条件。每株乔木使用生根保水剂20～50g，定植后回土，可不浇定根水。

2. 开挖生态护坡边坡

工程区内场所及道路在建设时经常大量开挖，会破坏原来的植被覆盖层，导致出现大量裸露岩体，造成一系列生态环境问题，如水土流失、滑坡、泥石流、局部气候恶化及生物链破坏等。这些裸露边坡靠自然力量恢复生态平衡往往需要较长时间。

边坡的水土保持治理应根据道路及场所、降雨强度、地下水、地形、土质、材料来源等情况综合考虑，合理布局，因地制宜地选择实用、合理、经济、美观的工程措施，确保公路和场地的稳定和行车的安全，同时达到与周围环境协调的状态，保持生态环境的相对平衡，美化公路和场所。根据对工程区内各类边坡的现状调查，边坡治理采取植物治理或植物与工程治理结合的方法，发挥防护与美化的作用。

溪洛渡水电站地势高低悬殊较大，在施工中需盘山修筑多条施工公路，为了保持较好的施工环境并防止水土流失，必须加强护坡治理。根据具体的地形地势及相应的护坡高度，采取多种绿化模式。

草灌绿化模式：在道路边缘坡度较缓且地势高低悬殊5m以内的地段采用草（马尼拉、天堂草、本地铁线草）灌（抗枝梢、小叶漆、波斯菊）绿化模式，不仅可以充分利用植物种植在地形变化上的优美形式，还可在养护管理上节省人力和物力资源，达到节约成本和美化环境的双重效益。

草坡绿化模式：在靠近道路边缘、坡度略大的地段采用草坡绿化模式，这样便于后期养护管理，同时可达到美化道路、改善周边生态环境的良好效果。

乔藤绿化模式：在道路边缘有护坡且护坡之上地势相对平缓、土质较好的路段进行乔藤绿化模式。藤本植物（爬山虎、常春藤、洛石、地瓜榕）的栽植可以软化护坡或挡土墙生硬的水泥或者石头表面，提高护坡的观赏价值，同时可达到改善生态环境的作用。乔木主要选择适合当地生长的小乔木，同时可选择兼有降低沙尘、净化空气等功能的植物，如合欢、小油桐、小叶榕等。

灌藤绿化模式：在道路边坡具有地形起伏变化的地段采用灌藤绿化模式。在护坡平缓处种植灌藤植物，充分利用藤本植物的攀爬功能，对护坡进行立体绿化。

图案模式：在坡度较大且坡度较陡不利于任何植物栽植的路段采用图案模式。此方式的目的在于用图案改变色彩单一的水泥护坡，丰富单调、生硬的水泥护坡，增强护坡的视觉感染力。图案可采用规则的几何图形或自然的吉祥图案，采用彩色水泥喷浆处理。

文字模式：文字模式与图案模式相同，只是表现方式不同。在护坡上喷写诸如"溪洛渡欢迎您"等标语，可起宣传等多方面的作用。

高陡岩石和混凝土边坡很难恢复原有生态平衡。高陡边坡的植被修复一直都是一个难题，而在干热河谷区恢复高陡边坡更是难上加难。随着国内工程建设的不断创新，多样处理措施的运用，如今已获得大量成功经验。溪洛渡水电站开展了一系列干热河谷区绿化工程技术探索试验，通过植被混凝土边坡防护绿化技术成功实现了岩石开挖面的绿化修复，使裸露的岩石面成功恢复了绿色。

植被混凝土边坡防护绿化技术使难以实现的生态恢复变成现实，既能实现护坡功能又能达到绿化目的。溪洛渡水电站建设过程中开展了高陡边坡植被修复的专项研究，研发了植被混凝土边坡防护绿化技术。它是专门针对金沙江下游干热河谷区的环境特点，根据对当地树种的研究结果及匹配性，采用特定的混凝土配方和种子组成配方，对岩石边坡进行防护和绿化的新技术。它是集岩石工程力学、生物学、土壤学、肥料学、硅酸盐化学、园艺学和环境生态学等学科于一体的综合环境保护技术。植被混凝土边坡防护绿化技术是根据边坡地理位置、边坡角度、岩石性质、绿化要求等确定水泥、土、腐殖质、保水剂、混凝土添加剂及混合植绿种子的组成比例。混合植绿种子是采用冷季型草种和暖季型草种根据生物生长特性混合优选而成的。

植被混凝土边坡防护绿化技术的具体做法：在岩体上铺上铁丝网或塑料网，用锚钉和锚杆固定；植被混凝土原料经搅拌后由常规喷锚设备喷射到岩石坡面，形成近10cm厚的植被混凝土；喷射完毕后，覆盖一层无纺布防晒保墒，水泥使植被混凝土形成具有一定强度的防护层；经过一段时间的洒水养护，青草会覆盖坡面，揭去无纺布，茂密的青草会自然生长。植被混凝土边坡防护绿化技术可以解决岩坡防护与绿化两个问题，也被称为工程绿化技术。

溪洛渡高陡边坡防护绿化工程见图5-22。

（a）场景一 （b）场景二

图5-22 溪洛渡高陡边坡防护绿化工程

在此研究成果的基础上，对溪洛渡水电站工程区内永久大桥桥头公路开挖边坡进行护坡治理。该边坡由岩石边坡和堆积体边坡两部分构成。治理工程主要包括清坡、挂网、建立永久喷灌网、植被混凝土喷植等施工内容，还包括强化养护期12个月、常规养护期12个月在内的共2年的质量巡检等养护内容。处于混凝土面上的植物种子在精心养护下生长，经过十多年，边坡的水土保持效果良好。

溪洛渡水电站通过试验这种新型的生态边坡修复技术，实现了溪洛渡水电站岩石边坡的生态恢复新技术运用，该新技术的实施具有显著的生态环境保护效益。一是水土保持作用，在开挖边坡实施植被护坡工程能有效地减少水土流失量，可达到控制水土流失、较好恢复生态的目的，使得现场植物长势良好，有一定的抗冲刷能力。二是生态恢复作用，在原有裸露岩石边坡覆盖了一层植被，对工程建设中被破坏的生物链进行了恢复，使生态体系得到最大限度的重建和还原。随着时间推移，本地植物种子逐步进入坡面，生态受损坡面将恢复原生效果。

3. 生态园林建设与养护

（1）园林建设

大型水电站建设周期长，从挖第一铲土开始，到最后工程验收合格并有序运行，需要十年甚至更久的时间。工程建设期间，经济发展与社会建设日新月异，智慧与勤劳的人民建起了水电站及其生态园林，这是属于上万人的家园，更是属于高山峡谷生态系统的一部分，是人与自然和谐共处的标记。在金沙江下游梯级水电站建设过程中，已经逐步形成了水电站营地等永久占地区生态园林的设计理念与建筑景观学。

溪洛渡水电站内生活营区、道路、开挖边坡、施工闲置空地几乎都进行了人工绿化。据统计，施工区人工绿化面积已达 118.48 万 m^2，栽植乔木 6.81 万株、灌木 28.88 万株，绿化工程既发挥了良好的水土保持作用，又美化了施工区环境。围绕三坪生活营地（见图 5-23）建设的生态园林基地，与营地共同构建了一个绿色水电站的生态园林工程。这是一个具有植被恢复、环境保护、观赏游览三重功能的生态园林。生态园林里种植了枇杷、桃、梨、石榴、石楠、紫竹、慈竹、金竹、毛竹等树种，共种植梨树 3400 株、枇杷树 3000 株、桃树 5300 株、石榴树 4100 株、石楠 1200 株、金竹 1070 株、毛竹 760 株、紫花苜蓿草坪 1.42 万 m^2。生态园林的建设因地制宜，抓住当地的生态景观特点，注重特色与自然的和谐统一，讲究点面结合，创造更多的绿化精品，改善坝区面貌，体现良好的生态关联性，形成丰富的生态群落，给人以多维的审美喜悦，具有良好的生态示范功能，诠释了金沙江下游水电站工程区园林式的绿化概念。

（a）场景一 （b）场景二

图5-23 溪洛渡三坪生活营地

据统计，向家坝施工区共计完成种植面积 107.56hm^2，种植乔木 11.81 万株，灌木 137.45 万株，铺草皮或撒播草子 93.86hm^2，回填种植土近 30 万 m^3，绿化管护面积 103hm^2。绿化美化工程涉及公路两侧种植行道树、道路边坡绿化、道路回头弯景观绿化、开挖边坡生态林建设、金沙江大桥右岸桥头绿化，生活办公营地（包括污水处理厂、业主仓库、左岸水文站）绿化等植被恢复措施。实施的植物措施现已发挥了明显的生态效益。

向家坝营地绿化见图 5-24。

（a）花草结合种植绿化 （b）绿化全景

图5-24 向家坝营地绿化

(c) 楼前的绿化场景

(d) 栽种树木进行绿化

图5-24 向家坝营地绿化（续）

（2）园林养护

生态园林的养护非常重要。干热河谷区的气候特点是干旱，每年大约有7个月时间是旱季，需要配备专业的绿化养护队伍对已经恢复的绿化区域进行养护。为了让绿化工程充分发挥环境保护和生态效益，在绿化工程的运行维护中可采取专业的管理思路。

强化病虫害防治，确保绿化苗木健康生长。行道树、绿化带、生态林的病虫害防治工作是养护工作的重点。由于坝区植物品种配置较多、各种树木病虫害发病率较高、病虫抗药性强等，病虫害防治成了养护工作的难点和重点。根据往年经验，加强各个病害易发地的监测，掌握疫情，对症下药，及时采取措施预防治理，有效控制病虫害的蔓延，可保证绿化苗木正常生长。

巡查和监督双管齐下，努力维护坝区绿化成果。为更好地维护和巩固坝区绿化成果，需要提高公众爱绿、护绿意识，及时发现坝区绿化中存在的问题，不断地完善监管机制，加强监管队伍建设，加大巡查力度，及时处理损坏绿化事件。

强化巡查管理，切实维护坝区绿化成果。为及时发现并解决坝区绿化中存在的问题，各营区每天巡查绿化养护情况，同绿化环卫班人员检查道路绿化情况。绿化环卫工程部实行施工员每日检查、班长每周检查、部门主任每月检查制度，做好巡查记录，及时与养护人员联系，督促落实绿化养护工作。

加强管理，健全制度，强化教育，全面提高员工队伍从业素质。溪洛渡水电站的绿化养护工作实行标准化作业，加强绿化养护精细化管理，完善作业流程，使绿化养护员工的作业行为规范有标准可依。通过班组—部门—公司三级培训制度，运用培训、学习、现场演示等方法，帮助工人提高技术，熟练掌握各道工序；面对修剪、喷洒农药及高陡边坡植物养护等高危工作，班组在工作前进行安全技术交底、安排专职安全员监督现场，及时发现问题，及时纠正，防止错误操作，杜绝事故发生。每年组织10次以上绿化工养护技能培训。

注重特色养护，努力创建绿化精品，是金沙江下游水电站生态园林养护的关键目标。如针对营区绿化样式单一的现象，确定在三坪业主营地进行绿篱的造型修剪，同时加强对大树的养护及绿化保洁工作，清理绿化带、花坛垃圾及枯枝、杂草，做到绿化带、公共绿地干净整齐和花坛四季鲜花盛开，提供一个整洁的工作环境和良好的休憩环境。

通过上述养护思路，承担绿化养护任务的单位配备专门的绿化养护人员和设备，针对不同绿化植物种类制定相应的养护措施。通过定期对植物实施修剪、施肥、病虫害防治、植物补植、日常浇水等措施，确保绿化养护工作按照国家有关绿化养护标准执行，为施工区创造一个优美的生态环境。

溪洛渡工程区生态园林建设与养护情况见图5-25，向家坝工程区植被养护见图5-26。

（a）花椒湾营地绿化与养护

（b）黄桷堡营地绿化与养护

（c）杨家坪营地绿化与养护

（d）场内道路绿化与养护

图5-25　溪洛渡工程区生态园林建设与养护情况

（a）定期实施修剪

（b）日常浇水养护

（c）绿植病虫害防治

（d）植物补植

图5-26　向家坝工程区植被养护（续）

4. 场地恢复与生态恢复

施工生产生活区、弃渣场、料场及其他临时建筑场地等施工迹地需要在施工结束后予以恢复。施工迹地恢复有一定的阶段性，有些场地施工迹地要求边施工边恢复，有些则需要在最后阶段统一恢复。施工迹地恢复有景观绿化区和生态恢复区。景观绿化区对于溪洛渡和向家坝水电站来说是生态园林式电站的重要载体，重点以打造景观功能为目标。生态恢复区指除景观绿化区外需恢复的施工迹地，这类场地对景观没有特殊要求，主要以恢复植被的水土保持功能为主。

（1）设计思路

施工迹地大部分经过深层开挖或人工建筑物构建，场地上缺乏表土资源，而且可能存在建筑物拆除后遗留的一些废料，这为生态恢复带来了困难。而在金沙江下游干旱河谷区，土壤本就贫瘠，更不利于生态恢复。以溪洛渡水电站中心场施工迹地恢复设计为例详细说明金沙江下游水电站生态恢复使用的技术方法。

开展施工迹地生态恢复措施设计，重点以分区功能区划、树种和草种选择、土壤、水源、种苗来源、养护管理等进行分析和设计。其中，功能区划、树种和草种选择同恢复目标相关，在金沙江下游干旱河谷区，以林草植被覆盖率大于 25% 为目标，对迹地恢复率要求更高。除景观恢复外，生态恢复也应统一布局，需要在施工后期编制专项实施方案。

1）现状分析。中心场施工迹地板块包括多个部分，总占地面积 236 476m²。在施工过程中，这些区域在有条件的地方也种植了部分乔木和少量小灌木，主要考虑绿化功能，而生态功能的恢复还未达到。砂石料开挖区场地的土壤含量较低，而且存在一些施工用地厂房和设备拆除的问题，施工迹地的生态恢复条件较差。

2）修复方案。

区域关系分析：中心场施工迹地板块位于左岸至雷波县城道路旁，由于上述场地在施工期间沿道路栽种大量行道树、在场地边界围墙栽种藤蔓植物油麻藤而形成了相对封闭的隔离带，从道路上基本看不到上述场地。因此中心场施工迹地板块重点以生态恢复为主。

植物选择：施工结束后，施工迹地生态恢复主要以撒播灌草子为主，灌木选用黄荆、马桑、木豆，草本植物选用白茅、芸香草、狼尾草，同时种植少量乔木进行适当点缀，乔木选用刺桐、合欢、杨树。

土地整治：除必需保留的施工道路外，对硬化场地进行破除和清理，与建筑物垃圾一起运至塘房坪渣场指定的区域进行集中堆存，然后对场地进行平整，覆 30cm 厚种植土后撒播灌草进行绿化，部分种植乔木的区域进行穴状整地和覆土，穴径坑深为 60cm×60cm，覆土不少于 0.17m³/株。

栽种方案：采用乔木加撒播灌草的绿化模式。灌草以 250kg/hm² 的密度进行撒播，乔木种植形式为零星点缀，种植间距为 5m，种植比例不少于总占地面积的 30%。

效果分析：施工期间，葛洲坝施工厂区、水电六局施工厂区、武警交通施工厂区、葛洲坝前方指挥中心、水电七局施工厂区四周种植了常绿乔木，场地内房屋四周有条件的也种植了部分乔木和少量小灌木，取得较好的绿化效果。施工结束后，迹地生态恢复措施主要以补充种植乔木和撒播灌草为主，构成乔、灌、草三者结合的垂直立体植物结构体系，取得良好的绿化效果。

　　溪洛渡水电站工程各参建单位退场前均已按照合同要求，对责任范围内的施工场地进行构筑物拆除和土地整治，通过了向家坝与溪洛渡工程建设部技术管理部、工程管理部、环保中心以及二滩国际监理等相关单位的联合现场验收并完成移交手续。在工程竣工水土保持设施验收前，建设管理单位按照《金沙江溪洛渡水电站枢纽工程区施工迹地生态恢复专题设计报告》要求，完成施工区内所有场地的迹地生态恢复工作并配备专业人员进行养护，目前恢复效果良好。

　　拆除整治的场地有中心场水电七局混凝土生产系统场地、右岸 610 平台水电八局高线混凝土系统场地、左岸水电七局施工场地、左岸水电八局施工场地、右岸 600 平台水电八局混凝土系统场地、右岸水电八局溪洛渡沟施工场地及机修系统场地等。

　　溪洛渡施工迹地场地恢复与生态恢复情况见图 5-27。

（a）中心场混凝土生产系统拆除前　　　　（b）中心场混凝土生产系统拆除后

（c）高线混凝土生产系统拆除前　　　　（d）高线混凝土生产系统拆除后

图5-27　溪洛渡施工迹地场地恢复与生态恢复情况

（e）高线混凝土生产系统废水处理设施拆除前　　　　（f）高线混凝土生产系统废水处理设施拆除后

（g）左岸水电七局施工场地拆除完成　　　　　　（h）左岸水电八局施工场地拆除完成

图5-27　溪洛渡施工迹地场地恢复与生态恢复情况（续）

（2）工程施工与管理

工程施工与管理基于恢复设计的实施方案展开，但恢复设计同样受实施方案影响，即需要在恢复设计方案中充分考虑实施的工艺、经济可行性和可操作性。其重点为种树植草对土壤、水源、苗源的需求，以及在干旱河谷区如何实现植物的存活与自然恢复的生产工艺。在金沙江下游梯级水电站的施工与管理中探索了诸多方法，如集流技术、生态园林养护方法等。对于施工后期需要大面积恢复并侧重于生态恢复的迹地，如何实现植被的自然生长和恢复生态系统的平衡是需要重视的问题。

最主要的土壤来源为施工前期剥离的表土资源。在施工前的水土保持设计方案中，即对表土剥离、存放、转运等进行了规划，设置表土暂存场，可实现一定的供需平衡。在大型水电站项目中往往存在表土资源不足的问题，同时也受方案调整、表土长时间存放而发生变化的影响，需要在施工过程中因地制宜地提出新的取土方案。如溪洛渡水电站生态恢复措施覆土量约为36.75万 m³，用量较大，且施工区原规划土料场未启用，因而在后续的生态恢复中，面临重新寻找土源的问题，通过对水电站现场查勘及对水电站各区域占地类型的分析，本着可操作性及经济性原则，做出了因地制宜的方案，以大坝为划分线，坝下区段的迹地恢复优先使用二坪暂存表土场的土源，而在坝上更靠近库区的区域使用新开的土源，这些土源为库区干海子滑坡青杠坪变形体边坡剥离取土。在滑坡体和库区淹没线以下适宜处取土并未新增地表扰动面，既可以满足生态恢复要求，又能够最大限度地减少不利于环境的影响。

除了对表土资源的依赖，还应对场地较差土质进行改良，此种方案在设计中常被使用。溪洛渡水电站的生态恢复方案同样充分考虑了迹地土的改良措施。土壤改良措施主要有重施有机肥、种植绿肥、增施无机肥3种。重施有机肥需深翻约30cm表层土，将其翻松可改善土壤通透性，重施有机肥可形成腐殖质，从而促进团粒结构形成，改善土壤结构及耕种性，还能对土壤酸碱度起调节作用。种植绿肥是增加土壤有机质和氮素养分的重要措施，一般撒播绿肥猪屎豆、木豆，实现生态恢复和土壤改良的有机结合。是否需要增施无机肥应根据项目区的速效养分素含量确定。溪洛渡工区的速效养分素含量总体偏低，需要增施氮磷钾肥，并结合有机肥施用。

生态恢复所需的乔木、灌木种苗在可行性研究设计阶段统一做了规划，一般来源于工程开挖过程中暂时移植的苗木和工程所在地购买的商品苗。在生态园林式的溪洛渡和向家坝水电站，其大部分苗木来源于开挖后暂时移植的植物"假植场"。在水电站施工过程中，由于大量种树，苗木的需求量超过设计阶段的预估量，因而后期的生态恢复苗木以购买为主。购买的苗木大部分是乡土物种，且有很强的生存能力。同时，苗木来源可结合当地林业部门退耕还林、天保林工程育苗统一考虑。灌草主要采用种子撒播的形式种植。

水源是生态恢复的重要因素。场地拆除和清理前，主体工程施工供水系统应尽量保留，以满足后期生态恢复施工和养护用水需要。针对部分没有供水系统的场地，应配备洒水车，从邻近供水系统取水并进行灌溉养护。局部立地条件和供水条件均特别差的场地在进行生态恢复时需采用保水剂、蒸腾抑制剂等特殊的抗旱种植、养护技术。上述措施在溪洛渡水电站的施工场地恢复中均有运用。

生态恢复的栽种工艺一般包括施工前的准备、绿化回土、场地平整及种植穴开挖、养护等，这些方法也是保障生态恢复的重要手段。

5.5 古树名木保护

通常情况下，大型水电项目的环境影响评价工作在可行性研究阶段已完成，但在工程施工方案设计阶段，工程建设内容、规模、选址选线、环境保护措施等或多或少需要调整，特别是涉及环境敏感目标或特殊目标时，需要项目建设单位有先进的环境保护管理理念，同时需要环境监理提前介入，将环境保护理念提前渗透到工程设计中。

古树名木是珍贵的物种资源，它反映了大自然的历史变迁，孕育了自然绝美的生态奇观，承载了广大人民群众的乡愁情思。加强古树名木保护，对于保护自然与社会发展历史，弘扬先进生态文化，推进生态文明建设具有十分重要的意义。在金沙江下游水电开发植物保护工作中尤其注重古树名木的保护。我国有关部门规定，树龄在百年以上的大树即为古树。而那些树种稀有、名贵或具有历史价值、纪念意义的树木则可称为名木，树龄往往超过百年。生长百年以上的古树名木已进入缓慢生长阶段，干径增粗速度极慢。古树名木分为国家一级、二级和三级 3 个等级，是多种价值的复合体，不仅具有生态价值，还是研究当地自然历史变迁的重要材料，有的则具有重要的旅游价值。古树名木具有不可再生性，一旦被破坏，则无法用其他植物代替。在大型水电项目建设中，古树名木保护已经成为一个非常重要的课题，其中充满了人与自然和谐共处的思辨、智慧与创造[55-59]。

5.5.1　古树名木档案创建

以向家坝和溪洛渡水电站库区古树名木保护方案设计为例。向家坝和溪洛渡水电站水库区古树名木数量较多，向家坝水电站库区分布有古树名木 289 株，溪洛渡水电站库区分布有古树名木 160 株。其中，代表性树种包括黄葛树、桦、银杏、栾树、龙眼、木棉、蓝花楹、国槐、黄连木、朴树、合欢、重阳木和泰国榕树等。这些古树名木中，有一部分是树龄 300年以上的一级古树，也有一部分是树龄为 100 ～ 300 年的二级古树和树龄 100 年以下 50 年以上的二级名木。为切实保护库区古树名木，需要建立古树名木的资料档案。三峡集团对库区古树名木资源进行了详细的复核调查，为每株古树名木建立了较详尽的资料档案，随后，对库区古树名木进行移栽保护规划工作，并针对每株古树名木开展进一步的调查和研究，形成了金沙江向家坝和溪洛渡水电站库区古树名木保护设计方案。

5.5.2　古树名木保护措施

在金沙江下游梯级水电站库区内，古树名木植株呈单株分布生长，环境千差万别，一部分植株周边是农家房舍、房屋建筑、乡政府驻地或学校操场，植株的地上和地下部分与这些建筑物以各种方式有机地融为一体，比如黄葛树和攀枝花树龄大，形成的冠幅庞大，水平根系穿插在岩石、房舍屋基间，在地表层下分布十分复杂；另一部分单株生长在悬崖旁、陡坎边、公路桥头、公路或巨石侧旁，植株根见缝插针地生长，与岩石、道路、桥梁紧密相连，形成"根抱石""悬根露根"的奇特景观。

古树名木在以往的保护工作中存在缺乏挂牌保护或无法看到古树标识、没有工程保护或培土护根措施等问题。为了解决这些问题，切实落实库区每一株古树名木的保护工作，坚持"因地制宜、适地适树、先易后难、统筹安排"的保护原则，根据金沙江下游梯级水电站库区古树名木的生长情况、生长地位置以及树种的生态习性，确保实施方案的成功率和经济效果，制定了 5 种处理方案，分别是迁地移栽、就地移栽、资料记录、种子保存和种子培育。考虑改善古树名木保护条件、展现古树名木的经济和社会价值等方面的要求，对古树名木的生长情况、生长地位置及树种特性进行移栽可行性分析后，将能迁地移栽的古树名木移栽至就近县城进行集中保护；能移栽但不能迁地移栽的古树名木就地移栽；不能移栽的古树名木进行资料记录、种子保存和培育。比如，向家坝库区的 100 株古树名木被迁往屏山县新县城凤凰山森林公园进行迁地移栽保护。经实地调查发现，各植株生长状况优良，养护工作到位，移栽植株的成活率得到了保证。

值得一提的是，溪洛渡水电站施工区里有一棵树龄逾 300 年的黄葛树，躯干直径超过5m，撑起一个高约 40m 的巨大树冠。这棵古树位于雷波县白铁坝乡辖区内，从明末清初开始，当地的村民世世代代保护这棵古树。可以说，这棵古树已经被深深地打上历史的烙印。这棵古树距离溪洛渡水电站大坝仅 1km 多，它被划在溪洛渡水电站的施工红线内。为了方便物资和人员的运输，需要修建溪洛渡水电站施工区场内交通公路，在建设场内交通公路前，精心设计了路线。规划设计中，古树正好位于一条施工公路中央，必须移走。这棵百年古树根系发达，如果为了保护而连根拔起，移栽别处，则难以存活。于是，三峡集团即使知道会增加投资仍然果断调整设计方案，把公路走线调整为绕过这棵黄葛树，对它实施有效避让，而不是直接采用投资较小的移栽方案。在后来的公路施工中，还对这棵黄葛树采取了就地保护措施，专门修建了苗圃园，围绕它进行景观绿化设计，把它所在的空地打造成一个小花园，并且修建了进入花园的通道，设置了游人休息的设施，一个以古树为中心的小景点就这样在水电站建设过程中建成了。随后，为延续古树的枝繁叶茂，配备专业的绿化公司对它进行定期养护，每年投入的养护经费达数十万元。同时，为古树让道，使得村民心头的大石落了地，获得了村民的赞扬。溪洛渡施工区百年黄葛树保护工程见图5-28。

在此过程中可以看出避开敏感的环境保护对象的重要性。这种避让也是一种博弈，是人们的认识不断提升的过程。山水草木与人类的生存与发展一样，需要空间，在水电站开发过程中，要尊重自然，顺应自然。

（a）修建小花园 （b）游人在树底下休息

图5-28 溪洛渡施工区百年黄葛树保护工程

5.5.3 古树名木保护技术

根据拟移栽珍贵树种、古树名木的生物学特性和原生地的自然环境和立地状况等，综合考虑它们移栽后的灌溉水源、光照、温度、坡向、海拔、土壤等因素，选择淹没线以上、海拔1500m以下的交通方便、背风向阳、水源充足、地势较好、土壤较深厚、便于管理的地方，作为古树名木移栽地。比如，溪洛渡水电站库区选择的移栽地位于务基乡（1处）、码口乡（1处）、黄华镇（2处）、大兴镇（3处）、溪洛渡镇马鞍山生态园（1处）境内。珍贵树种集中移栽到大兴镇政府所在地的一块山地上，海拔640m，土壤为红壤，土层厚度60cm左右，与其原生地自然和立地环境相近。古树移栽到海拔650～950m的城镇、生态园或移民安置点的绿化用地内，土壤为红壤，土层厚度80cm左右，与古树原生地自然和立地环境相近。古树移栽定植于城镇、生态园或移民安置点的绿化用地上，交通、灌溉水源和古树移栽后期管（养）护方便。古树移栽后，采取注射营养液、定期浇水等方式进行养护。输入的营养液既可使植株恢复活力，又可激发树体内原生质的活力，从而提高移栽成活率。

乌东德工程施工过程中，注重保护工程施工区的古树名木和珍稀物种，对它们进行移栽和养护。将施工区的 1 株黄葛树移栽至乌东德鱼类增殖放流站内，并采取相应的养护措施。截至 2021 年，黄葛树健康状况良好。施工区左岸鲹鱼河共完成 21 株古树移栽，并加强古树养护工作，保证古树移栽的成活率。

金沙江下游梯级水电站库区古树名木移栽见图 5-29，乌东德施工区古树名木移栽见图 5-30。

（a）移栽树木（一）　　　　　　　　　　　（b）移栽树木（二）

（c）移栽树木（三）　　　　　　　　　　　（d）移栽树木（四）

图5-29　金沙江下游梯级水电站库区古树名木移栽

（a）工人进行树木移栽前保护　　　　　　　（b）树木移栽后场景

图5-30　乌东德施工区古树名木移栽

（c）移栽完成的树木　　　　　　　　（d）对移栽后的树木进行保护

图5-30　乌东德施工区古树名木移栽（续）

参考文献

[1] 明庆忠，史正涛．三江并流区干热河谷成因新探析 [J]．中国沙漠，2007, 27(1)：99-104.

[2] 何永彬，卢培泽，朱彤．横断山——云南高原干热河谷形成原因研究 [J]．资源科学，2000, 22(5)：69-72.

[3] 刘洋．纵向岭谷区山地气候时空变化及其生态效应 [D]．中国科学院研究生院（西双版纳热带植物园），2008.

[4] 方海东，纪中华，沙毓沧，等．元谋干热河谷区冲沟形成原因及植被恢复技术 [J]．林业工程学报，2006, 20(2)：47-50.

[5] 纪中华，刘光华，段曰汤，等．金沙江干热河谷脆弱生态系统植被恢复及可持续生态农业模式 [J]．水土保持学报，2003, 17(5)：19-22.

[6] 李昆，刘方炎，张春华．干热河谷气候本质特征与植被恢复 [C]// 长江流域生态建设与区域科学发展研讨会优秀论文集．2009.

[7] 罗成德，王付军．金沙江干热河谷气候特征及其避寒旅游资源 [J]．乐山师范学院学报，2017, 32(8)：46-51.

[8] 张一平，何云玲，彭贵芬，等．金沙江河谷盆地气候变化趋势及其效应分析 [J]．2008.

[9] LI X W, ZHOU X J, LI W L, et al. The cooling of sichuan province in recent 40 years and its probable mechanisms[J]. Acta Meteorologica Sinica, 1995, 9(1): 57-68.

[10] 刘梦．干热河谷区气候变化及其对太阳黑子活动的响应 -- 以西昌为例 [D]．2017.

[11] 黄成敏，何毓蓉，张丹，等．金沙江干热河谷典型区（云南省）土壤退化机理研究Ⅱ土壤水分与土壤退化 [J]．长江流域资源与环境，2001, 10(6)：578-584.

[12] 陈奇伯，王克勤，李艳梅，等．金沙江干热河谷不同类型植被改良土壤效应研究 [J]．水土保持学报，2003, 17(2)：67-70.

[13] 岳学文，方海东，钱坤建，等．金沙江干热河谷不同土地利用方式的土壤水分特征 [J]．安徽农业科学，2010, 38(27)：14963-14965.

[14] 郑郁，李占斌，李鹏，等．金沙江干热河谷区不同土地利用方式下的土壤特性分异特征 [J]．水土保持研究，2010，17(1)：174-177．

[15] 彭辉，杨艳鲜，潘志贤，等．云南金沙江干热河谷土壤肥力综合评价 [J]．热带作物学报，2011，32(10)：1820-1823．

[16] 郑郁．金沙江干热河谷地带土壤质量特征研究 [D]．西安理工大学，2010．

[17] 张建利，柳小康，沈蕊，等．金沙江流域干热河谷草地群落物种数量及多样性特征 [J]．生态环境学报，2010，19(7)：1519-1524．

[18] 欧晓昆，金振洲．金沙江干热河谷植物区系和生态多样性的初步研究 [J]．植物科学学报，1996，14(4)：318-322．

[19] 樊博，闫帮国，史亮涛，等．外源元素添加对金沙江干热河谷植物群落结构和物种多样性的影响 [J]．热带农业科学，2016，36(10)：102-108．

[20] 罗辉，王克勤．金沙江干热河谷山地植被恢复区土壤种子库和地上植被研究 [J]．生态学报，2005，26(8)：2432-2442．

[21] 欧晓昆．金沙江干热河谷的资源植物及开发途径初探 [J]．云南大学学报：自然科学版，1994(3)：262-265．

[22] 孙振华，欧晓昆．云南干热河谷植物群落多样性与群落谱系结构研究 [C]// 中国生态学学会学术年会．2011．

[23] 纪中华，刘光华，段曰汤，等．金沙江干热河谷脆弱生态系统植被恢复及可持续生态农业模式 [J]．水土保持学报，2003，17(5)：19-22．

[24] 赵琳，郎南军，郑科，等．云南干热河谷生态环境特性研究 [J]．林业调查规划，2006，31(3)：114-117．

[25] 陈安强．元谋干热河谷主要崩塌类型的发生机制 [D]．中国科学院研究生院 中国科学院大学，2012．

[26] 何毓蓉，沈南，王艳强，等．金沙江干热河谷元谋强侵蚀区土壤裂隙形成与侵蚀机制 [J]．水土保持学报，2008，22(1)：33-36．

[27] 杨万勤，宫阿都，何毓蓉，等．金沙江干热河谷生态环境退化成因与治理途径探讨（以元谋段为例）[J]．世界科技研究与发展，2001，23(3)：37-40．

[28] 邓青春，张斌，罗君，等．元谋干热河谷潜蚀地貌的类型及形成条件 [J]．干旱区资源与环境，2014，28(8)：138-144．

[29] 蒋俊明，费世民，何亚平，等．金沙江干热河谷植被恢复探讨 [J]．西南林业大学学报（自然科学），2007，27(6)：11-15．

[30] 杨勤业，郑度，刘燕华．横断山地区干旱河谷的自然特点及其开发利用 [J]．干旱区资源与环境，1988(2)：19-26．

[31] 黄成敏，何毓蓉，张丹，等．金沙江干热河谷典型区（云南省）土壤退化机理研究 II 土壤水分与土壤退化 [J]．长江流域资源与环境，2001，10(6)：578-584．

[32] 纪中华，潘志贤，沙毓沧，等．金沙江干热河谷生态恢复的典型模式 [J]．农业环境科学学报，2006(B09)：716-720．

[33] 刘方炎，李昆，孙永玉，等．横断山区干热河谷气候及其对植被恢复的影响 [J]．长江流域资源与环境，2010，19(12)：1386．

[34] CHEN L . Studies on climate change in China in recent 45 years[J]. Acta Meteorologica Sinica, 1998, 12(1): 1-17.

[35] Xu W G , LI, Guo C , et al. Climate Change and Its Impact on the Eco-environment in the Source Regions of the Yangtze and Yellow Rivers in Recent 40 Years[J]. Journal of Glaciolgy and Geocryology, 2001.

[36] 宫阿都,何毓蓉. 金沙江干热河谷典型区(云南)退化土壤的结构性与形成机制[J]. 山地学报, 2001, 19(3): 213-219.

[37] 刘芝芹,黄新会,王克勤. 金沙江干热河谷不同土地利用类型土壤入渗特征及其影响因素[J]. 水土保持学报, 2014, 28(2): 57-62.

[38] 聂云举,汪斌. 金沙江中游水电站工程水土保持中存在的问题及对策[J]. 价值工程, 2014(29): 97-98.

[39] 赵心畅,张晓利,徐洪霞. 生态修复在水电水利工程水土保持生态建设中的应用[C]// 中国水土保持学会水土保持规划设计专业委员会年会. 2011.

[40] 刘海,陈奇伯,王克勤,等. 金沙江干热河谷典型区段水土流失特征[J]. 水土保持学报, 2012, 26(5): 28-33.

[41] 吴云飞. 金沙江干热河谷区水土流失成因及防治对策[J]. 山西水土保持科技, 2014(2): 4-7.

[42] 张晓利,姚元军,马树清,等. 金沙江向家坝水电站施工区表土资源保护工程实践[C]// 湖南水电科普论坛. 2007.

[43] 闫峰陵,雷少平,罗小勇,等. 西南地区水电工程建设水土流失防治措施研究[C]// 中国水土保持学会水土保持规划设计专业委员会年会. 2015.

[44] 陈洋 , 王玮 , 罗龙海 , 等. 金沙江干热河谷地带大型水电工程建设区水土流失防治措施探讨——以白鹤滩水电站为例[J]. 水电与新能源, 2018, 32(1): 68-71,78.

[45] 李少丽,丰瞻,王宇. 恢复生态学理论在西南重大水电工程区生态修复中的应用探讨[J]. 灾害与防治工程, 2007(2): 74-80.

[46] 杨璇玺. 溪洛渡水电站绿化总体规划设计探讨[J]. 内蒙古林业调查设计, 2009, 32(6): 74-77.

[47] 朱永国,舒安平,高小虎. 干热河谷区边坡生态恢复技术对建设绿色水电站的重要性探索[J]. 水利发展研究, 2017, 17(7): 41-43.

[48] 方海东,纪中华,沙毓沧,等. 元谋干热河谷区冲沟形成原因及植被恢复技术[J]. 林业工程学报, 2006, 20(2): 47-50.

[49] 牛青翠,王龙,李靖. 金沙江干热河谷区生态修复技术体系初探[J]. 中国水土保持, 2006, 2006(4): 39-41.

[50] 张建辉. 金沙江干热河谷典型区土壤特性与植被恢复技术[D]. 成都理工大学, 2002.

[51] 王海星,李亚农,孙大东,等. 西南干热河谷地区水电站高陡边坡植被修复机理研究[J]. 四川水泥, 2016(11): 262-263.

[52] 方海东,段昌群,潘志贤,等. 金沙江干热河谷生态恢复研究进展及展望[J]. 重庆环境科学, 2009, 2(1): 5-9.

[53] 李强. 金沙江干热河谷生态环境特征与植被恢复关键技术研究[D]. 西安理工大学, 2008.

[54] 蒋俊明,费世民,何亚平,等. 金沙江干热河谷植被恢复探讨[J]. 西南林业大学学报(自然

科学), 2007, 27(6): 11-15.

[55] 苏泽源. 保护古树名木的方法探讨 [J]. 西南科技大学学报 (哲学社会科学版), 2003, 20(2): 67-70.

[56] 罗蓉明, 陈雪梅. 重视古树名木的保护 [J]. 中国林业, 2006(8): 38-38.

[57] 岑苗, 戴晓军. 保护古树名木应当注意两个问题 [J]. 国土绿化, 2008(2): 50-51.

[58] 杨露. 古树名木保护管理存在的问题及对策 [J]. 防护林科技, 2017(7): 94-96.

[59] 郭志安, 高志伟, 高明月. 古树名木保护措施 [J]. 现代农业科技, 2014(9): 210-211。

第6章

大型水电站施工期污染防治

大型水电工程建设是一项庞大而复杂的系统工程。工程建设具有施工区占地面积大、土建和机电安装工程量大、工程工期长、各类材料使用量大、建设及管理人数多、施工强度大等显著特点。建设期除工程占地和河道施工导致的生态影响外，施工生产活动还会带来严重的污染，比如，产生大量的施工废水、生活污水和生活垃圾，高强度施工噪声，排放大量废气，空气粉尘增多等。这些施工污染通常集中在施工区范围内，需要进行有效治理以维护工程及周边区域的环境质量和环境功能，保护环境敏感目标和施工人群。下面详细介绍大型水电工程施工期的水污染、大气污染和噪声污染的防治方法。

6.1 施工水污染防治

6.1.1 水污染来源及其特性

施工水污染主要指工程建设期间产生的污（废）水。水电工程修建过程中需要大量的施工人员，他们在日常生活中若直接将生活垃圾排放至水中，则会造成水体中的有机污染物、油类物质及各种细菌含量增加。同时，水电工程修建需要大量的交通工具、施工机械，它们在运作过程中也会排放大量的污染物，这些污染物在雨水冲刷后随地表径流汇入水中，对水体造成污染。另外，砂石料冲洗废水、混凝土拌和楼料罐冲洗废水、机械冲洗废水等也是主要污染源[1-10]。

砂石骨料是水电工程中砂、卵（砾）石、碎石、块石、料石等材料的统称，是水电工程中混凝土和堆砌石等构筑物的主要建筑材料，占混凝土总体积的3/4以上。大型水电站施工需要大量的砂石骨料，通常由施工企业在料场开采后，运输至砂石加工厂加工生产，基本工艺过程为砂石开采、破碎、筛分。为保证混凝土施工质量，在筛分工艺中需采用清水将人工砂石骨料中的含泥量、裹粉程度控制在规范范围内。在此过程中加入的水量除部分被消耗于生产过程外，大部分将作为废水间接排放，废水中的主要污染物为悬浮固体。根据国内一些已建和在建水电站现场采样实测数据统计，砂石骨料加工废水中悬浮物浓度往往超过10 000mg/L，有些甚至高达100 000mg/L以上，远远超过GB 8978—1996《污水综合排放标准》一级标准的允许排放浓度小于或等于70mg/L。砂石骨料加工废水若不作任何处理直接排放，则会影响施工区段河流水质，造成河道淤积，降低防洪标准，对社会取用水需求和水生生物都会造成一定不利影响。

混凝土生产也是水电建设项目废水产生的来源之一，该部分废水主要来源于二次筛分冲洗、混凝土转筒和料罐的冲洗、降尘和场地冲洗。但废水实际产生量相对砂石骨料生产较小，每个混凝土生产系统一天冲洗的废水产生量通常为几十方，且具有不连续性的特点。废水中不含有毒有害物质，但产生的废水悬浮物浓度较高，一般能达到5000mg/L左右，pH值为 12 左右，高浊度、强碱性的拌和废水直接排放也会对地表水造成局部污染，而且依靠传统的自然沉淀处理方式处理后的废水难以做到达标排放，且沉淀的污泥脱水困难，处理效果也难以满足排放标准。

由于水电工程建设固有特性，因此其选址地通常是依山傍水且人口相对稀少甚至人迹罕至的地区。这些区域往往没有或甚少有工业污染，农业污染也相对较轻。河流流速快，水体自净能力强，水质通常较好。但大型水电项目建设周期长，施工期参建人员数量多，生产、办公和工地生活产生的生活污水量大。工程施工期的生活污水虽与城镇生活污水类似，但也有自身的特点。考虑工程施工的需要、地形条件限制以及节约投资等因素，水电工程施工生活区往往难以统一布置，通常需要布置在施工期较长的主要施工标段附近。但因地形条件限制，生活污水的集中收集和处理存在很大困难：施工队伍劳动强度大，用水量大，与市政用水相比，其变化量更大，且用水和排放多集中在傍晚；水电工程施工有高峰期，施工期的日排放强度不均匀，施工高峰期排放强度大，而施工前期和后期排放强度较小，故污水处理规模和运行管理需慎重考虑；与城镇生活污水相比，其有机污染物含量明显较低，污染物指标 BOD_5、COD 不高，但若不经处理直接排放，则可能对河流水质造成一定影响。

目前，大型水电项目已实现高度机械化施工，有大量各种类型的机械设备和运输车辆需要就地维修保养。机械车辆废水中往往含有较多悬浮物和石油类物质，机械废水排放量可以根据机械和车辆的种类、数量、运行方式和油料动力等相关情况进行推算，虽然其产生量不大且不连续，但也必须进行隔油、回收利用和规范处置才能符合危险废物的强制管理要求。

以溪洛渡水电站为例，总工期 146 个月，高峰期施工人数超过 2 万人，污（废）水以砂石骨料加工系统废水、混凝土加工系统废水、机械修配系统废水、大坝混凝土浇筑和养护废水及生活污水为主，废水排放总量约 7630 万 m^3，施工高峰期废水日排放量约 9.7 万 m^3，污（废）水产生量大、排放强度高。若这些废水不经处理直接排放或者排放时没达到标准，则会对工程区内的水环境、下游水体的质量和生态系统造成破坏。比如，高浓度悬浮物的废水会降低水体的透明度，改变水生生物的结构和生长情况，悬浮物大量沉积河底会改变原有底栖生物的生存和觅食环境，覆盖鱼类重要的产卵场，吸附于沉积颗粒上的有机碳化合物降解导致水中溶解氧变化，严重时会导致水生生物（鱼类）死亡；含油废水中的浮油极易扩散成油膜，隔绝空气，导致水体缺氧，水生生物因缺氧而死亡。为应对产生量大、浓度高、排放标准严格的砂石生产废水、混凝土生产废水和生活污水等施工污（废）水处置的挑战，三峡集团在金沙江下游水电站施工过程中探索了一些技术方法。

6.1.2　生产废水处理

对于砂石生产废水及混凝土生产废水的处理，通常采用传统的平流式自然沉淀工艺、辐流式絮凝沉淀工艺或者基于凝聚沉淀的成套设备处理方式。在实践中，传统的平流式自然沉淀工艺有一些缺点：占地面积大，在用地紧张的高山峡谷地区难以满足布置条件；处理效率低；沉降的污泥含水率较高、不易处理、造成沉淀池淤积等，使得废水处理效果难以满足相关标准限值。经过水电建设者对国内水利水电工程近二十年的实践和研究，砂石生产废水和混凝土生产废水处理技术取得了较大进展，理清了工程废水的产生环节、产生强度、水污染物的种类和浓度等行业特征指标。三峡集团在一些环境保护要求较高的项目上逐渐引入先进的处理工艺,积累了丰富的废水处理经验[11-20]。

在金沙江下游梯级水电站实施过程中,通过国内外广泛调研,三峡集团率先尝试平流式自然沉淀工艺以外的砂石冲洗废水处理方式。溪洛渡水电站工程砂石生产废水处理采用辐流式絮凝沉淀工艺,向家坝水电站工程砂石生产废水处理采用 DH 高效污水净化成套设备处理工艺,均成功地将水中悬浮物浓度控制在 70mg/L 以下。处理后的清水全部回用于砂石生产,基本实现了零排放。实践证明,辐流式絮凝沉淀工艺、DH 高效污水净化成套设备处理工艺能够弥补传统的平流式自然沉淀工艺的诸多不足,提升废水处理系统的稳定性和可靠性,在总结和完善后推广应用于白鹤滩、乌东德水电站,运行效果进一步得到提升(见表6-1)。

表6-1 金沙江下游梯级水电站砂石骨料加工系统废水处理工艺应用情况

水电站名称	砂石骨料加工系统名称	废水处理工艺
向家坝	马延坡砂石骨料加工系统	自然沉淀工艺
	田坝砂石骨料加工系统	DH高效污水净化成套设备处理工艺
溪洛渡	塘房坪、大戏厂、马家河坝砂石骨料加工系统	辐流式絮凝沉淀工艺
	黄桷堡、中心场砂石骨料加工系统	自然沉淀工艺
白鹤滩	新建村临时砂石骨料加工系统	DH高效污水净化成套设备处理工艺
	大坝、三滩、荒田砂石骨料加工系统	辐流式絮凝沉淀工艺
乌东德	下白滩、施工期砂石骨料加工系统	辐流式絮凝沉淀工艺
	海子尾巴砂石骨料加工系统	自然沉淀工艺

1.砂石生产废水处理

(1)自然沉淀工艺

自然沉淀工艺是指高浓度悬浮物生产废水经汇流、收集,进入沉淀池,不使用凝聚剂,在沉淀池中进行自然沉淀,上清液排放或者回用的方法。向家坝水电站太平料场(见图 6-1)和马延坡砂石骨料加工系统(见图 6-2)主要负担主体工程约 1220 万 m³ 混凝土所需骨料的供应任务,共需要生产混凝土骨料 2684 万 t,其中粗骨料 1825 万 t,细骨料 859 万 t。马延坡砂石骨料加工区布置高程为 475~600m,加工区高程与金沙江常水位(270.00m)高差达 205~302m,而砂石骨料加工用水取自金沙江,提水高程达 200m,用水成本高。如果将废水回收利用,既可达到保护环境的目的,又可降低供水系统规模,极大地减少水资源消耗及供水费用。

图6-1 太平料场

图6-2 马延坡砂石骨料加工系统

马延坡砂石骨料加工系统充分利用周边地形条件，因地制宜地利用马延坡冲沟上游侧的黄沙水库（见图 6-3）作为尾渣库，通过自然沉淀工艺处理砂石骨料加工系统的废水，废渣存积于库内，清水回收利用。具体工艺流程为：根据砂石骨料加工系统布置特点和管理运行要求，把第二筛分、洗石车间的含泥废水汇集至废水收集池（见图 6-4）；第四筛分车间、棒磨车间、脱石粉车间的废水进入重力沉砂池，泥沙沉在池底，废水经重力沉砂池顶部流入废水收集池；重力沉砂池的池底泥砂通过渣浆泵机组抽至细砂回收车间，通过细砂回收车间的细粒物料脱水回收装置回收细砂；处理后的细砂经皮带机进入砂仓，细砂回收车间的废水排入废水收集池；废水收集池中的废水通过 6 台渣浆泵机组抽至尾渣库，废水在尾渣库自然沉淀后，清水可作为生产用水直接利用，由回水泵站抽至砂石系统高程 572m 的调节水池循环利用。本工程废水处理方案处理能力可达 5400m³/h，水的回收利用率为 70% 以上。马延坡砂石骨料加工系统废水处理工艺流程见图 6-5。

在国内其他水电工程的废水处理措施的实施过程中会普遍出现絮凝反应池和沉淀池淤塞、泥渣清理困难等问题，但马延坡砂石骨料加工系统充分借鉴高浊度给水处理及矿山行业废水处理的成功经验，并结合周边地形条件，因地制宜地利用马延坡冲沟上游侧的黄沙水库作为尾渣库。虽然修建尾渣库等水工建筑物一次性投入较大，但其具有投资省、运行管理简便、整个工程供水系统规模小、水资源消耗少、供水费用低的优点。

图6-3　黄沙水库

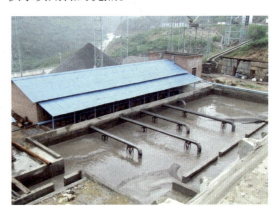
图6-4　马延坡废水收集厂

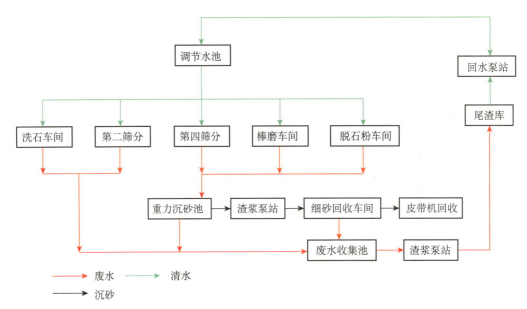
图6-5　马延坡砂石骨料加工系统废水处理工艺流程

（2）辐流式絮凝沉淀工艺

1）传统的平流式自然沉淀工艺。传统的平流式自然沉淀工艺根据废水产生量设计确定平流沉淀池的大小，废水从沉淀池的进口端流入，出口端流出，水流在沉淀池内做水平运动，沉淀池平面为长方形，可以是单格的或多格串联的。该方法通过利用废水中悬浮物在平流沉淀池中的重力自然沉降，在规模足够的沉淀池中进行有效沉淀，处理后终端出水悬浮物浓度为 100~200mg/L，沉淀池的进口端底部或沿沉淀池长方向设置有一个或多个淤泥区，用以储存沉积下来的污泥。现场必需配备两个沉淀池（其中一个为备用池），在对一个沉淀池进行清理维护时，另一个沉淀池可正常运行。平流式沉淀池效果受实际沉淀时间和絮凝过程影响。水电工程砂石骨料生产废水悬浮物浓度高，自然沉淀池需要大面积场地，在生产高峰期，平流沉淀池应及时更换才能保证废水有充足的沉淀处理时间。但水电建设项目的砂石骨料加工场地主要布置在河道两岸狭窄的台地上，用地本身就很紧张，很难有充足的场地用于布置大型沉淀池。平流式沉淀池沉降的污泥含水率较高，不易凝结，易出现沉淀池有效容积占用的问题，导致废水处理效果不佳，而且增加了机械（易锈蚀）和人工清淤的难度。清理出的污泥成泥浆状，难以用汽车及时运输至渣场规范处置。另外，受场地大小限制，没有供污泥自然干化的场地，该问题是平流式自然沉淀工艺处理砂石骨料生产废水的难点之一。

虽然平流式自然沉淀工艺存在一定的问题，但其具有构造简单、施工容易、造价低及管理方便的特点，在施工区有足够场地的情况下，该工艺总体投资较小，经常被采用。2004年，溪洛渡水电站前期建成的中心场砂石骨料加工系统配套建设了平流式自然沉淀工艺的废水处理系统（见图 6-6）。中心场人工砂石骨料加工系统位于左岸大坝下游，距坝址直线距离 4~5km，供应左岸厂房系统的地下厂房、尾水系统、泄洪洞洞身及出口等部位共计 114.68 万 m³ 混凝土所需的成品砂石骨料。该系统成品砂石骨料生产能力为 500t/h，生产废水产生量 820m³/h。中心场人工砂石骨料加工废水处理系统占地面积约 1.4 万 m²，基本工艺流程为（见图 6-7）：在生产废水中加入一定剂量的絮凝剂，进入沉淀池自然沉淀，清水溢流回收或排放，污泥运往弃渣场。一级筛分车间的废水直接进入干化池；二级筛分车间、棒磨车间废水设小沉淀池集砂，将砂泵至真空脱水装置，回收石粉，多余废水进入干化池至过滤沉淀池，最后进入清水池。受场地大小限制，中心场人工砂石骨料加工废水处理系统只布设了石粉回收装置、一组二级平流沉淀池（将反应沉淀池、浓缩池和沉淀处理池的功能合并）、清水池。监测表明，废水中悬浮物去除率虽然达到 70%，但不能满足 GB 8978—1996《污水综合排放

图6-6　溪洛渡中心场人工砂石骨料加工系统

标准》一级标准规定的悬浮物小于或等于 70mg/L 的标准限值。

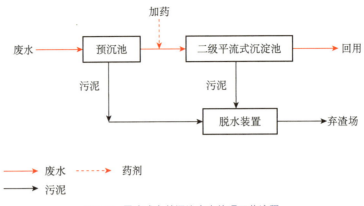

图6-7 平流式自然沉淀废水处理工艺流程

造成废水处理效果不理想的原因有以下几点：

①二级平流沉淀池需要较大的容积才能将生产废水中的悬浮物沉淀，而该加工场地主要布置在河道两岸狭窄的台地上，无充足的施工场地建设废水处理设施。

②沉淀池内泥渣清理只能通过装载机械和人工清淤的方式，不仅效率低，而且实施一次清理的周期长，造成沉淀池底层泥渣板结而上层泥渣含水率较高，影响沉淀效果。

③清淤周期长，造成泥渣淤积，占用沉淀池有效容积，影响处理废水在沉淀池内的停留时间，导致废水处理效果无法达到要求。

④从沉淀池内清理出的泥渣含水率较高，难以及时用车辆将其运输至渣场规范堆存。

2）平流式自然沉淀工艺的改进。鉴于平流式自然沉淀工艺存在占地大且运行效果不佳等问题，三峡集团提出了"预处理＋辐流絮凝沉淀＋机械脱水"的处理工艺。溪洛渡工程建设部在后期建设的溪洛渡水电站大坝主体工程塘房坪和马家河坝两个人工砂石骨料加工系统中首次采用了新工艺。通过对比，在预处理阶段采用更先进的自动细砂回收系统可减轻废水对辐流沉淀池的冲击负荷，进一步提高废水处理效率。该工艺使添加絮凝剂的废水在沉淀分离装置——辐流沉淀池中絮凝沉淀，让沉淀的污泥在贮泥池内沉积，再对污泥进行重力压实或机械脱水处理，有效地解决了泥浆板结影响废水处理效果及泥浆含水率高而无法实施后续处理的难题。具体工艺流程（见图 6-8）：废水经预处理设施导入辐流沉淀池，加絮凝剂充分混合，上清水流入调节池回用，而辐流式沉淀池内的沉渣通过刮泥机刮入底部，由砂浆泵将沉淀池底部的浓缩泥浆抽送入压滤机进行脱水，泥饼采用自卸汽车运往弃渣场。从监测结果看，满足废水处理规定标准限值要求。

整体工艺可分为四部分：预处理—废水处理—污泥处理—处理水回用。预处理工艺主要是将废水中粒径大于或等于 0.035mm 的颗粒去除，从根本上解决泥浆板结的问题；辐流沉淀池可去除细小颗粒悬浮物，实现废水处理，达到后续工艺处理的要求；采用泥浆脱水机械可实现沉淀池泥浆区的泥浆干化。

①预处理及石粉回收装置。因为砂石废水含砂量高（属于高浊度废水），仅靠平流式自然沉淀法处理远远达不到处理要求的悬浮物浓度小于或等于 70mg/L，所以预处理对后续的废水处理有非常重要的作用。废水中粒径大于或等于 0.035mm 的悬浮颗粒是引起泥浆板结的主

要原因，新工艺中预处理的目的是去除废水中粒径大于或等于 0.035mm 的悬浮颗粒，不仅可以解决泥浆板结的问题，还可以减轻废水处理系统运行负荷，延长压滤机滤布和渣浆泵的使用寿命，降低设备投入和运行成本。常用的预处理设备主要有石粉回收装置和链板式刮砂机两种。

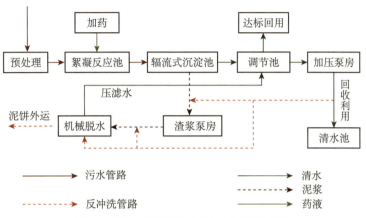

图6-8　辐流式絮凝沉淀处理生产废水工艺流程

石粉回收装置由水力旋流器、高频振动筛和渣浆泵组成。水力旋流器是一种使用广泛的液体非均相混合物的分离分级设备，其基本原理是将混合液以一定的压力送入旋流器，在圆柱腔内产生的三维椭圆形强旋转剪切流场的作用下，使具有一定密度差的液—液、液—固、液—气等两相或多相混合物在离心力、向心浮力、流体曳力的作用下进行沉降分离。混合物中密度大的组分在旋流器的作用下同时沿轴向向下运动，沿径向向外运动，到达锥体段沿器壁向下运动，并由底流口排出，形成外旋涡流场；混合物中密度小的组分向中心轴线方向运动，并在轴线中心形成向上运动的内旋涡，然后由溢流口排出，实现两相分离的目的。水力旋流器的优点是安装和操作方便，占用空间小，分离效率高，可连续操作，具有良好的实用性。

水力旋流器底口浓缩液含水率为 35%～40%，一般需配套使用高频强力直线振动筛对浆液进一步脱水干化。进口高频强力直线振动筛出泥厚度可达 19cm，单台石粉回收产量最高达 60t/h。石粉平均含水率约 18.76%，可直接通过皮带运输机对外输送，或根据需要掺入成品砂中，以调节成品砂的含粉率和细度模数。

链板式刮砂机由池体、链条、刮板、驱动装置、溢流槽、稳流喂料器等组成，工作原理类似于小型的平流式自然沉淀池。砂石骨料加工系统的生产废水从尾部上方进入沉淀池体，废水中的颗粒在重力作用下自然沉降到沉淀池体底部，然后通过刮板装置从沉淀池底刮出。

细骨料对石粉含量有一定要求，直接生产的人工砂石粉含量大部分偏低，需要补充石粉，以往为了满足人工砂中石粉含量，特增设制粉设备或外购添加，增加了人工砂的成本。溪洛渡水电站马家河坝细骨料生产系统考虑废水中有大量石粉可以回收利用，采用石粉回收设备，将有用的石粉回收（大于或等于 0.035mm）。马家河坝生产废水实际处理量为 660m³/h，选用了一台石粉回收装置，石粉回收为 46t/h。实践表明，石粉回收装置的运用既可为砂石细骨料提供原料，实现石粉的再次利用，又解决了废水处理过程中出现的泥浆板结问题，减少渣浆泵的磨损，还降低了人工砂的生产成本，综合效益较好。

②废水处理及辐流式絮凝沉淀。新工艺废水处理包括絮凝反应池和辐流式沉淀池。絮凝反应池在整个工艺中有两个作用：将预处理车间处理过的废水均匀分配至两座辐流式沉淀池；在池内将聚合氯化铝絮凝剂（Poly Aluminum Chloride，PAC）与废水混合均匀。人工砂石细骨料生产废水的重要处理单元是沉淀池，通过沉淀去除废水中悬浮物。常用的沉淀池按池内水流方向可分为平流式和辐流式两种。

由于砂石废水中悬浮物浓度较高，平流式沉淀池经常出现排泥困难的问题。平流式沉淀池的结构特点决定了其沉淀的泥浆很难集中到泥斗内，给泥浆的抽取带来不便。抽取过于频繁，污泥来不及沉淀，抽出的浆液浓度过低，无法进行后续处理；抽取间隔时间过长，往往出现泥浆板结和堵管现象，导致整个系统无法正常运行。三峡下岸溪及龙滩大法坪骨料生产系统的水处理工程为解决平流式沉淀池的排泥难题而投入巨资先后配置了吸泥桁车或吸泥船，但运行效果均不理想。

溪洛渡水电站工程马家河坝砂石生产废水处理选用辐流式沉淀池。辐流式沉淀池多呈圆形，分为周边进水周边出水、中心进水周边出水、周边进水中心出水三种形式，出水口布置在池周围。新工艺中选用周边进水周边出水和中心进水周边出水两种形式（塘房坪废水处理系统扩建选用了中心进水周边出水形式）。实际运行情况证明，在同等条件下，周边进水式沉淀比中心进水式沉淀效果好。采用周边进水周边出水的辐流式沉淀池主要有以下优点：周边进水可以降低进水时的流速，避免进水冲击池底污泥，提高沉淀池的容积利用系数，这在整个废水处理过程中起主导作用。

辐流式沉淀池的主要功能有两个：一是使泥水分离而达到去除废水中悬浮物的目的，人工砂石细骨料生产废水中的主要污染物是固体悬浮物，去除悬浮物是关键；二是完成悬浮物与絮凝剂的絮凝反应，该废水处理主要采用单级絮凝沉淀法，胶体颗粒不能通过自然沉淀工艺去除，须经絮凝处理后，使颗粒尺寸变大，增加颗粒重量，才能使颗粒沉降，达到去除的目的，这两个过程同时在辐流式沉淀池完成。

辐流式沉淀池由泥浆区、沉淀区和清水区构成。泥浆区的主要作用是暂时存放部分泥浆，存放量不能超过泥浆区容积。若泥浆存放量超过泥浆区容积，则会使沉淀池沉淀时间变短，表面水力负荷改变，从而缩短系统正常运行时间。辐流式沉淀池一般采用机械排泥，刮泥机每小时旋转 2～4 周，将泥浆刮入泥斗，靠静水压力或泥浆泵将泥浆排出。辐流式沉淀池的面积 A 按过流率设计

$$A = \frac{Q}{q} \tag{6-1}$$

式中：Q 为流量，单位为 m^3/h；q 为表面水力负荷，单位为 $m^3/(m^2 \cdot h)$。

池深 H_1 按停留时间设计

$$H_1 = q \times t \tag{6-2}$$

式中：t 为停留时间，单位为 h。

马家河坝选用两座直径为 22m 的辐流式沉淀池，初设时水力表面负荷取值为 $0.9m^3/(m^2 \cdot h)$，两池可交替使用；塘房坪选用两座直径为 16m 的辐流式沉淀池，初设时水力表面负荷取值为 $1.0m^3/(m^2 \cdot h)$，两池可交替使用。

实际运行时，由于水力表面负荷过大而无法实现交替使用。通过两年多的运行观察及模

型试验得出辐流式沉淀池的表面水力负荷 q 为 0.4～0.5m^3/（m^2·h），停留时间 t 为 2～6h，以 5h 为宜。周边水深 H_1 保持在 2.4～2.7m，其中超高 H_2 在 0.5～0.8 区间取值，中心水深 H 保持在 4～7.2m，排泥浓度可达到 30%～40%。

排泥设备是辐流式沉淀池不可缺少的配套设备。人工细骨料生产废水中的泥土、石粉、细砂进入辐流式沉淀池后沉淀在整个底部，由于沉淀池底部与泥浆之间有一定的摩擦力，且底部坡度一般不能超过 10%，因此必须使用排泥设备才能及时将泥浆集中到沉淀池中心的集泥斗，便于抽取进行脱水。辐流式沉淀池的排泥设备已有定型产品，按其结构形式可分为中心传动刮泥机和周边传动刮泥机两种。池径小于 20m 时，一般采用中心传动刮泥机（见图 6-9）；池径大于或等于 20m 时，一般采用周边传动刮泥机（见图 6-10）。

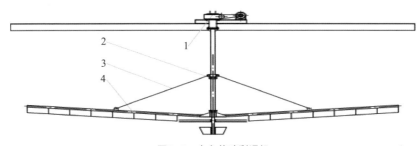

图6-9　中心传动刮泥机
1—传动装置；2—中心轴；3—拉筋；4—刮泥笆

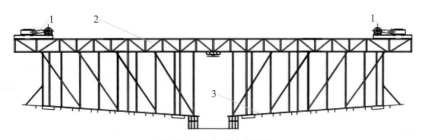

图6-10　周边传动刮泥机
1—传动装置；2—工作桥；3—刮泥笆

③机械脱水车间运行情况。机械脱水车间承担辐流式沉淀池泥浆区中的泥浆脱水任务。泥浆脱水分为自然干化脱水和机械脱水两种方式。自然干化脱水需增设一个占地面积大的干化场，如马家河坝砂石场处理水量 600m^3/h，悬浮物含量 120 000mg/L，干化周期 20 天，需设置一个面积为 1000m^2 的干化场。自然干化脱水周期长，不能满足系统连续运行的需求，最终导致系统瘫痪而无法运行。机械脱水周期短，脱水效果好，脱水后的泥饼可直接运至弃渣场做最终处置，不需另设干化场。

目前市场上的泥浆脱水设备类型多种多样，溪洛渡水电站选取了常用的厢式压滤机、带式压榨机和陶瓷过滤机进行适用产量、设备泥粉堵塞、经济性和操作性等方面的比较。溪洛渡水电站马家河坝砂石生产废水处理系统泥浆脱水采用厢式压滤机脱水。厢式压滤机由机架、压紧装置和过滤装置组成。废水在一定的压力下进入压滤机，混合液流经过滤介质（滤布），固体停留在滤布上，并逐渐在滤布上过滤堆积形成泥饼。滤液则渗透过滤布，成为不含固体的清液。随着过滤过程的进行，泥饼厚度逐渐增加，过滤阻力增加，进浆压力上升。

当进浆压力达到设定压力时，关闭进浆阀，压滤过程完成，开始自动卸泥。该设备过滤效果突出，分离效率高，滤液中悬浮物含量完全可以达到排放标准；脱水效果明显，滤饼含水率稳定在 20.9%～21.6% 之间，便于清渣和运输；进浆的浓度要求较低，适应性强。对于浓度偏小的浆液，通过延长过滤时间，也能达到理想的脱水效果。但该设备存在压滤周期长、单台产泥量低和不能连续作业的缺点。厢式压滤机的压紧→进浆→卸料→清洁整个循环工作周期约 1h。在进料泵参数固定的前提下，压滤机的过滤周期和原水的固体含量有紧密关系。

经实际运行证明，污泥经过提升泵房直接压到污泥脱水车间的压滤机内进行脱水，进入厢式压滤机的泥浆平均含水率约为 60.3%，脱水后泥饼的平均含水率约为 21.6%，完全能够满足运用车辆将其转运至弃渣场的要求。处理后的水排到调节水池再经加压泵直接压到高位水池进行回用。

3）新工艺效果。溪洛渡水电站马家河坝人工细骨料加工系统主要生产成品细骨料总量约 380 万 t，加工系统成品细骨料生产能力约 370t/h，毛料处理能力约 480t/h（见图 6-11）。塘房坪人工粗骨料加工系统生产成品粗骨料总量约 1370 万 t，加工系统成品粗骨料生产能力约 1410t/h，毛料处理能力约 1880t/h（见图 6-12）。两个砂石加工系统的废水处理能力分别为 660m³/h 和 1000m³/h。虽然该系统与自然式沉淀工艺相比增加了投资，但占地空间较小，马家河坝砂石加工废水处理设施占地面积约 0.68 万 m²，为系统总占地面积的 4.4%，且监测表明，两个砂石加工系统处理后的排水均满足 GB 8978—1996《污水综合排放标准》一级标准，排放的悬浮固体浓度小于或等于 70mg/L，处理效果良好。

图6-11　马家河坝废水处理系统全景图

图6-12　塘房坪废水处理系统俯视图

"预处理＋辐流絮凝沉淀＋机械脱水"的新工艺在溪洛渡水电站工程砂石生产废水处理的成功应用是一种创新。该工艺最大限度地降低了工程砂石生产废（污）水对水环境的影响，并有效地解决了平流式沉淀工艺占地面积大、泥浆处理难等水电工程砂石生产废水难题，可为后续水电工程砂石生产废水处理提供以下经验。

①以自然式沉淀法为主的常规砂石废水处理工艺未设置带机械搅拌的絮凝反应池，在实际运行中，废水絮凝沉淀效果并不理想，从溪洛渡水电站采用的新工艺效果来看，增设独立的絮凝反应池能提高沉淀效率。

②平流式沉淀池的泥浆很难集中到泥斗内，泥浆容易板结，给泥浆的抽取带来不便。辐流式沉淀池底部设计成漏斗形，内设刮泥机可及时将沉淀的泥浆收集至池底漏斗处，并由渣浆泵直接抽送至压滤机车间进行机械脱水，处理效率高，能有效地防止因泥渣板结而造成系统无法正常运行的问题。

③传统平流式沉淀池占地面积大，处理效率低。新工艺布置紧凑，占地面积小，处理效率高，各处理单元的泥浆由砂浆泵房直接抽至脱水设备，减少了中间泥浆储存环节容易造成管道堵塞的问题，解决了传统工艺普遍出现的泥浆板结及污泥干化两大难题。

2. 混凝土生产废水处理

目前，各水电工程采用的混凝土生产废水处理方法为简易自然中和沉淀法。因废水量不大、间断排放等特点，设置小型混凝沉淀池或简易滤池，通过物理分离的方法使得废水中的悬浮物减少，对于偏碱性的废水运用中和方法，使得 pH 值达到排放标准。由于骨料二次筛分等工艺的混凝土生产废水量增加，因此需要改进沉淀池工艺或运用快速高效的处理设备。溪洛渡和向家坝水电站工程在建设过程中因地制宜，从实际处理需求出发，运用多种方式处理混凝土生产废水，主要处理工艺为平流式混凝沉淀法和废水集中处理与高效旋流系统处理法。

（1）平流式混凝沉淀法

溪洛渡水电站施工期，混凝土生产废水总量达到 12 万 m^3，环境影响评价设计阶段共提出 9 套混凝土拌和系统。针对混凝土冲洗废水水量少、间断排放的特点，推荐采用自然沉淀过滤的方式去除废水中悬浮固体，且使用统一形式、统一规模的简易滤池。滤池大小为 9m（长）×3m（宽）×3.3m（高），废水处理过滤池平均过滤速度为 15m/h，砂层厚度 1m，滤料上层水深 1.5m，滤池出水端和滤料承托层设计为活动式，三个月更换一次滤料。在实施阶段，建设 9 套拌和废水处理设施，但因为大坝，低线混凝土系统增加了骨料二次筛分环节，废水量增加，并以筛分废水为主，所以三峡集团对大坝高线混凝土系统废水处理工艺进行了改进，由自然沉淀法调整为平流式混凝沉淀法，大坝低线混凝土系统废水处理工艺则采用 DH 高效旋流系统，其余 7 个混凝土拌和系统废水均采用统一形式的简易滤池。

溪洛渡水电站高线混凝土系统生产总用水量主要是骨料二次筛分用水量 $600m^3/h$，其他水量包括拌和楼料罐冲洗、耗损、除尘等用水量 $50m^3/h$。废水排放形式为间歇式，成分主要是冲洗骨料时产生的泥、细砂及石粉，主要污染物为悬浮固体物。废水处理采用"预处理＋平流式沉淀池＋网格絮凝斜管沉淀池"工艺。生产废水首先自流进入预沉池，预沉池沉渣采用装载机挖运；预沉池出水自流进入絮凝沉淀浓缩池，并与絮凝剂充分混合，絮凝沉淀浓缩池沉渣也采用装载机挖运；沉渣浓缩上部清液流入网格絮凝斜管沉淀池，斜管沉淀池的泥浆用渣浆泵泵送回沉渣浓缩池，上清液回用或外排。废水经过二次絮凝沉淀处理达到回用要求，处理过后的水将再次用于二次筛分，产生的废渣用汽车运输至弃渣场堆存。溪洛渡水电站高线混凝土系统二次筛分生产废水处理流程见图 6-13。

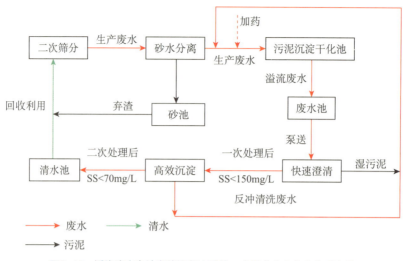

图6-13 溪洛渡水电站高线混凝土系统二次筛分生产废水处理流程

溪洛渡水电站高线混凝土生产系统废水处理系统（见图6-14）布置于狭窄的高边坡上，与高线混凝土生产系统配套。为了有足够的场地布设废水处理系统，在实施过程中因地制宜地从陡峭边坡上开挖出平台（595m）用于建设废水处理系统。平台内侧为山体边坡，边坡内布置有一条交通洞进入该平台。该废水处理系统对高线混凝土生产系统拌和废水的处理起到了一定效果。监测表明，大多数情况下处理效果满足 GB 8978—1996《污水综合排放标准》排放一级标准。

图6-14 溪洛渡水电站高线混凝土生产系统废水处理系统

（2）废水集中处理与高效旋流系统处理法

向家坝水电站多个混凝土拌和系统集中在同一片区，若单独为每个拌和系统建造废水处理系统，则需要付出较高的经济代价。三峡集团在实施过程中因地制宜地采取几处生产废水集中起来统一处理的方法。由于集中处理的废水量大，鉴于传统的沉淀池建设投资大、处理效果不理想等问题，三峡集团开展了大坝右岸 2 个混凝土生产系统的废水处理试验，并研发

了砂水分离装置 + 高效污水净化器 + 橡胶带式过滤机处理的新工艺，首创性地将一体化浓缩技术（DH 高效污水净化器）装置引入到水利水电工程混凝土生产废水处理工艺中。

该工艺流程（见图 6-15）为：进入废水处理厂的生产废水经砂水分离器将大颗粒泥沙分离，分离出的颗粒用汽车运送至堆场，筛分后废水进入污水调节池。污水调节池中的废水经污水提升泵提升至净化器中，在污水提升泵出口管道上设置混凝混合器，在混凝混合器前后分别投加絮凝和助凝药剂，在管道中完成混凝反应。然后进入 DH 高效污水净化器中，经离心分离、重力分离及污泥浓缩等过程从净化器顶部排出经处理后的清水，清水进入生产水池后再进行回用或排放。从净化器底部排出的浓缩污泥排入污泥池中，用污泥提升泵提升至橡胶带式过滤机将污泥脱水干化，干化污泥使用皮带运输机运至堆场再外运。

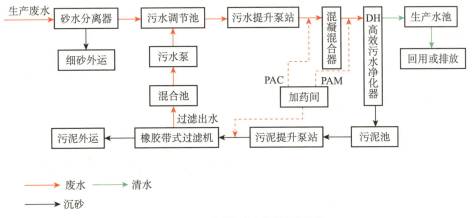

图6-15　DH高效污水净化器工艺流程

DH 高效污水净化器是将物理、化学反应有机融合在一起，集成直流混凝、临界絮凝、离心分离、动态过滤及污泥浓缩沉淀技术，短时间内（25～30min）在同一罐体中完成废水快速多级净化的一体化组合设备。净化器为钢制罐体，上中部为圆柱体，下部为锥体，自下而上分别为污泥浓缩区、混凝区、离心分离区、动态过滤区和清水区。经过离心分离和过滤脱落的悬浮颗粒在离心力及重力的作用下进入污泥浓缩区，污泥在锥形泥斗区中上部经聚合力作用，颗粒群体结合成一体，各自保持相对不变位置共同下沉，锥形泥斗区中下部悬浮物浓度很高，颗粒间缝隙中液体被挤出界面，固体颗粒被浓缩压密后从锥体底部排出，一般污泥含水率大于或等于90%，需要增加污泥脱水处理设备。该处理工艺成功应用在向家坝水电站田坝生产系统中。田坝混凝土生产废水处理设备见图 6-16。

田坝生产废水处理厂（见图 6-17）布置在右岸田坝施工区高程 303m 混凝土生产系统场区内，占地面积约 1.8hm²，于 2010 年 4 月投产运行，主要工程项目有废水处理厂区管道及道路、砂水分离器、污水调节池及加压泵站、污水净化器、污泥调节池及加压泵站、生产水池、混合池、加药间、污泥脱水车间、污泥脱水车间皮带运输机及堆场等。系统设计废水处理能力为 450m³/h，悬浮物处理后浓度低于 70mg/L，pH 值为 6～9。处理后的排水主要回用于工程施工。田坝生产废水处理效果见图 6-18。沉淀池中的沉淀泥沙采取真空吸滤机脱水，清出的泥渣含水量较高，晾晒后用汽车运输到新滩坝弃渣场堆存。

<table>
<tr><td>（a）废水收集池</td><td>（b）DH高效污水净化器</td></tr>
</table>

<table>
<tr><td>（c）真空带式过滤机</td><td>（d）皮带运输机</td></tr>
</table>

图6-16　田坝混凝土生产废水处理设备

图6-17　田坝生产废水处理厂　　　　　图6-18　田坝生产废水处理效果

　　实践表明，新工艺整体运行可靠、稳定，实现了连续高效处理的目的，废水沉淀浓缩时间仅需20～30min，为传统沉淀法浓缩时间的1/6，且出水水质满足GB 8978—1996《污水综合排放标准》一级标准。该系统操作简单，可实时监控，可处理悬浮物浓度15 000～50 000mg/L的废水，在进水量有20%波动的情况下不影响处理效果，对废水特性的适应性广。此外，与"预处理＋辐流絮凝沉淀＋机械脱水设备"处理工艺相比，节省占地面积30%以上。

6.1.3　生活污水处理[21-27]

　　水电工程施工期，生活污水的产生量与城市生活污水不同，在施工高峰期产生量最大，前期和后期因进驻人员少而产生量较小，其排放量不稳定。而且，施工营地布置不集中，且规模大小不同，生活污水的排放地点和排放量不易控制。此外，生活污水的污染负荷总体比城市低，主要表现为有机污染物较低。由于以上特点，在选择生活污水处理措施时，应根据实际情况确定。在一些无特别敏感水环境对象的小型施工营地采用化粪池、农村旱厕等简易形式对生活污水进行处理，处理后的废水就近浇灌林地或施肥，既可达到处理的效果，又能节省投资，综合效益良好。大型水电建设项目因工程规模巨大、工程项目较多、各标段施工时间跨度较长、施工人员规模较大等因素，常采用就近成套设备的处理方法。在溪洛渡、向家坝水电站建设运行过程中，由于营地规模大且集中，其中一些营地作为运行期管理区而长久使用，溪洛渡水电站配套建设了黄桷堡、杨家坪、花椒湾和三坪 4 个生活污水处理厂（见图 6-19），向家坝水电站则配套修建了莲花池生活污水处理厂[21-27]。

(a) 黄桷堡

(b) 杨家坪

(c) 花椒湾

(d) 三坪

图6-19　溪洛渡水电站生活污水处理厂

1. 成套处理设备

近年来，生活污水成套处理设备规模化生产后，技术指标和经济指标不断优化，在小规模生活污水处理领域中受到青睐。生活污水成套处理设备工艺流程见图 6-20。

初沉池：用来沉淀不溶性悬浮物，采用竖流式斜管沉淀池，表面负荷为 $1.5 \sim 3.0 m^3/(m^2 \cdot h)$，停留时间为 $1 \sim 1.5 h$，沉淀污泥被气提装置抽送至污泥池。

接触氧化池：经初沉后的污水自流入该池进行生化处理，该池共分二级，总停留时间不小于 6h，池内挂净性填料或填装多面空心球，曝气装置为微孔曝气器，气水比为 $10 \sim 16$。

二沉池：进行生化处理后的污水自流入二沉池，采用竖流式沉淀池，表面负荷为 $0.9 \sim 1.2 m^3/(m^2 \cdot h)$，停留时间为 $1.5 \sim 2.0 h$，沉淀污泥部分被气提装置抽送至污泥池，部分回流至接触氧化池。

污泥池：初沉池污泥和二沉池的部分污泥在该池得到进一步浓缩，浓缩后的污泥含水率较小，可抽出后用粪车外运施肥。

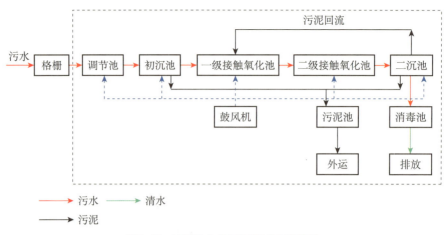

图6-20　生活污水成套处理设备工艺流程

　　生活污水成套处理设备适用于小水量情况，具有造价低、运行费用低等优点，在生活污水产生量较小的水电工程中得到广泛应用。

2. 序批式活性污泥法（Sequencing Barch Reactor Activated Sludge Process, SBR）

　　为便于管理、节约占地、节省投资，溪洛渡工程建设部结合施工区地形将分散的生活污水统一收集并集中处理，在三坪业主营地、黄桷堡营地、杨家坪营地和花椒湾营地分别建设污水处理厂，整个施工区营地共建有4座集中污水处理厂。黄桷堡施工营地及民工营地的生活污水全部引入黄桷堡污水处理厂进行处理；杨家坪污水处理厂则处理杨家坪施工营地和民工营地的生活污水；三坪业主营地的生活污水由三坪污水处理厂进行处理；二坪民工营地、警消营地（紧邻二坪民工营地）、花椒湾施工营地和花椒湾民工营地的生活污水全部引入花椒湾污水处理厂进行处理。4座污水处理厂的最大日处理量为660～1440m³/d。

图6-21　SBR工艺反应池

　　环境影响评价报告书中拟采用成套处理设备进行生活污水处理，其工艺流程的核心是两级接触氧化。实施阶段，综合考虑占地、投资和运行管理等因素，决定分区集中建设生活污水处理厂。采用操作管理、投资、运行费用、占地等具有一定优势的SBR工艺（见图6-21），该工艺是一种按间歇曝气方式运行的活性污泥污水处理技术，又称为序批式活性污泥法。

　　具体工艺流程（见图6-22）为：生活污水进入进水调节池，去除污水中较粗颗粒的有机和无机悬浮物，以减轻SBR反应池的负荷。污水从进水调节池依次进入各个SBR反应池。

SBR反应池的主要作用是，在间歇充氧条件下，通过池内好氧微生物的生化作用将污水中的有机污染物降解为水和二氧化碳等代谢终产物而使污水得到净化。经SBR反应池处理后，清水经滗水器排入加氯消毒池，消毒后外排。SBR反应池中的污泥泵送至污泥浓缩池或污泥脱水机房，污泥干化后外运，纳入溪洛渡生活垃圾填埋场统一处置。

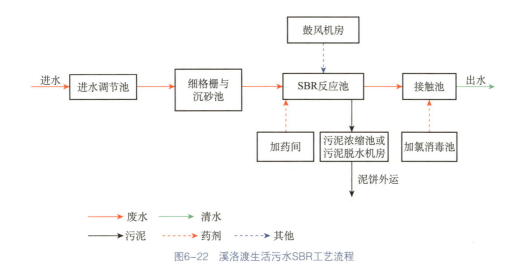

图6-22　溪洛渡生活污水SBR工艺流程

SBR 工艺的污水处理站主要构筑物由进水调节池、SBR 反应池、污泥浓缩池和加氯消毒池组成；建筑物由鼓风机房、脱水机房及配电房、辅助用房组成；主要设备有提升泵、粗格栅、细格栅、污泥提升泵、搅拌机、微孔曝气器、滗水器、罗茨风机、过滤砂缸、过滤泵、投药机、PLC 自控系统、配电系统、回用泵等。

污水处理站建成后，需要重视运行管理，应配备专业人员，委托专业单位进行管理。溪洛渡水电站配套的 4 座污水处理厂均由公司专业化运行管理，建立了《巡回检查制度》《设备缺陷管理制度》《设备运行管理制度》《设备检修管理制度》《危险化学品管理制度》《盐酸安全使用注意事项》《盐酸贮存、使用管理制度》等；并注重管理人员的日常培训工作。运行管理措施有力地保障了污水处理厂的处理效果。

在污水处理厂运行过程中，开展了日常监测工作，地方环境监测部门定期对排水进行监测。监测结果表明，生活污水经 SBR 工艺二级处理后可满足 GB 8978—1996《污水综合排放标准》一级标准，实现达标排放，大大降低了污染物浓度。以花椒湾污水处理厂为例，2006—2014 年共处理污水量 390.6 万 m³，污水处理率为 100%。根据进出水水质监测资料，污水经处理后化学需氧量、氨氮、生化需氧量都得到了大幅削减。2010—2014 年污染物削减情况如下：悬浮物削减量为 456.5t，削减率为 99.95%；化学需氧量削减量为 78.2t，削减率为 92.87%；生化需氧量削减量为 57.7t，削减率为 94.36%；氨氮削减量为 4.2t，削减率为 89.08%；总磷削减量为 0.9t，削减率为 77.09%。

从溪洛渡水电站的生活污水处理实践看，在大型水电工程中，应用 SBR 工艺具有以下优点：①理想的推流过程使生化反应推动力增加，效率提高，池内厌氧、好氧处于交替状态，净化效果好；②运行效果稳定，污水在理想的静止状态下沉淀，耗时短，效率高，出水水质好；③耐冲击负荷，池内有滞留的处理水，对污水有稀释、缓冲作用，可有效抵抗水量和有机污染物冲击；④工艺过程中的各工序可根据水质、水量进行调整，运行灵活；⑤处理设备少，构造简单，便于操作。

3.连续间歇曝气序批式活性污泥法处理工艺

莲花池污水处理厂于 2007 年 8 月开始运行，主要处理向家坝水电站左岸莲花池生活营地的生活污水，处理规模为 5000m³/d，采用 DAT-IAT（Demand Aeration Tank-Intermittent Aeration

Tank），即连续间歇曝气序批式活性污泥法工艺为主体的二级生化处理工艺。

具体工艺流程（见图6-23）为：生活污水经污水管网收集后经闸门井进入格栅间，经过机械格栅的截留，去除污水中的漂浮物。污水自流进入水解调节池，水解调节池起均衡水质、调节水量、细化粗颗粒等作用。出水经潜污泵抽至DAT反应池初步好氧生化，除去一部分有机物，再进入IAT反应池进行深度处理，DAT反应池由于连续曝气起到了水力均衡作用，提高了整个工艺的稳定性，在IAT反应池通过微生物的降解、重力沉淀和泥水分离作用进一步去除污水中的有机污染物。一部分活性污泥由IAT反应池回流到DAT反应池，提高了DAT反应池活性污泥浓度。出水经消毒池消毒后排入金沙江。剩余污泥泵送入贮泥池，浓缩后的污泥采用污泥脱水机脱水，泥饼外运至弃渣场。

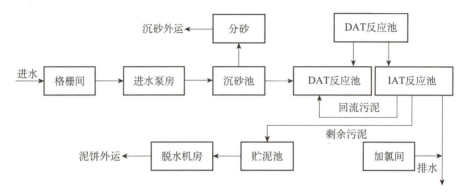

图6-23　DAT-IAT系统典型工艺流程

同其他工艺比较，DAT-IAT工艺的特点为：①处理构筑物少，处理流程简单；②占地面积小，建设费用低；③自动化程度高，操作运行简单，调度灵活；④工艺运行稳定，处理效果好，出水质量高；⑤处理工程兼顾脱氮除磷。

在莲花池污水处理厂投产运行前，生活污水的监测指标大部分超标；在莲花池污水处理厂投产运行后（见图6-24和图6-25），运行逐年稳定，到2011年全部达标。运行前后监测结果表明莲花池生活污水满足GB 8978—1996《污水综合排放标准》一级标准，实现达标排放。

图6-24　莲花池污水处理厂实景图

图6-25　莲花池污水处理厂出水

6.1.4　机修废水处理

机修废水主要来源于维修保养施工机械产生的含油废水，具有产生量较少、间断排放的特点。因废水中含有机修废油，故处理过程中必须进行隔油、回收利用和规范处置才能符合危险废物的强制管理要求。

溪洛渡水电工程在环境影响评价报告书及可行性研究阶段共规划了 3 处机械修配系统，每个系统均由机械修配厂、汽车保养厂和汽车修理厂组成。工程开工后，在工程项目的带动下，当地逐渐形成了主要针对溪洛渡工程的机修服务业，为施工单位提供了极大方便。实施阶段，机修需求依托工程所在地市场条件解决，前期建设的溪洛渡沟口武警机修系统和目前使用的溪洛渡沟水电十四局机修系统，均未设置含油废水处理设施，施工区内的机修系统主要作为机械停放场使用。部分机械废水回收用于混凝土模板施工，废水产生量极少。承担大坝标的水电八局在溪洛渡沟布置了 1 座机修系统，配套建设废水处理设施。该系统的废水处理工艺充分考虑废水水质、水量特性，采取隔油和吸附处理工艺确保废水达标排放，同时在隔油单元考虑回收废油的措施，在避免污染环境的同时达到较高的经济性目标。

6.2　施工大气污染防治

6.2.1　大气污染来源及其特性

大型水电站是我国经济社会发展的重要基础设施，水电建设项目的地下建筑物多且复杂，洞室群密布，工程施工期爆破开挖作业、填筑、砂石加工、混凝土生产、交通运输等作业环节都可能产生污染，对大气环境造成威胁。施工区的大气污染主要是粉尘。为做好施工厂区的生态环境保护工作，保障施工建设者的身体健康和现场施工安全，施工期粉尘污染的防治与管理也是工程生态文明建设的重要内容。

炸药爆破会产生粉尘、二氧化氮等污染物，污染源主要集中在施工前期的导流洞施工、坝肩开挖施工、基坑开挖施工和砂石料开采施工部分，其影响范围主要集中在爆破开挖源附近，且粉尘受爆破作用容易扩散，短时间内无法快速降尘。

砂石加工系统和混凝土生产系统排放的污染物主要是粉尘。在技术快速发展的情况下，人工破碎生产砂石料已被机械替代，砂石料的生产效率得到提高，干式生产工艺具有节水与设备磨损率低等特点，但在粗碎、中碎、细碎、筛分的运输过程中均会产生严重粉尘污染；在混凝土生产过程中，砂石由皮带输送机往料斗投放骨料、由螺旋输送机往料仓输送粉煤灰以及混合料搅拌等过程中会产生粉尘污染。

交通扬尘主要来源于施工车辆，施工过程中车辆行驶产生的扬尘约占施工总扬尘的 60%以上。一般，在同样路面清洁程度条件下，车辆行驶产生的扬尘与车速有关，车速越快，扬尘越大。施工作业面扬尘主要产生于裸露地面，如渣场、开挖面，在干燥的天气情况下，特别在刮大风时容易产生扬尘。粉尘量与施工方法、作业面大小、施工机械及天气情况等密切相关。

大型水电站施工期间粉尘污染具有点多、分布分散的特点，同施工组织、进度及工艺、方法等密切相关。粉尘颗粒的大小与施工工艺有关，对人体健康的危害程度也不一样。粉尘会引起心血管、脑血管、急性呼吸道感染、慢性阻塞性肺病等疾病。施工粉尘对人体最大的伤害是呼吸系统，人体吸入少量粉尘时可以通过排痰和正常呼吸排出体外，但长期吸入大量粉尘容易引起肺部组织病变。为防止水电工程建设对大气环境造成粉尘污染，三峡集团采取了多项防治举措。从预防粉尘扩散的角度，对施工布置、工艺和机械等进行优化，这在溪洛渡、向家坝水电站建设过程中有诸多体现。对于一些不可避免的粉尘污染，通过洒水降尘、绿化等一系列措施阻碍污染物扩散，改善施工现场工作条件，保护施工生活区及外环境敏感区空气质量[28-30]。

6.2.2　施工粉尘防治措施

以往大型水电站在粉尘防治和管理模式上存在很多不足之处。由于施工工艺问题，开挖施工、爆破、砂石料及混凝土生产、交通运输等作业面往往会产生大量粉尘，因施工、监理等各方管理工作不到位，粉尘污染很难得到有效控制，给施工人员和周边居民带来巨大的健康隐患[31]。由于各作业面施工工艺差异大，因此其粉尘防治措施侧重点各不相同。对于开挖与爆破的作业面，以优化施工工艺和操纵机械来减少粉尘发生源为重点；对于砂石加工与混凝土生产作业面，以优化施工工艺和洒水降尘措施为重点；对于交通粉尘，以洒水降尘措施为主[32]。

1. 开挖与爆破施工粉尘防治措施及效果

在大坝、引水发电系统、导流洞、取弃土场、施工便道等开挖与爆破施工过程中，尽量选用低扬尘的工艺及机械进行施工。如爆破钻孔设备选用带吸尘装置的钻机，并采用覆盖水袋等湿法爆破，减少粉尘排放量。同时，在粉尘发生区和粉尘扩散前，将洒水降尘纳入施工方法中，边施工边降尘[33]（见图6-26）。

向家坝水电站二期基坑施工区距离云天化工厂生活区仅100m左右，为有效地控制钻孔和爆破扬尘，三峡集团开展了干法和湿法爆破试验研究，制定了合理的爆破施工方案，对单孔药量进行严格控制。同时给大型钻机安装吸尘装置，钻孔过程中采用水钻方式等措施，降低爆破钻孔扬尘对空气的影响。

图6-26　开挖期间使用"雨鸟"降尘

在溪洛渡水电站施工区，三峡集团也严格按要求采用装有吸尘装置的钻机作业，尽量采用配有吸尘装置的潜孔钻，对无吸尘装置的钻机尽量采用湿法钻孔措施，以上措施均可有效减少粉尘，减轻对空气的影响。为了实现环境保护爆破，建设者总结前期降尘试验经验，分析前期降尘试验中的不足之处，因地制宜地制定了针对坝肩实际情况的降尘方案，即在爆破区上方敷设高压水管喷水雾进行降尘，并在 2006 年 4—5 月进行了水雾降尘试验（见图 6-27）。这是我国首次在大规模露天明挖中采用系统的水雾降尘环境保护爆破方法，开创了大规模开挖的水雾降尘环境保护爆破新方法。监测结果表明，采取湿法爆破（见图 6-28）或新低尘爆破技术、无尘钻孔等工艺，爆破过程粉尘去除率可达 92% 左右。

图6-27　水雾降尘试验现场　　　　　　　　图6-28　湿法爆破现场

2. 砂石加工与混凝土生产系统粉尘防治措施及效果

不同于其他工程建设中砂石加工系统采用的干法工艺，为了减少粉尘量，金沙江水电建设项目砂石加工系统基本采用湿法生产工艺。砂石加工系统在卸料、砂石料装车以及场地内汽车行驶等过程中会产生粉尘，采取对场地进行硬化和在场地内定期洒水（无雨日每天洒水 3～5 次）等措施，可以减少粉尘影响。此外，在一些明显的粉尘发生点应安装除尘装置。

混凝土生产系统采用全封闭式混凝土搅拌系统（见图 6-29），并配套相应除尘装置。水泥和粉煤灰装卸作业除要求文明作业外，储存装置实行全封闭作业，加强物料的管理，减少扬尘量。此外，混凝土加工系统厂区进行定时洒水降尘。

由于受砂石加工及混凝土生产系统粉尘影响的人群主要为施工作业人员，因此现场施工作业人员要佩戴防尘口罩，以减少影响。

在向家坝水电站和溪洛渡水电站，所有砂石加工系统运行过程中均采取湿法生产和喷雾降尘；细碎车间采用喷水雾除尘；制砂系统安装 DMC-310 脉冲式除尘器（见图 6-30），对各裸露地面进行混凝土硬化以减少粉尘产生。部分砂石加工系统还灵活配备了除尘系统（见图 6-31），对主要扬尘点，如入料口及出料口、振动筛的入料端及第一层筛面、各振动筛出料皮带机的受料端等，加盖局部密闭罩，在密闭罩内抽吸一定量的空气，使罩内维持一定的负压以防污染物溢出。为便于管理，按照破碎筛分系统自然形成的结构划分单元，每个单元的除尘设备包括集气吸尘罩、管路、除尘器、风机及排气管道。每月对除尘设备进行一次清理，并回收利用。

水泥和粉煤灰的输送采用全封闭设备，不仅可以减少粉尘，还可以减少水泥、粉煤灰输送过程中的损失，节约用料。溪洛渡水电站混凝土生产系统的水泥由罐车卸载至储存罐的过程中，采用储存罐安装警报器、所有出口配置袋式除尘器等措施使除尘率达99%。水泥煤灰罐专门安装收尘箱，有效地避免了搅拌和送灰过程中造成的粉尘污染。

监测表明，砂石骨料加工厂、混凝土拌和楼采用湿法生产（见图6-32），在设备的衔接部位安装必要的除尘设施，进行定期清理与检查维护，并对易起尘的细料和散料进行洒水除尘工作，以上举措较好地控制了加工车间的粉尘量，有效地减少了粉尘扩散及其影响[34-38]。

图6-29　全封闭式混凝土搅拌系统

图6-30　马延坡砂石加工系统DMC-310脉冲式除尘器

图6-31　向家坝水电站施工除尘系统

图6-32　砂石骨料加工采用湿法生产

3. 交通粉尘防治措施及效果

建设者采用多种措施和手段使得施工区道路除尘保洁工作取得了显著成效，最大限度地降低了扬尘对施工区及周边空气质量的影响。对路面进行清扫、洒水是减少交通运输扬尘最有效的措施之一。三峡工程交通运输的监测资料表明，采取路面洒水降尘（见图6-33）、道路除尘保洁（见图6-34）等措施可使交通运输扬尘的去除率达90%，运输短时间排放浓度小于GB 16297—1996《大气污染物综合排放标准》规定的无组织排放浓度限值。在向家坝、溪洛渡水电站建设过程中，交通粉尘的防治主要采取洒水降尘的措施，并配合路面与运输管理等措施，形成完善的交通粉尘防治体系。这已成为大型水电建设项目在防治交通粉尘方面较常用的措施。

溪洛渡水电站投入大量的人力、设备和资金对全施工区道路（38km）进行清扫和洒水降尘，每条施工道路洒水频次为 6 次 / 天（雨天除外），包括路边排水沟内垃圾和渣石的清除，波形梁和标志牌的清洗，道路两侧 5m 范围内垃圾的清扫，使各施工主干道始终保持干净、通畅、无扬尘的状态。此外，对车辆负荷大的主要施工区和施工道路的路面及时进行硬化处理，减少运输车辆轮胎带起的灰尘和泥土；对易引起粉尘的细料或松散料在运输时采用帆布、盖套及类似的遮盖物覆盖，减少扬尘。在管理方面，建立规范制度，把除尘保洁工作作为工程项目纳入合同项目管理，专门安排施工区道路除尘保洁监理人员，通过现场巡查方式对除尘保洁责任单位进行考核。

(a) 场景一　　　　　　　　　　　　　　(b) 场景二

图6-33　对开挖路面进行洒水降尘

(a) 场景一　　　　　　　　　　　　　　(b) 场景二

图6-34　施工区道路除尘保洁

6.3　施工噪声防治

6.3.1　噪声污染来源及其特性

现阶段水电建设项目机械化程度高、机械设备数量多，且设备以大中型为主，如大型挖掘机、装载机、自卸汽车、推土机等。噪声污染源主要是钻孔爆破、砂石料加工、混凝土生产、施工填筑及交通运输等[39-43]。噪声按照不同类别可分为固定噪声源、爆破噪声源和流动噪声源3种，噪声源的强度同机械设备的性能有密切关系，实测噪声的强度则与噪声源的距离有关。根据国际标准化组织公布的等效连续噪声与听力损伤危险的关系分析资料，在等效声级分别为85dB、90dB、95dB、100dB的环境中工作10年，噪声性耳聋发病率分别为4%、21%、27%、41%。我国工业企业噪声卫生标准规定生产车间作业场地的噪声不得超过85dB，但水电工程施工中大部分作业点的噪声超过85dB，危及施工人员及周边居民的身体健康。

研究表明，噪声污染对人体健康的影响表现在听觉系统、神经系统及心血管系统方面。噪声对听觉系统的影响与噪声的强度和暴露时间有关，不同的强度和不同的暴露时间对听力造成的损伤不同，长时间暴露在强噪声环境下的人员往往会出现高频损伤和语频损伤情况。噪声对神经系统的影响主要表现为中枢神经系统和自主神经系统损伤，并引发其他器官变化，患病人群常出现耳鸣、头疼、失眠、心悸及记忆力衰退等症状。为保证施工人员与施工区附近居民健康，必须对噪声污染采取有效的措施进行控制。

（1）固定噪声源

固定噪声源主要是机械钻孔、砂石加工与混凝土拌和、大坝填筑等作业中的各类机械噪声。各种钻机产生的噪声均大于90dB（距噪声源最强1m处实测值），其中，砂石加工系统中粉碎机、筛分机等噪声为94～110dB，混凝土拌和机噪声为80～98dB，挖掘机等机械作业及运输车辆噪声一般为85～95dB。其他施工加工厂，如钢筋加工厂、预制件厂、木材加工厂等在作业期间的噪声为55～95dB。

向家坝厂房岩锚梁锚杆钻孔施工见图6-35，向家坝马延坡砂石骨料加工厂见图6-36。

图6-35　向家坝厂房岩锚梁锚杆钻孔施工

图6-36　向家坝马延坡砂石骨料加工厂

（2）爆破噪声源

爆破噪声与爆破方式、单响装药量等有关。爆破噪声具有间歇性特点，相对于连续作业的固定声源和流动声源，其影响时间段短、噪声大。一般单点爆破处噪声高达 130dB 以上。在 100m 范围内噪声衰减较快，根据实测资料，0.5kg 炸药在距爆破点 40m 处的最大噪声级约为 84dB。

向家坝爆破现场见图 6-37，向家坝二期下游围堰爆破现场见图 6-38。

图6-37　向家坝爆破现场

图6-38　向家坝二期下游围堰爆破现场

（3）流动噪声源

流动噪声主要来源于车辆运输。交通噪声属于流动噪声，其源强大小与车流量、车速以及路况等因素有关。施工区主要来往车辆为载重 10～20t 级自卸汽车，以大型车为主，道路设计速度为 20～30km/h，交通噪声为 85～94dB。

溪洛渡水电站上游围堰施工车辆运输场景见图 6-39。

图6-39　溪洛渡水电站上游围堰施工车辆运输场景

6.3.2　噪声防治措施[44-51]

水电工程施工具有分散、复杂、流动性大、污染源多、时空变化大等特点，采取集中治理的难度很大，三峡集团根据施工噪声的特点，从噪声源控制、传声途径控制和敏感点对象保护等多方面着手，最大限度降低水电工程施工的噪声影响[44-51]。

（1）噪声源控制

噪声源控制的主要方法为降低噪声发生的强度，如选用环境保护材料、减震设备。同时从考虑与敏感对象的关系上着手，通过远离噪声源，如优化施工布置、施工组织安排等从源头控制噪声。

向家坝和溪洛渡水电站各阶段设计均选用低噪声机械设备和工艺，对振动大的机械设备使用减振机座或减振垫，从根源上降低噪声源强度，如砂石料筛分系统采用橡胶筛网、塑料钢板、涂阻尼材料（见图 6-40、图 6-41）；运用吸声、消声、隔声等技术措施降低施工噪声；加强施工设备的维护和保养，保持机械润滑，降低运行噪声。在爆破工艺方面，严格控制爆破时间和爆破单响药量，对于深孔台阶爆破，注意爆破投掷方向，尽量使投掷的正方向避开受影响的敏感点。通过管理手段，在居民区和施工营地附近路段设置限速、禁鸣标识牌及减速带等降低交通噪声。以上减噪措施均有较好的效果。测试表明，在空压机管道安装消声器能使噪声降低 20dB，限速、禁鸣等措施可使噪声降低 3dB。

（a）橡胶筛网措施

（b）涂阻尼材料措施

图6-40　高线筛分系统设置的隔音

图6-41　筛分系统使用橡胶垫减振

从降低噪声影响的角度出发，对施工布置和组织进行优化，如将一些噪声高的机械尽量布置在远离居民点和施工人员生活营地等地方；合理安排施工时间，控制夜间施工，禁止夜间（22：00～7：00）进行露天爆破，尽量避免高噪声施工活动在夜间（22：00～6：00）进行，尤其禁止夜间交通运输，以减少对周围生活区的影响。

（2）传声途径控制

设置隔声屏障是减轻噪声影响的一种常见措施，属于传声途径的控制手段。在向家坝、溪洛渡封闭施工边界处均设置了简易围墙，以减轻施工噪声对周围居民区的影响。

向家坝水电站周围有云天化工厂生活区和水富县田坝局部生活区，且工程地下厂房尾水渠、各混凝土拌和系统距场界外敏感区近，因而噪声的防治是工程建设中的关注点之一。在设计中对噪声的影响源、与敏感对象的区位关系、噪声衰减情况等进行深入研究，分别采取防治措施。如向家坝水电站施工噪声影响了右岸水富县城居民正常的生产生活活动，为减轻噪声的影响，沿右岸交通道路设置隔声屏障对水富县居民实施保护。因云天化小学部紧邻地下厂房尾水渠施工区，为减轻噪声、飞石对该区的影响，将云天化小学部搬迁至云天化中学部。

（3）声屏障的建设情况

在向家坝水电站建设之初即编制了《向家坝水电站施工区噪声污染影响与控制研究报告》，确定采用声屏障降低向家坝水电站施工过程产生的拌和系统噪声、交通运输噪声、开挖和爆破噪声对水富县城田坝片区生活与学习可能造成的影响，尤其对云天化小学、云天化工厂生活区的影响。2008年10月，针对噪声污染较重的田坝施工区道路沿线水富县居民点，进行声屏障工程设计与建设，分别于2008年11月和2010年9月分期建成并投入运行，总长度为870m。此次是岩棉彩钢夹芯板隔声屏障维护首次应用于水电工程（见图6-42）。

（4）声环境保护措施有效性检测

宜宾县环境监测站于2009年3月对向家坝右岸田坝施工区声屏障（试验）工程的隔声效果进行现场监测（见图6-43）。噪声试验及监测数据表明：经过屏障隔声后，最小噪声衰减值为0.6dB（A），最大噪声衰减值为7.6dB（A），平均噪声衰减值为4.0dB（A）。隔声屏障等降噪措施的建设对施工噪声控制效果显著，声屏障后的敏感对象可达到声环境功能要求。

图6-42　岩棉彩钢夹芯板隔声屏障维护

图6-43　声屏障效果监测

（5）敏感对象保护

在施工区内，敏感对象保护也是噪声防治的一项重要措施。在溪洛渡、向家坝水电站施工过程中，对施工人员加强劳动保护，为施工人员配备防声用具，施工人员在进入强噪声环境中作业时，必须佩戴个人防声用具。各施工点施工人员采取配备使用耳塞、耳罩、防声头盔等个人防护措施（见图6-44）；对于强噪声源，如混凝土拌和、砂石骨料破碎、砂石料筛分等作业区，尽量提高作业的自动化程度，实现远距离监视操作，使作业人员尽量远离噪声源；针对长期接触噪声、振动的施工人员实行轮换作业制。

图6-44　作业人员佩戴防噪声耳塞工作

参考文献

[1] 杨国钰，陈磊．水利水电工程施工期水污染防治措施 [J]．治淮，2009(12)：27-28.

[2] 谭功．水利水电施工中水污染事故及其防治措施 [J]．中国三峡，2008(1)：63-64.

[3] 刘忠金．水利水电项目的建筑环境保护措施 [J]．中华建设，2012(12)：226-227.

[4] 李英．水电工程施工期的工区环境影响 [J]．云南水力发电，1996(4)：74-78.

[5] 陈曦．水利水电项目施工期对环境的影响及保护措施 [J]．科学技术创新，2016(3)：93-93.

[6] 赵茨．水利水电项目施工期对环境的影响及保护措施 [J]．科技创新与应用，2015，31(2)：134-135.

[7] 曹晓飞．水利水电工程施工与环境保护问题初探 [J]．河北企业，2016(7)：46-47.

[8] 周宗敏，李晓波．水利水电工程施工期水污染防治对策探讨 [J]．水资源保护，2011，27(5)：123-126.

[9] 于子忠，张淑泼，郭新涛，等．大型水利水电工程水资源的环境保护 [J]．水利建设与管理，2005，25(4)：50-51.

[10] 朱波．分析水利水电工程施工期水污染防治对策探讨 [J]．科海故事博览·科技探索，2012.

[11] 王涛，孙剑峰，郎建，等．水电站砂石加工系统生产废水处理工艺试验研究 [J]．水处理技术，2011，37(5)：66-69.

[12] 张建国，杨小东，朱辉煌．溪洛渡水电站骨料生产废水处理系统的设计与运行 [J]．水利水电技术，2009，40(10)：8-9.

[13] 陈雯，覃尚贵．溪洛渡水电站人工骨料加工系统给排水设计 [J]．人民长江，2009, 40(3): 38-39.

[14] 巴亚东，柳雅纯．水利水电工程砂石料加工废水处理措施探析 [J]．环境科学与技术，2015(s2).

[15] 张立国，张万万．溪洛渡水电站黄桷堡砂石加工系统建设实践 [J]．人民长江，2008, 39(7): 22-23.

[16] 殷彤，殷萍．水利水电工程施工废水处理工艺与实践 [J]．四川水力发电，2006, 25(3): 79-81.

[17] 何月萍．水电站砂石加工系统生产废水处理设计初探 [J]．水电站设计，2004, 20(4): 80-82.

[18] 徐翔．向家坝电站砂石加工及混凝土生产废水处理技术 [J]．人民长江，2015(2): 62-66.

[19] 于江，姚元军，马树清，等．向家坝水电站混凝土生产系统的废水处理实践 [J]．水力发电，2011, 37(3): 4-6.

[20] 朱传喜，林昌岱．向家坝水电站马延坡砂石加工系统废水处理设计 [C]// 中国水利水电工程砂石生产技术交流会．2008.石锡坤．水电工程混凝土搅拌系统废水处理的工艺与实践 [J]．科技风，2009(6): 26-26.

[21] 王环武，周长波，贾超．水电站建设小型生活污水处理设施应用 [J]．人民长江，2016(s1): 42-45.

[22] 谭奇林．对水电工程施工期生活污水处理模式的探讨 [J]．水力发电，2003, 29(7): 20-22.

[23] 张丽亚．SBR 技术在水电站生活污水处理中的应用 [J]．水科学与工程技术，2013(6): 29-31.

[24] 项立新．水电站污废水处理工艺探讨 [J]．水力发电，2007, 33(2): 9-12.

[25] 吴绪伟，任小菊．溪洛渡水电站生活污水处理厂运行探讨 [J]．山东工业技术，2015(4): 82-83.

[26] 金弈．水电水利工程的污水处理研究 [J]．水电站设计，2007, 23(3): 52-57.

[27] 王瑞芬．废污水处理利用与水资源规划 [J]．水科学与工程技术，2001(4): 11-12.

[28] 陈洋，樊义林，王玮，等．大型水电站施工期粉尘防治与管理探讨——以白鹤滩水电站为例 [J]．人民长江，2017, 48(12): 51-54.

[29] 张少平，龙月林．水利水电工程施工生产性粉尘危害与控制 [J]．水利电力劳动保护，2000(2): 16-18.

[30] 贾巧林．水电工程建设施工生产性粉尘危害及治理 [J]．水利电力劳动保护，1998(2): 26-27.

[31] 向光全．粉尘的危害与防治措施 [J]．水利电力劳动保护，1996(3): 15-16.

[32] 李宁宁，常敏慧，张军．建筑施工粉尘污染与防治对策 [J]．现代农业科技，2010(22): 290-290.

[33] 钻爆法隧道施工粉尘防治的研究 [D]．山东大学，2008.

[34] 罗龙海，王玮，陈洋．大型水电站施工期环境保护与管理——以白鹤滩水电站为例 [J]．水电与新能源，2018(2).

[35] 寇学文，张伟．水利水电工程隧道开挖通风排烟浅析 [J]．科技信息，2011(21): 295-296.

[36] 许剑华．棉花滩大坝人工砂石料生产线人身伤害事故预防与粉尘噪声防治 [J]．安全与健康，2003(19): 33-35.

[37] 王俊武．对水电施工职业危害防治措施的思考 [J]．水利水电施工，2015(3): 96-98.

[38] 吴刚，王青敏．某水电站施工现场的降尘技术与实现 [J]．水电与新能源，2015(4): 12-15.

[39] BLEEDORN K，MCKEE M，DALE YARBOUGH J，et al. Noise source identification and control of a contractor grade table saw[J]. Journal of the Acoustical Society of America, 2002, 111(5): 2449-2449.

[40] 谭奇林. 常规水电站的环境影响及对策 [J]. 水电站设计，2007, 23(3): 27-29.

[41] 叶望. 金沙江向家坝水电站环境保护建设与管理监理研究 [D]. 湖南大学，2016.

[42] 葛程，刘刚. 建筑工程施工中的污染及其防治 [J]. 广东水利水电，2004(1): 19-20.

[43] 徐庆成，刘燕飞. 水电施工系统噪声调查方法 [J]. 水利电力劳动保护，1997(4): 40-41.

[44] 刘宏伟. 建筑施工噪声的污染与控制 [J]. 石油化工环境保护，2005, 28(4): 43-45.

[45] 李国发，罗冬玲. 建筑施工噪声的调查研究 [J]. 环境工程，1997(4): 44-46.

[46] 何念恩，李建志. 施工企业在工程施工中如何防治环境污染 [J]. 湖南水利水电，2011(4): 59-60.

[47] 赵慧梅，赵慧锋. 建筑施工噪声声源调查及防治对策 [J]. 环境科学与管理，1999(1): 50-50.

[48] 王沛芳，王超，李勇，等. 水利水电工程施工中环境监理及其应用 [J]. 水利水电科技进展，2003, 23(6): 51-53.

[49] 梁川. 水利工程施工对环境的影响及防治措施 [J]. 中小企业管理与科技（下旬刊），2011(2): 202-202.

[50] 李成恩，胡隽旗，陈诚. 向家坝技术供水系统滤水器运行噪声及振动控制 [J]. 水力发电，2014, 40(10): 78-80.

[51] 刘益勇，吴新霞. 向家坝水电站爆破噪声控制标准研究 [J]. 长江科学院院报，2005, 22(6): 41-43.

第 7 章

流域生态环境监测

对河流生态环境而言，流域开发会从根本上改变河流和流域的生态系统、资源形式和社会结构，对河流和流域系统造成群体性、系统性和累积性的影响，是一种高度干预的人类活动。群体性影响指的是流域开发综合效益的体现，即根据流域的社会经济和生态环境状况，依托一系列水电工程的建设，发挥河流发电、防洪、供水、灌溉、环境等功能或效益[1-6]。系统性影响则是指流域开发将流域内工程、社会和经济、自然组成一个相互联系、制约、作用和影响的复杂的综合效益群体。累积性影响指的是梯级水电开发除了单个工程的环境影响，由于系统的关联性和累积效应，生态环境因子受流域内各个工程的共同影响，并非单个工程影响的简单叠加，而是不同工程间存在复杂的相互影响、叠加作用[7-16]。为正确认识梯级水电开发的影响，科学合理地采取应对措施，三峡集团在金沙江下游流域开展了长期且全面的环境监测。针对金沙江下游流域梯级水电开发的环境影响，三峡集团在水电开发初期构建了一个统一、全面和系统的生态环境监测网络，以便更好地从不同层面了解梯级开发的生态环境影响，为流域环境保护、环境管理提供科学依据，增强环境保护效益。本章主要介绍金沙江下游流域生态环境监测网络及一些年度的部分环境监测结果。

7.1　金沙江下游流域生态环境监测概况

自 1952 年以来，水利部长江水利委员会（简称长江委）及成都勘测设计研究院（简称成都院）、中国电建集团昆明勘测设计研究院有限公司（简称昆明院）、中国电建集团中南勘测设计研究院有限公司等单位对金沙江流域（河段）的开发进行了大量普查、查勘、勘测、规划设计工作。1981 年 9 月，成都院提出了《金沙江渡口—宜宾段规划报告》。1990 年，《国务院批转全国水资源与水土保持工作领导小组关于长江流域综合利用规划简要报告审查意见的通知（一九九〇年修订）》（简称《简要报告》）（国发〔1990〕56 号）印发。

金沙江下游河段渡口至宜宾段长 782km，落差 729m，水力资源富集程度很高。《金沙江渡口—宜宾段规划报告》和《简要报告》均建议金沙江下游河段分四级开发，自下而上依次为向家坝、溪洛渡、白鹤滩和乌东德水电站。

金沙江下游是典型的生态脆弱区，同时也是长江流域的重要生态屏障，承担了长江上游涵养水源、防风固沙和保护生物多样性等重要功能，须对金沙江下游生态环境的保护予以高度重视。三峡集团在滚动开发金沙江下游时，在金沙江流域范围内建立了一个多方位的监测网络，其中，环境监测网络主要涵盖地表水水质、水生生态、陆生生态、水温、过饱和气体等专题的监测网络，以便及时掌握金沙江下游流域生态环境情况和水电开发对生态环境的影响。

（1）地表水水质监测

水电工程建设期和运行期会对水质造成一定影响，建设期施工污水的排放会影响地表水水质，运行期水位会抬高，水流流速降低，水体在河段的滞留时间增加，当河段出现水体污染事件时，污染物质不易扩散；小流速会降低水汽交界面交换速率，水体复氧与自净能力降低。为管控水环境质量与污染，需要对地表水水质进行监测[17-21]。通过地表水水质监测系统能够及时掌握金沙江下游流域各梯级水电站建设期和运行期不同水域的水质状况，及时发现水质污染和潜在风险，提出应对方案和处理措施。

对于任何环境要素的监测，需要考虑监测方式、监测频次及监测断面。金沙江下游流域水质监测断面的布置从工程影响和环境特征两个方面综合考虑布设断面，如库尾、库中和坝前断面，以及主要城镇或工矿污染源排放处河段、重要的水功能区断面等。断面的监测要素即监测指标总体按照《地表水环境质量标准》基本项目和水库富营养化控制指标拟定，包括水温、酸碱度、溶解氧、高锰酸盐指数、化学需氧量、五日生化需氧量、氨氮、总磷、总氮、铜、锌、氟化物、硒、砷、汞、镉、铬、铅、氰化物、挥发酚、石油类、阴离子表面活性剂、硫化物、粪大肠菌群、叶绿素 a 和透明度 26 项监测数据。监测频次按水质固定监测要求进行，一般每月监测一次，在特殊时段，监测频次会视具体情况进行调整。

（2）水生生态监测

水生生态监测是进行水生态系统规划与保护的关键环节，包括水环境监测和水生生物监测，与传统水环境监测比有一些重大区别。水生生态监测是基于生态系统完整性视角，综合应用水文、水生态学、生物、物理或化学等技术手段，了解水生动植物与水环境之间的关系，以及对水生态系统结构、水生态功能进行监控测试，为水生态环境质量评价、水生态环境保护修复、水资源合理利用提供依据[21-26]。水生生态监测作为一项专项监测和调查工作，在水电站建设前后受到关注，在水电站建设前即开展了大量背景情况监测，在建设过程与运行期也会进行专业调查与监测。三峡集团从金沙江下游流域水电站建设开始就着手建立水生生态监测系统，该系统是集前期监测成果和后续长期监测以及环境保护措施效果观测于一体的专项系统，监测的内容和方法随着人们认识的深入而不断完善。

水生生态监测的主要内容由渔业生态环境监测和鱼类资源监测两部分构成。渔业生态环境监测内容包括渔业水质和底质环境监测，浮游动植物、周丛生物、浮游生物和底栖生物监测，鱼类环境污染物残留监测。鱼类资源监测内容包括重要经济鱼类资源监测，珍稀特有鱼类监测，鱼类早期资源量监测等。

（3）陆生生态监测

陆生生态监测的要素包括动植物多样性、植被及生态景观体系、土壤与环境背景和水土流失等，以便全面、实时地掌握工程建设影响范围内的植被动态变化特征及区域内典型群落分布情况，监测的手段包括现场调查采样、卫片解译和资料分析等[27-32]。由于陆生生态的演替过程较缓慢，施工迹地的恢复与建设过程密切相关，需要一定的时间，因此其监测频次不固定。工程前期、建设期和运行期均不同：建设期监测频次较高，有时甚至每月监测一次或连续监测；工程前期和运行期监测频次较低，一般实行年度监测或调查。

陆生生态监测系统也是陆生生态系统评价与保护的重要环节。三峡集团在金沙江下游流域水电站开发过程中建立了陆生生态监测系统，该系统是流域监测层面宏观和微观结合的监测站网，其监测方案是结合局地气候的观测确定的。金沙江下游流域的陆生生态监测范围覆盖了金沙江下游河段一级分水岭以下流域（含主要支流），即干流范围为乌东德水电站库尾至向家坝水电站坝下宜宾市长约782km河段一级分水岭以下流域，支流范围主要包括龙川江、普渡河、小江、黑水河、牛栏江、横江及岷江干流真溪5km河段。陆生生态监测以水库淹没区、枢纽区、移民安置区为重点，兼顾流域梯级水电站建设直接影响、叠加影响和因局地气候等环境因素变化而影响的区域。

（4）水温监测

水库蓄热作用会影响水库下游河道的自然水温分布规律，使春季升温推迟，夏季水温降低，秋季降温延缓，冬季水温升高，水温年内均化过程明显。水库低温水下泄会破坏河道下游的水生生态环境，直接影响下游河道水生生物及农作物的生长或繁殖，如对鱼类繁殖产生影响[33-35]。三峡集团以金沙江下游梯级水电站运行对水温时空的影响分析为工作基础，构建了攀枝花至宜昌河段水温观测系统。在流域层面大范围、长距离河道上，通过水温观测成果，及时了解各梯级水电站运行对水温的影响，了解分层取水和运行调度优化等措施的效果以及梯级开发对水温的累积影响。

水温监测根据水库和河道两种类型进行划分，水温监测的重点不同。在水库区，水深相对较大，水体流动速度慢，水库的蓄热作用在坝前最明显，水温在垂向上存在差异；在浅水河段，由于水流掺混相对强烈，水温在垂向上相对均匀。

（5）过饱和气体监测

水电工程实践和科学研究表明，闸坝等水工泄水建筑物对水体的增氧作用明显，但也会使下游水体中总溶解气体出现过饱和状态[38, 39]。高坝通过溢流坝、明流泄洪洞等泄水建筑物时，会从水体表面卷入空气，当流速增加时，卷入的空气承受的压力也会增大，加快气体交换速率，增加水体中的气体饱和浓度[40-42]。金沙江下游向家坝、溪洛渡、白鹤滩、乌东德水电站均为高坝，气体过饱和问题是4座梯级水电站面临的共性问题。水电站所处的金沙江下游流域涉及国家或省级保护鱼类及长江上游特有鱼类，明确金沙江下游4个梯级水电站建设、运行过程中不同泄洪方式下的气体过饱和发生和沿程变化规律，对保护鱼类资源、减缓工程对生态环境的影响具有重要的工程意义。

7.2 地表水水质监测

7.2.1 监测断面布设

金沙江下游流域规划布设30个地表水水质监测断面，干流18个，支流12个。其中，马店河排污口断面由马店河排污口下游500m处断面、下游1000m处断面、下游3000m处断面组成。地表水监测断面布设应遵循以下原则：

1）代表性：监测断面必须有代表性，点位和数量能反映水体环境质量、污染物时空分布及变化。

2）规范性：监测断面应避开死水区、回水区和排污口，应尽量选择河床稳定、河段顺直、湖面宽阔、水流平稳之处。

　　3）可行性：监测断面布设应综合考虑交通条件、实施便利、操作安全、相关辅助资料获取难易等因素，确保实际采样的可行性。

　　根据上述原则，设置进出流域水质、出入库水质、支流来水水质、污染源水质监控（含流域污染源和污染带监测）、水电建设施工监控、移民城镇监控等监测断面。根据 HJ/T 91—2002《地表水和污水监测技术规范》，布设监测断面采样垂线和采样点。金沙江下游地表水水质监测断面情况见图 7–1 和表 7–1。

图7-1　金沙江下游地表水水质监测断面示意图

表7-1　金沙江下游地表水水质监测断面情况一览表

序号	监测断面		断面位置	布设目的
	干流	支流		
1	偏果大桥		攀枝花偏果大桥，雅砻江汇口上游1.3km	金沙江下游流域进水水质监测
2		雅砻江口	雅砻江汇口附近	监测雅砻江支流水质
3	三堆子		三堆子水文站，雅砻江汇口下游3.6km	雅砻江支流的控制断面
4	金江水厂取水口		金沙江右岸，上距雅砻江河口10.8km	监测取水口处水质
5	马店河排污口		钒钛工业园区排污沟	监测污染源及污染带水质状况
6	钒钛工业园区		乌东德库区，钒钛工业园区下游3km	监测该污染源段水质状况
7		龙川江口	乌东德库区	监测龙川江支流水质
8	乌东德坝前		金沙江上，鲹鱼河河口上游500m	乌东德坝前对照断面
9	乌东德坝后		施工期大坝砂石加工系统下游1km	乌东德坝后控制断面
10		普渡河口	白鹤滩库区支流	监测普渡河支流水质
11		小江河口	白鹤滩库区支流	监测小江支流水质

序号	监测断面		断面位置	布设目的
	干流	支流		
12		黑水河口	白鹤滩库区支流	监测黑水河支流水质
13	巧家县城下游		矮子沟渣场上游1km	坝前对照断面、移民城市控制断面
14	白鹤滩坝址		白鹤滩坝址下游交通便桥处	白鹤滩坝后对照断面
15	白鹤滩坝后		衣补河口以下1km	白鹤滩坝后控制断面
16		牛栏江口	溪洛渡库区支流	监测牛栏江支流水质
17	黄华镇		溪洛渡库区永善县移民集中安置镇	移民城镇控制断面
18	溪洛渡坝前		溪洛渡坝前	溪洛渡坝前对照断面
19	溪洛渡坝后		溪洛渡水文站断面	溪洛渡坝后控制断面
20	雷波洋丰肥业有限公司		雷波县顺河工业园区	监测该污染源段水质状况
21	绥江县城		向家坝库区移民县城	移民城市控制断面
22		西宁河口	向家坝库区支流	监测西宁河支流水质
23		中都河口	向家坝库区支流	监测中都河支流水质
24		大汶溪口	向家坝库区库湾	监测大汶溪库湾水质
25		富荣河口	向家坝库区支流	监测富荣河支流水质
26	向家坝坝前		向家坝坝前	向家坝坝前对照断面
27	向家坝坝后		云天化自来水厂取水口上游侧	向家坝坝后控制断面
28		横江桥	横江干流、水富县城附近	监测横江支流水质
29	安边		宜宾县安边镇附近，横江汇口下游	移民新镇控制断面
30		月波	岷江干流、月波附近	监测岷江支流水质

7.2.2 监测内容

30个地表水水质监测断面的监测内容包括 GB 3838—2002《地表水环境质量标准》中表1所有基本项目24项，增测叶绿素 a 和透明度2项指标，共26项，即水温、酸碱度（pH）、溶解氧（DO）、高锰酸盐指数、化学需氧量（COD）、五日生化需氧量（BOD_5）、氨氮（NH_3—N）、总磷、总氮、铜、锌、氟化物、硒、砷、汞、镉、铬（六价）、铅、氰化物、挥发酚、石油类、阴离子表面活性剂、硫化物、粪大肠菌群、叶绿素 a 和透明度。

7.2.3 水质评价准则

（1）评价依据及方法

1）评价依据。以 GB 3838—2002《地表水环境质量标准》和《地表水环境质量评价办法（试行）》（2011年3月）为主要评价依据。

2）评价指标。地表水水质评价指标为 GB 3838—2002《地表水环境质量标准》基本项目中除水温、总氮、粪大肠菌群外的 21 项指标。

3）评价方法。河流断面水质类别评价采用单因子评价法，即根据评价时段内该断面参评的指标中类别最高的一项确定。断面水质定性评价见表 7-2。

表7-2　断面水质定性评价

水质类别	水质状况	表征颜色	水质功能类别
Ⅰ～Ⅱ类水质	优	蓝色	饮用水源地一级保护区、珍稀水生生物栖息地、鱼虾类产卵场、仔稚幼鱼的索饵场等
Ⅲ类水质	良好	绿色	饮用水源地二级保护区、鱼虾类越冬场、洄游通道、水产养殖区、游泳区
Ⅳ类水质	轻度污染	黄色	一般工业用水和人体非直接接触的娱乐用水
Ⅴ类水质	中度污染	橙色	农业用水及一般景观用水
劣Ⅴ类水质	重度污染	红色	除调节局部气候外，使用功能较差

7.2.4　干流水质评价

2016 年 1—12 月金沙江下游流域各干流监测断面水质评价结果（见图 7-2）详述如下。

1）俯果大桥、巧家县城下游、白鹤滩坝址及白鹤滩坝后 4 个断面存在超标情况，超标月份为 4 月、7 月、9 月和 10 月，断面主要污染指标为总磷或高锰酸钾指数，总磷超标现象共 7 次（超标倍数为 0.05～1.55 倍），高锰酸钾超标现象共 3 次（超标倍数为 0.12～0.32 倍），其余 16 个断面均符合或优于Ⅲ类，主要以Ⅱ类为主。金沙江下游流域各干流超标断面情况见表 7-3。

2）俯果大桥断面各月度水质类别在Ⅰ～Ⅳ类之间，主要以Ⅱ类为主。其中，Ⅰ类水质比例为 25%，Ⅱ类水质比例为 66.7%，Ⅳ类水质比例为 8.3%。符合或优于Ⅲ类水质比例为 91.7%，劣于Ⅲ类水质比例为 8.3%。

3）巧家县城下游断面各月度水质类别在Ⅱ～劣Ⅴ类之间，主要以Ⅱ类为主。其中，Ⅱ类水质比例为 58.3%，Ⅲ类水质比例为 16.7%，Ⅳ类水质比例为 16.7%，劣Ⅴ类水质比例为 8.3%。符合或优于Ⅲ类水质比例为 75%，劣于Ⅲ类水质比例为 25%。

4）白鹤滩坝址断面各月度水质类别在Ⅱ～劣Ⅴ类之间，主要以Ⅱ类为主。其中，Ⅱ类水质比例为 66.7%，Ⅲ类水质比例为 16.7%，Ⅳ类水质比例为 8.3%，劣Ⅴ类水质比例为 8.3%。符合或优于Ⅲ类水质比例为 83.3%，劣于Ⅲ类水质比例为 16.7%。

5）白鹤滩坝后断面各月度水质类别在Ⅱ～劣Ⅴ类之间，主要以Ⅱ类为主。其中，Ⅱ类水质比例为 66.7%，Ⅲ类水质比例为 25%，劣Ⅴ类水质比例为 8.3%。符合或优于Ⅲ类水质比例为 91.7%，劣于Ⅲ类水质比例为 8.3%。

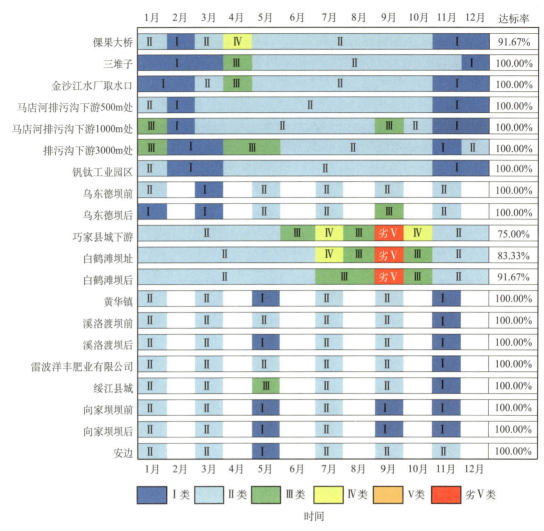

图7-2 金沙江下游流域各干流监测断面水质评价结果

表7-3 金沙江下游流域各干流超标断面情况表

超标断面	超标月份	主要污染指标（超标倍数）
倮果大桥	4月	总磷（0.05）
巧家县城下游	7月	总磷（0.20）
	9月	总磷（1.45）、高锰酸钾指数（0.23）
	10月	总磷（0.50）
白鹤滩坝址	7月	总磷（0.40）
	9月	总磷（1.45）、高锰酸钾指数（0.12）
白鹤滩坝后	9月	总磷（1.55）、高锰酸钾指数（0.32）

7.2.5　支流水质评价

2016 年 1—12 月金沙江下游流域各支流监测断面水质评价结果（见图 7-3）详述如下。

1）12 个支流断面年度水质类别为Ⅱ～劣Ⅴ类，主要以Ⅱ类为主，比例为 50%，污染时间主要集中在汛期。其中，小江河口年度水质类别为劣Ⅴ类，超标因子为总磷和砷，超标倍数分别为 5.1 倍和 2.74 倍；普渡河口（尼格）年度水质类别为Ⅴ类，超标因子为总磷和氟化物，超标倍数为 0.7 倍和 0.6 倍；龙川江口和月波年度水质类别均为Ⅳ类，超标因子均为总磷，超标倍数分别为 0.1 倍和 0.05 倍；黑水河口和牛栏江口（大沙店）年度水质类别均为Ⅲ类，其余 6 个断面均为Ⅱ类。西宁河口、中都河口、大汶溪口、富荣河口及横江桥等断面在监测时段内的水质状况均为优。

2）雅砻江口断面各月度水质类别为Ⅰ～劣Ⅴ类，主要以Ⅱ类水质为主。其中，Ⅰ类水质比例为 16.7%，Ⅱ类水质比例为 75%，劣Ⅴ类水质比例为 8.3%。符合或优于Ⅲ类水质比例为 91.7%，劣于Ⅲ类水质比例为 8.3%。

3）龙川江口断面各月度水质类别为Ⅰ～劣Ⅴ类，主要以Ⅰ～Ⅲ类为主。其中，Ⅰ类水质比例为 16.7%，Ⅱ类水质类别为 33.3%，Ⅲ类水质类别为 16.7%，Ⅴ类水质比例为 16.7%，劣Ⅴ类水质比例为 16.7%。符合或优于Ⅲ类水质比例为 66.7%，劣于Ⅲ类水质比例为 33.3%。

4）黑水河口断面各月度水质类别为Ⅱ～劣Ⅴ类，主要以Ⅱ类水质为主。其中，Ⅱ类水质比例为 50%，Ⅲ类水质比例为 16.7%，Ⅳ类水质比例为 16.7%，劣Ⅴ类水质比例为 16.7%。符合或优于Ⅲ类水质比例为 66.7%，劣于Ⅲ类水质比例为 33.3%。

5）月波断面各月度水质类别为Ⅲ～Ⅳ类，主要以Ⅲ和Ⅳ类水质为主。其中，Ⅲ类水质比例为 50%，Ⅳ类水质比例为 50%。符合或优于Ⅲ类水质比例为 50%，劣于Ⅲ类水质比例为 50%。

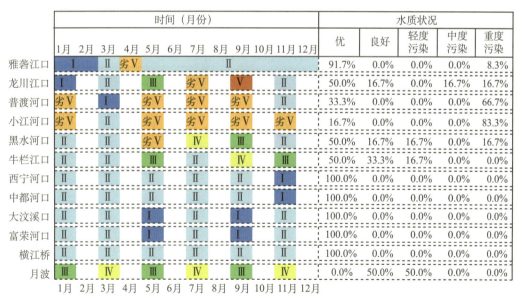

断面	时间（月份）												优	良好	轻度污染	中度污染	重度污染
	1月	2月	3月	4月	5月	6月	7月	8月	9月	10月	11月	12月					
雅砻江口	Ⅰ	Ⅱ	劣Ⅴ	Ⅱ	Ⅱ	Ⅱ	Ⅱ	Ⅱ	Ⅱ	Ⅱ	Ⅱ	Ⅱ	91.7%	0.0%	0.0%	0.0%	8.3%
龙川江口	Ⅰ		Ⅱ		Ⅲ		劣Ⅴ		Ⅴ		Ⅱ		50.0%	16.7%	0.0%	16.7%	16.7%
普渡河口	劣Ⅴ		Ⅰ		劣Ⅴ		劣Ⅴ		劣Ⅴ		Ⅱ		33.3%	0.0%	0.0%	0.0%	66.7%
小江河口	劣Ⅴ		Ⅱ		劣Ⅴ		劣Ⅴ		劣Ⅴ		劣Ⅴ		16.7%	0.0%	0.0%	0.0%	83.3%
黑水河口	Ⅱ		Ⅱ		劣Ⅴ		Ⅳ		Ⅲ		Ⅱ		50.0%	16.7%	16.7%	0.0%	16.7%
牛栏江口	Ⅱ		Ⅱ		Ⅲ		Ⅱ		Ⅳ		Ⅲ		50.0%	33.3%	16.7%	0.0%	0.0%
西宁河口	Ⅱ		Ⅱ		Ⅱ		Ⅱ		Ⅱ		Ⅰ		100.0%	0.0%	0.0%	0.0%	0.0%
中都河口	Ⅱ		Ⅱ		Ⅱ		Ⅱ		Ⅱ		Ⅰ		100.0%	0.0%	0.0%	0.0%	0.0%
大汶溪口	Ⅱ		Ⅱ		Ⅰ		Ⅱ		Ⅰ		Ⅱ		100.0%	0.0%	0.0%	0.0%	0.0%
富荣河口	Ⅱ		Ⅱ		Ⅰ		Ⅱ		Ⅱ		Ⅱ		100.0%	0.0%	0.0%	0.0%	0.0%
横江桥	Ⅱ		Ⅱ		Ⅱ		Ⅱ		Ⅱ		Ⅱ		100.0%	0.0%	0.0%	0.0%	0.0%
月波	Ⅲ		Ⅳ		Ⅲ		Ⅳ		Ⅲ		Ⅳ		0.0%	50.0%	50.0%	0.0%	0.0%

图7-3　金沙江下游流域各支流监测断面水质评价结果

6）小江河口断面各月度水质类别为Ⅱ类和劣Ⅴ类，主要以劣Ⅴ类水质为主。其中，Ⅱ类水质比例为 16.7%，劣Ⅴ类水质比例为 83.3%，符合或优于Ⅲ类水质比例为 16.7%，劣于Ⅲ

类水质比例为83.3%。

7）普渡河口（尼格）断面各月度水质类别为Ⅰ～劣Ⅴ类，主要以劣Ⅴ类水质为主。其中，Ⅰ类水质比例为16.7%，Ⅳ类水质比例为16.7%，劣Ⅴ类水质比例为66.7%。符合或优于Ⅲ类水质比例为16.7%，劣于Ⅲ类水质比例为83.3%。

8）牛栏江口（大沙店）断面各月度水质类别为Ⅱ～Ⅳ类，主要以Ⅱ类水质为主。其中，Ⅱ类水质比例为50%，Ⅲ类水质比例为33.3%，Ⅳ类水质比例为16.7%。符合或优于Ⅲ类水质比例为83.3%，劣于Ⅲ类水质比例为16.7%。

7.3 水生生态监测

7.3.1 监测断面布设

珍稀特有鱼类和重要鱼类监测布设16个监测断面（见图7-4），包括干流9个，支流7个。鱼类产卵场和繁殖生态布设5个断面（见图7-5），分别为金沙江雅砻江（河口）、皎平渡、三块石以下（柏溪镇）、赤水市和江津，其中三块石以下（柏溪镇）和江津断面与保护区监测原有断面重合。

7.3.2 监测内容

根据金沙江下游水电梯级开发环境影响及对策研究报告和4个水电站环境影响报告书要求，将其中的主要影响对象作为重要监测内容。2016年度水生生态监测内容见表7-4。

表7-4　2016年度水生生态监测内容

分类	监测项目	监测内容
鱼类资源监测	珍稀特有鱼类	种类组成、比例、种群数量、分布、出现频率、种群年龄构成、性别、个体生物学特征、性腺发育特征、食性、栖息环境等
	重要经济鱼类资源	鱼类分布、渔获物组成、渔获物结构及渔获量等
	产卵场和繁殖生态	鱼类早期资源种类组成与比例、数量、产卵场位置推算、繁殖时间、繁殖规模等

7.3.3 鱼类种类分布与组成分析

（1）珍稀特有鱼类

根据监测点位布设（见图7-4和图7-5）2016年4—7月和10—12月，金沙江下游流域共监测到长江上游特有鱼类15种，1238尾，16个监测河段中有15个河段监测到了长江上游特有鱼类，仅龙川江河口段未监测到（见图7-6和图7-7）。监测到特有鱼类的河段中，种类最多的为皎平渡河段，有8种；其次为雅砻江河口河段，有7种；再次为黑水河口河段，有5种；最少的为绥江县河段，仅1种。根据样本量结果分析，数量最多的是张氏鳘，为637

尾；其次是短体副鳅，为 315 尾；再次是圆口铜鱼，为 102 尾；其余种类均在 100 尾以下，最少的为异鳔鳅鮀、四川华吸鳅、前鳍高原鳅和山鳅，均为 1 尾（见图 7-8）。

2016 年珍稀特有鱼类监测结果一览表见表 7-5。

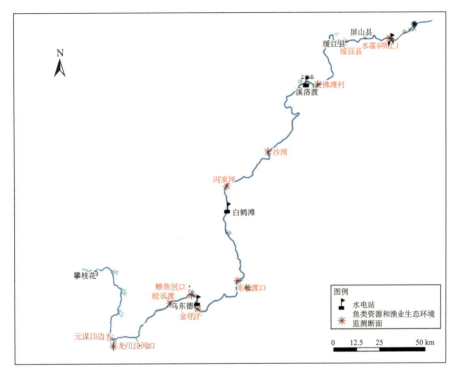

图7-4　鱼类资源与渔业环境监测点位示意图

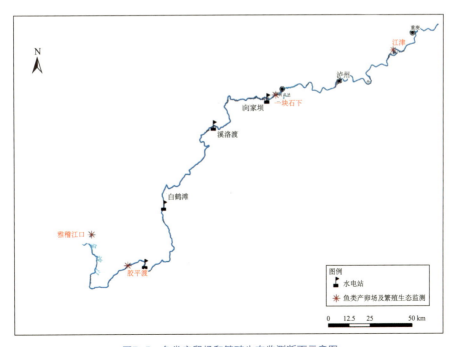

图7-5　鱼类产卵场和繁殖生态监测断面示意图

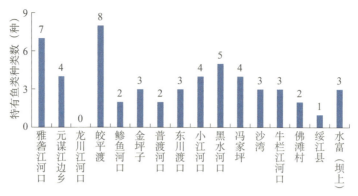

图7-6　金沙江下游河段各监测断面特有鱼类种类

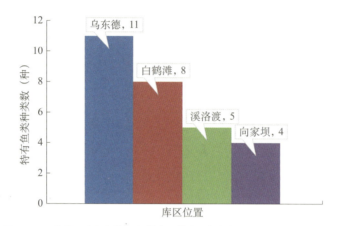

图7-7　四个库区（乌东德与白鹤滩已截流-未成库）监测特有鱼类种类数

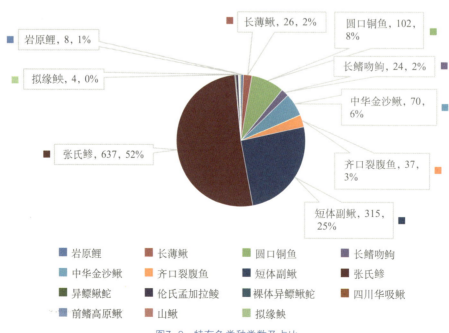

图7-8　特有鱼类种类数及占比

表7-5 2016年珍稀特有鱼类监测结果一览表

种类	数量（尾）	存在库区	体长范围（mm）	优势体长（mm）	体重范围（g）	优势体重（g）	年龄结构（龄）	性腺发育特征	栖息环境
岩原鲤	8	溪洛渡、向家坝	81～145	80～100	9～60	10～20	1+	雌性	库区静水河段
长薄鳅	26	乌东德、白鹤滩、溪洛渡	110～391	100～200	8～685.5	50～150	1～7，3为主	Ⅰ～Ⅲ期，Ⅱ期为主	激流水体
圆口铜鱼	102	乌东德、白鹤滩、溪洛渡、向家坝	100～385	150～250	17.3～1465	10～200	1～8，2～3为主	1雄3雌，2Ⅳ期，10Ⅱ～Ⅲ期	喜河口（元谋江边乡和普渡河口）和生境复杂水域（皎平渡）
长鳍吻鮈	24	乌东德、白鹤滩	89～214	150～200	11.4～213	50～200	1～5，2～4为主	1Ⅳ，3Ⅱ	—
中华金沙鳅	70	乌东德、白鹤滩	54～130	70～110	1.7～31.5	<15	1～3，1～2为主	4雄8雌，6Ⅳ	广泛分布，资源丰富
齐口裂腹鱼	37	乌东德、白鹤滩	100～200	70～110	8.5～405.5	<100	1～4，2为主	18雄2雌	—
短体副鳅	315	乌东德、白鹤滩	35～90	50～70	0.6～8.9	1～4	1～3，1～2为主	6雄7雌	广泛分布
张氏鳘	637	乌东德、白鹤滩、溪洛渡、向家坝	63～187	90～130	2.7～81	5～25	1～4，1～2为主	10雄17雌	河流中上层，也适应静水环境

（2）重要经济鱼类

2016年，金沙江下游流域共监测到鱼类69种，隶属4目13科50属。统计样本5498尾，测量标本2897尾，统计渔获物重量195.96kg。其中，雅砻江河口段鱼类种类最丰富，有28种；其次为绥江县河段，有26种；东川渡口河段鱼类种类数量最少，为7种（见表7-6，图7-9）。

表7-6 2016年金沙江下游流域各监测点位重要经济鱼类种类数量变化表

区域	江段	鱼类种类数
乌东德库区	雅砻江河口	28
	元谋江边乡	13
	龙川江河口	12
	皎平渡	22
	鲹鱼河口	11

区域	江段	鱼类种类数
白鹤滩库区	金坪子	10
	普渡河口	8
	东川渡口	7
	小江河口	15
	黑水河口	16
溪洛渡库区	冯家坪	14
	沙湾	—
	牛栏江河口区	16
向家坝库区	佛滩村	25
	绥江县	26
	水富（坝上）	27

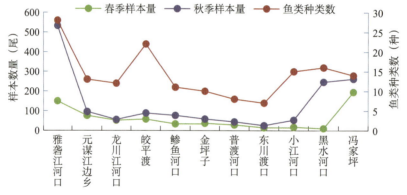

图7-9 2016年金沙江下游流域各断面重要经济鱼类种类及数量

7.3.4 鱼类产卵场和繁殖生态分析

雅砻江河口断面：2016年雅砻江河口铁路桥断面共监测到鱼卵20粒，鱼苗32粒，稚鱼53尾，共鉴定鱼类6种，隶属2目4科5属，分别为短体金沙鳅、中华金沙鳅、犁头鳅、中华沙鳅、中华纹胸鮡和鳑，其中以犁头鳅、中华金沙鳅数量最多，占鉴定鱼卵和鱼苗总数的30.8%和34.6%。估算监测期间通过雅砻江河口断面的卵苗总径流量为6.28×10^6（粒·尾），其中鱼卵为1.85×10^6（粒·尾），鱼苗为4.30×10^6（粒·尾）。犁头鳅卵苗径流总量为1.17×10^6（粒·尾），中华金沙鳅卵苗径流总量为9.8×10^5（粒·尾）。繁殖盛期在6月底和7月初。监测到的鱼卵主要来自雅砻江与金沙江交汇处上游25.9～55.4km河段，即雅砻江得石镇至胜利彝族乡河段（见图7-10）。

皎平渡断面：2016年皎平渡大桥断面共监测到鱼卵521粒，鱼苗10粒，共鉴定鱼类10种，隶属2目5科9属，分别为中华沙鳅、长鳍吻鮈、中华金沙鳅、长薄鳅、犁头鳅、圆

图7-10　2016年金沙江下游雅砻江河口铁路桥断面卵苗径流量变化

口铜鱼、宽体沙鳅、宽鳍鱲、波氏吻鰕虎鱼和中华纹胸鮡。其中，典型产漂流性卵的鱼类中，中华沙鳅数量最多，共 238 粒·尾，占采集到的卵苗总数的 47.22%；其次是中华金沙鳅，占采集到的卵苗总数的 31.55%。估算监测期间通过皎平渡大桥断面的卵苗总径流量为 3034.3×10^4（粒·尾）。监测到的产漂流性卵的鱼类来自监测断面以上 4 个产卵场，距监测断面分别为 11～48km、55～67km、92～108km 和 166～194km，其中以皎平渡和会理—永仁两个产卵场的卵苗量最多（分别占卵苗总径流量的 35.98% 和 38.88%）（见图 7-11）。

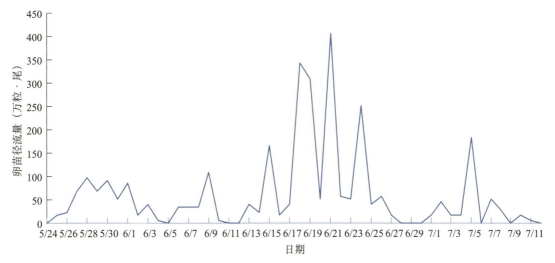

图7-11　2016年金沙江下游皎平渡大桥断面卵苗径流量变化

宜宾断面：2016 年长江上游宜宾南门桥断面共监测到鱼卵 68 粒，鱼苗 111 尾，稚鱼 31 尾。鉴定卵苗种类包括银飘鱼、中华纹胸鮡、宽鳍鱲、铜鱼、犁头鳅、中华金沙鳅、中华鳑鲏、宜昌鳅鮀、寡鳞飘鱼、吻鮈和子陵吻鰕虎鱼 11 种。其中，子陵吻鰕虎鱼、寡鳞飘鱼、吻鮈和宜昌鳅鮀占比较大，分别占 13.41%、12.29%、13.41% 和 5.03%。估算监测期间通过宜宾南门桥断面的卵苗总径流量为 7.56×10^7（粒·尾），其中鱼卵为 2.34×10^7（粒·尾），鱼苗为 5.22×10^7（粒·尾）。繁殖高峰集中在 6 月至 7 月初。鱼类产卵场主要集中在柏溪镇上下，三块石河段为主要分布河段（见图 7-12）。

图7-12　2016年5—7月宜宾南门桥断面卵苗径流量变化

　　江津断面：2016年长江上游江津通泰门断面共监测到鱼卵2756粒，鱼苗281尾，稚鱼1979尾。鉴定卵苗种类包括鳙、蛇鮈、黑鳍鳈、四川华鳊、宽体华鳅等40余种，其中铜鱼、鲢、中华沙鳅、犁头鳅、长薄鳅、吻鮈、寡鳞飘鱼、宜昌鳅鮀数量较多，分别占3.06%、3.19%、3.65%、4.18%、9.28%、10.7%、13.56%、13.83%。估算监测期间通过江津通泰门断面的卵苗总径流量为31.19×10^8（粒·尾），其中鱼卵为25.97×10^8粒，鱼苗为5.33×10^8尾。家鱼卵苗径流量为2.51×10^8（粒·尾），铜鱼卵苗径流量为0.90×10^8（粒·尾），长薄鳅卵苗径流量为6.18×10^8（粒·尾）。监测期间多数家鱼鱼卵来自江津断面上游53～100km处，即石门—合江河段，该河段家鱼产卵规模达9.67×10^7（粒·尾），占总产卵规模的57.90%。铜鱼鱼卵多数来自江津断面上游39.2～67.8km处，即白沙镇—朱沱镇河段；75.9～101.8km处，即鱼咀—合江县河段；113.4～149.2km处，即文桥—黄舣场江段。长薄鳅鱼卵多数来自江津断面上游59.1～83.6km处，即朱杨镇—羊石镇河段；93.2～101.9km处，即榕山镇—合江县河段；109.5～159.4km处，即文桥—泰安镇江段；189.3～194.6km处，即纳溪区—大渡口镇河段（见图7-13）。

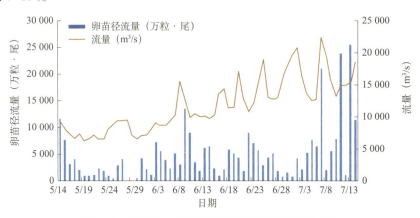

图7-13　2016年5—7月江津通泰门断面卵苗径流量变化

　　赤水河断面：2016年赤水河赤水断面共监测到鱼卵7103粒，鱼苗190尾，共鉴定种类20种，隶属3目6科17属，典型产漂流性卵的鱼类有寡鳞飘鱼、银鮈、宜昌鳅鮀、中华沙鳅、花斑副沙鳅、双斑副沙鳅、长薄鳅、紫薄鳅和犁头鳅9种。监测期间通过赤水河断面的

卵苗总径流量为 6.00×10^8（粒·尾），其中紫薄鳅为 1.71×10^8（粒·尾），占卵苗总径流量的 28.50%；宜昌鳅鮀为 1.12×10^8（粒·尾），占卵苗总径流量的 18.67%（见表 7-7）。繁殖期为 6 月初至 7 月初。寡鳞飘鱼和银鮈的产卵场主要集中在土城镇以下河段；宜昌鳅鮀的产卵场主要集中在葫市镇—合马镇河段；犁头鳅、长薄鳅、紫薄鳅和中华沙鳅的产卵场主要集中在土城镇—二郎镇河段。

表7-7　2016年监测期间赤水河产漂流性卵鱼类的繁殖规模

种类	繁殖规模（$\times 10^8$粒·尾）	比例（%）
寡鳞飘鱼	0.29	4.83
花斑副沙鳅	0.06	1.00
犁头鳅	0.62	10.33
双斑副沙鳅	0.19	3.17
宜昌鳅鮀	1.12	18.67
银鮈	0.79	13.17
长薄鳅	0.86	14.33
中华沙鳅	0.33	5.50
紫薄鳅	1.71	28.50
其他	0.03	0.50
总计	6.00	100.00

7.3.5　渔业生态环境分析

（1）浮游植物种类组成

在 2016 年 6 月监测的定性和定量样本中共鉴定浮游植物 71 种，隶属 6 门 45 属。其中，硅藻门的种类最多，有 31 种，占总数的 44%；其次为绿藻门，有 22 种，占总数的 31%；蓝藻门有 9 种，占总数的 13%。另外，甲藻门、隐藻门、裸藻门各 3 种，各占总数的 4%（见图 7-14）。

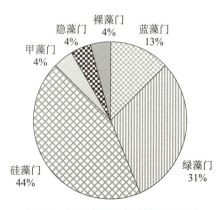

图7-14　2016年6月浮游植物种类组成

在 2016 年 11 月监测的定性和定量样本中共鉴定浮游植物 81 种，隶属 6 门 49 属。其中，硅藻门的种类最多，有 35 种，占总数的 43%；其次为绿藻门，有 27 种，占总数的 33%；蓝藻门有 9 种，占总数的 11%；隐藻门有 5 种，占总数的 6%；裸藻门有 3 种，占总数的 4%；甲藻门有 2 种，占总数的 3%（见图 7-15）。

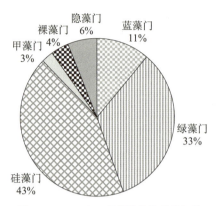

图7-15 2016年11月浮游植物种类组成

（2）浮游动物种类组成

在 2016 年 6 月监测的定性和定量样本中共鉴定浮游动物 34 种。其中，原生动物 6 种，占总数的 18%；轮虫 20 种，占总数的 59%；枝角类 5 种，占总数的 15%；桡足类 3 种，占总数的 8%（见图 7-16）。2016 年 6 月浮游动物的种类名录及分布见表 7-8。

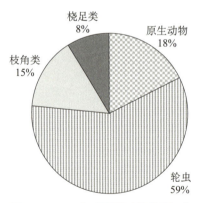

图7-16 2016年6月浮游动物种类组成

在 2016 年 11 月监测的定性和定量样本中共鉴定浮游动物 48 种。其中，轮虫最多，有 26 种，占总数的 54.2%；原生动物有 17 种，占总数的 35.4%；枝角类有 3 种，占总数的 6.3%；桡足类有 2 种，占总数的 4.1%（见图 7-17）。常见种为轮虫中的螺形龟甲轮虫（Keratella cochlearis），枝角类中的长额象鼻溞（Bosmina longirostris），桡足类中的微小近剑水蚤（Tropocyclops parvus）。

（3）底栖动物种类组成

在 2016 年 11 月监测的定性和定量样本中共鉴定底栖动物 19 属种，隶属 3 门 4 纲 12 科，其中，环节动物有 2 种，占总数的 10.5%；软体动物有 2 种，占总数的 10.5%；节肢动物有 15 种，占总数的 79.0%（见图 7-18）。底栖动物的种类名录及分布见表 7-9。

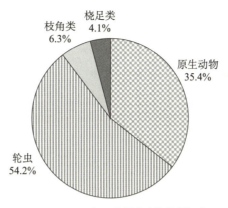

图7-17　2016年11月浮游动物种类组成

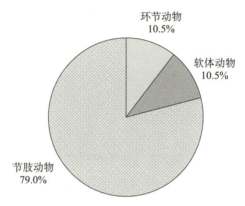

图7-18　2016年11月底栖动物种类组成

表7-8　2016年6月浮游动物的种类名录及分布

种类	佛滩村	绥江县	水富（坝上）	小江河口	东川渡口	黑水河口	冯家坪	牛栏江河口	沙湾	金坪子	鲹鱼河口	皎平渡	龙川江河口	元谋江边乡	雅砻江河口
原生动物 Protozoa															
针棘匣壳虫 Centropyxis aculeata		+	+	+	+				+	+	+				
王氏似铃壳虫 Tintinnopsis wangi		+												+	+
裸口虫 Holophrya sp.			+												
表壳虫 Arcella sp.			+	+	+				+			+		+	+
旋匣壳虫 Centropyxis aerophila		+													
冠砂壳虫 Difflugia corona														+	

续表

种类	佛滩村	绥江县	水富（坝上）	小江河口	东川渡口	黑水河口	冯家坪	牛栏江河口	沙湾	金坪子	鲹鱼河口	皎平渡	龙川江河口	元谋江边乡	雅砻江河口
轮虫 Rotifera															
蛭态亚目 Bdelloidea sp.				+				+							
橘色轮虫 Rotaria citrina	+														
疣毛轮虫 Synchaeta sp.		+	+												
梳妆疣毛轮虫 Synchaeta pectinata															+
巨头轮虫 Cephalodella sp.				+											
刺盖异尾轮虫 Trichocerca capucina												+			
对棘同尾轮虫 Diurella stylata															+
螺形龟甲轮虫 Keratella cochlearis	+													+	
矩形龟甲轮虫 Keratella quadrata	+									+				+	
卵形彩胃轮虫 Chromogaster ovalis			+												
腔轮虫 Lecane sp.				+											+
月形腔轮虫 Lecane luna			+												
叉角拟聚花轮虫 Conochiloides dossuarius			+												
前节晶囊轮虫 Asplanchna priodonta			+												
郝氏皱甲轮虫 Ploesoma hudsoni			+							+		+		+	
尖角单趾轮虫 Monostyla hamata			+												
大肚须足轮虫 Euchlanis dilatata			+												
角突臂尾轮虫 Brachionus angularia	+		+												

续表

种类	佛滩村	绥江县	水富（坝上）	小江河口	东川渡口	黑水河口	冯家坪	牛栏江河口	沙湾	金坪子	鳡鱼河口	皎平渡	龙川江河口	元谋江边乡	雅砻江河口
剪形臂尾轮虫 Brachionus forficula	+														
广布多肢轮虫 Polyarthra vulgaris															+
枝角类 Cladocera															
长额象鼻溞 Bosmina longirostris	+	+		+				+	+	+		+		+	+
僧帽溞 Daphnia cucullata	+									+		+			+
透明薄皮溞 Leptodora kindti															
网纹溞 Ceriodaphnia sp.														+	+
圆形盘肠溞 Chydorus sphaericus			+												
桡足类 Copepoda															
汤匙华哲水蚤 Sinocalanus dorrii	+		+	+								+			+
大尾真剑水蚤 Eucyslops macruroides	+														
跨立小剑水蚤 Microcyclops varicans					+							+			
剑水蚤幼体		+	+					+	+	+				+	
无节幼体	+	+	+				+	+	+			+		+	+
总计	9	4	15	6	5	0	1	2	4	3	1	7	0	10	11

注："+"表示物种在该站点定量样品中出现；红色"+"表示物种仅在该站点定性样品中出现。

表7-9　底栖动物的种类名录及分布

种类	佛滩村	雅砻江河口	元谋江边乡	龙川江河口	鳡鱼河口	皎平渡	黑水河口	小江河口	普渡河口
环节动物门 Annelida									
寡毛纲 Oligochaeta									

续表

种类	佛滩村	雅砻江河口	元谋江边乡	龙川江河口	鲹鱼河口	皎平渡	黑水河口	小江河口	普渡河口
颤蚓科 Tubificidae									
霍甫水丝蚓 Limnodrilus hoffmeisteri					+				
蛭纲 Hirudinea									
舌蛭科 Glossiphoniidae									
舌蛭科一种 Glossiphoniidae sp.									+
软体动物门 Mollusca									
腹足纲 Gastropoda									
椎实螺科 Lymnaeidae									
萝卜螺 Radix sp.									+
膀胱螺科 Physidae									
尖膀胱螺 Physa acuta					+				
节肢动物门 Arthropoda									
昆虫纲 Insecta									
四节蜉科 Baetidae									
四节蜉 Baetis sp.							+		
花翅蜉 Baetiella sp.							+		
扁蜉科 Heptageniidae									
似动蜉 Cinygmina sp.							+		
溪颏蜉 Rhithrogena sp.							+		
毛翅目 Trichoptera									
纹石蛾科 Hydropsychidae									
纹石蛾 Hydropsyche sp.								+	+
鞘翅目 Coleoptera									
水龟虫科 Hydrophilidae									
水龟虫科一种 Hydrophilidae sp.					+				
双翅目 Diptera									

续表

种类	佛滩村	雅砻江河口	元谋江边乡	龙川江河口	鲹鱼河口	皎平渡	黑水河口	小江河口	普渡河口
蠓科 Ceratopogonidae									
贝蠓属一种 *Bezzia* sp.					+				
长足虻科 Dolichopodidae									
长足虻科一种 Dolichopodidae sp.					+				
水蝇科 Ephydridae									
水蝇科一种 Ephydridae sp.					+				
摇蚊科 Chironomidae									
长足摇蚊亚科 Tanypodinae									
前突摇蚊 *Procladius* sp.					+				
直突摇蚊亚科 Orthocladiinae									
矮突摇蚊 Nanocladius sp.							+		
岩壁湿身摇蚊 *Neozavrelia* sp.					+				
摇蚊亚科 Chironominae									
流水长跗摇蚊 Rheotanytarsus sp.					+				
多足摇蚊 Polypedilum sp.					+				
摇蚊蛹 Chironomidae pupa					+				+
总计	1	0	0	0	11	0	5	1	4

注："+"表示该物种在该站点出现。

7.4 陆生生态监测

7.4.1 监测断面布设

根据实地勘察情况，在每个库区选择 2～3 条干流断面，每条干流断面 2 条样线，每条样线 3～5 个样地；每个库区选择 1～2 条支流进行消落带监测，并在典型植被区选择对照植被样方，与库区样方进行对照。按照以上原则，金沙江下游流域各水电站在坝址、库中、库尾各设置 1 条采样断面，每条支流设置 1 条采样断面，共计 18 条采样断面。金沙江下游梯级水电站实地调查样点位置见表 7-10。

表7-10 金沙江下游梯级水电站实地调查样点位置

水电站	经度（E）	纬度（N）	海拔（m）	位置	样带类型	样方数量
向家坝	104°23.482′	28°38.863′	432	坝址（干流）	垂直断面	3
	103°52.530′	28°39.365′	441	库中（干流）		3
	103°41.312′	28°14.982′	418	库尾（干流）		3
	104°28.776′	28°38.692′	265	坝下游（干流）		3
	104°23.866′	28°36.003′	337	横江（支流）	垂直水平断面	5
	103°54.357′	28°42.993′	503	西宁河（支流）		5
溪洛渡	103°37.993′	28°16.413′	649	坝址（干流）	垂直断面	3
	103°11.181′	27°31.480′	657	库中（干流）		3
	102°52.900′	27°15.572′	680	库尾（干流）		3
	103°08.794′	27°25.244′	694	牛栏江（支流）	垂直水平断面	5
白鹤滩	102°54.117′	27°11.982′	679	坝址（干流）	垂直断面	3
	102°53.359′	26°59.683′	874	库中（干流）		3
	102°37.314′	26°17.388′	887	库尾（干流）		3
	103°03.506′	26°34.908′	747	普渡河（支流）	垂直水平断面	5
乌东德	102°36.027′	26°21.037′	994	坝址（干流）	垂直断面	3
	101°52.797′	25°57.618′	939	库中（干流）		3
	101°55.829′	26°22.857′	1383	库尾（干流）		3
	101°52.127′	25°56.749′	965	龙川江（支流）	垂直水平断面	5

7.4.2 监测内容与植被类型分析

2016年，野外实地调查监测植物涉及植物物种、植被类型、物种多样性和植物生长规律等。

监测区内的主要植被类型有两种，即干热河谷植被类型和稀树灌木草丛类型。其中，干热河谷植被类型在监测区所有植被类型中分布面积最大，主要以片状和块状分布在向家坝、溪洛渡、白鹤滩、乌东德地区的山坡坡面，植物种类以黄荆、黄茅、山黄麻等为主；稀树灌草丛类型主要分布在溪洛渡雷波以上的白鹤滩和乌东德地区，往往呈片状、片带状、可连续或不连续分布，四川省宁南县相对较多。其中，小乔木以新银合欢、蓝桉、山黄麻等为主，灌木以黄荆、车桑子等为主，草丛以黄茅、三芒草等旱生性禾草为主（见表7-11）。

表7-11　监测区内主要陆生植被类型分布实地调查表（2016年）

植被系列	植被型组	植被型	群　系	调查区分布
自然植被	针叶林	亚热带针叶林	马尾松林	永善、宜宾县
	阔叶林	常绿阔叶林	喜树林、漆树林	雷波以下分布
		落叶阔叶林	蓝桉林	雷波以下分布
		针阔混交林	蓝桉林、柏树林	雷波以下分布
	灌丛和灌草丛	灌丛	车桑子灌丛	永善以上河段广泛分布
			黄荆灌丛	沿江两岸广泛分布
			剑麻灌丛	元谋、仁和以西河段
		稀树灌草丛	山黄麻灌草丛	沿江两岸广泛分布
			类芦灌草丛	沿江两岸广泛分布
		草丛	扭黄茅、龙须草、白茅草丛	沿江两岸广泛分布
			三芒草、黄茅草丛	沿江两岸广泛分布
人工植被	经济果林木	常绿果木林	柑橘林	沿江山坡
			龙眼林、枇杷林	沿江山坡及村落
		常绿经济林	慈竹林	沿江山坡及村落
			柳杉林、杉木林	新市镇至雷波一线
			麻疯树林	永善至元谋沿江一线
			新银合欢林	沿江两岸广泛栽培
		落叶果木林	花椒林	永善、雷波、屏山等境内沿江山坡
	农田植被	旱地作物	玉米、油菜为主的作物组合	各地广泛分布
		水田作物	水稻、冬小麦为主的作物组合	各地零星分布

　　监测区内最普遍的是自然次生植被及人工植被。将此次现场调查结果同各梯级水电站前期环境影响评价报告中涉及评价区植被类型的描述结果进行对比，梯级水电站建设及运营前后评价区的主要植被类型及分布基本未发生变化。

　　依据水电开发的前期资料以及现场调查结果，金沙江下游4座梯级水电站涉及区域的维管束植物共计2369种（包括一些重要的种下单位），隶属214科，910属。金沙江下游梯级水电站评价区植物种类组成比较见表7-12。

表7-12 金沙江下游梯级水电站评价区植物种类组成比较

区域	维管束植物			蕨类植物			裸子植物			被子植物		
	科	属	种数	科	属	种数	科	属	种数	科	属	种数
向家坝	195	665	972	17	25	35	7	11	15	171	629	922
溪洛渡	188	791	1713	23	37	57	9	19	26	156	735	1630
白鹤滩	168	661	1055	24	35	70	5	9	10	139	617	975
乌东德	128	455	698	10	11	16	6	8	9	112	436	673
监测区	214	910	2369	26	37	68	9	22	32	179	851	2269

经过统计分析,金沙江下游各梯级水电站区域维管束植物物种组成中,裸子植物种类较少且大部分为人工栽培。野生植物的不同植物种类在种群数量方面差别较大,其中,刚莠竹、窄叶山黄麻、栓皮栎、黄葛树、仙人掌、扭黄茅、荩草、孔颖草、黄荆、鬼针草等种类个体数量多,可成单优群落;西南沿阶草、黄细辛、刺痒藤、锥花、浆果苋、巴东醉鱼草等种类在评价区内仅为偶见种,个体数量较少。

从表 7-12 可知,监测区内的维管束植物在种类组成上具有一定的差异,下游比上游种类更丰富。由于溪洛渡水电站位于云南省植物区系分区的第 X 区和四川森林地理分区的 ID10 的交汇处,因此区内植物属数、种数最多。对照金沙江下游梯级水电站前期相关环境影响评价报告资料,此次调查结果表明梯级水电开发对库区的植物物种组成及生物多样性无影响。

7.4.3 野生植物影响分析

参照《国家重点保护野生植物名录(1999 年)》中所列植物名录,金沙江下游监测区内共有国家重点保护野生植物 21 种,其中,国家Ⅰ级保护植物 9 种,有珙桐、光叶珙桐、红豆杉、南方红豆杉、巧家五针松、伯乐树、攀枝花苏铁、银杏和莼菜;国家Ⅱ级保护植物 12 种,有红椿、喜树、桫椤、连香树、福建柏、水青树、峨眉含笑、金铁锁、厚朴、桢楠、青檀和黄杉。金沙江下游梯级水电站监测区国家重点保护野生植物分布见表 7-13。

表7-13 金沙江下游梯级水电站监测区国家重点保护野生植物分布

区域	国家I级	国家II级	合计
向家坝	1	5	6
溪洛渡	9	11	20
白鹤滩	—	—	—
乌东德	1	1	2
监测区	9	12	21

根据现场调查记录,国家Ⅱ级保护植物喜树仅在向家坝监测区发现,国家Ⅱ级保护植物红椿在金沙江干旱河谷坡地人工栽培较普遍,红椿同其变种滇红椿组成村落四旁的主要栽培

速生用材树。其余国家保护野生植物野生种群在金沙江下游干流及支流地区均未发现。由此可以推断，金沙江下游梯级水电开发对国家级保护野生植物几乎没有影响。

7.4.4　木本植物生长规律影响分析

为了研究水电站蓄水后对木本植物生长规律的影响，调查组选定向家坝和溪洛渡水电站干流及支流区域为监测地区，以该区域代表性木本植物为监测对象，采用树木年轮分析法，分析工程影响区以及周边地区木本植物在蓄水前后生长规律的变化。本次调查共取得有效树芯样本 28 个，涉及 8 种木本植物。分析结果如下：

1）马尾松在蓄水前（2012 年前）平均生长速率为 3.185mm/年，蓄水后平均生长速率为 3.937mm/年，增加幅度达 23.6%。表明蓄水后对该树种的生长有明显促进作用。

2）漆树在蓄水前（2012 年前）平均生长速率为 3.520mm/年，蓄水后平均生长速率为 3.104mm/年，降低幅度达 11.8%。表明蓄水后对该树种的生长有抑制作用。

3）喜树在蓄水前（2012 年前）平均生长速率为 4.142mm/年，蓄水后平均生长速率为 2.988mm/年，降低幅度达 27.9%。表明蓄水后对该树种的生长有明显抑制作用。

4）柏树在蓄水前（2012 年前）平均生长速率为 3.047mm/年，蓄水后平均生长速率为 3.585mm/年，增加幅度达 17.7%。表明蓄水后对该树种的生长有明显促进作用。

5）蓝桉在蓄水前（2012 年前）平均生长速率为 4.469mm/年，蓄水后平均生长速率为 4.605mm/年，增加幅度为 3.0%。表明蓄水后对该树种的生长影响不大。

6）羽脉山黄麻在蓄水前（2012 年前）平均生长速率为 3.750mm/年，蓄水后平均生长速率为 5.029mm/年，增加幅度达 34.1%。表明蓄水后对该树种的生长有明显促进作用。

7.5　气体过饱和监测

7.5.1　监测断面布设及内容

为了解乌东德、白鹤滩、溪洛渡和向家坝工程建设与运行过程中过饱和气体沿程变化情况，对金沙江干流攀枝花水域、巧家水域、向家坝坝下长江上游珍稀特有鱼类国家级自然保护区水域、支流雅砻江、大汶溪库湾、老屏山库湾、邵女坪库湾、横江及岷江河口水域等 28 个断面开展泄洪前、泄洪期、泄洪后及专项监测（见表 7-14）。金沙江下游河道气体过饱和监测内容为溶解氧、溶解氮、水温及大气压。其中，溶解氧的测定按照 GB 7489—1987《水质溶解氧的测定碘量法》，TDG 的测定采用 manta2 仪器法，水温采用温度计测量，大气压采用气压计测量。

表7-14 监测区域及监测断面信息表

编号	区域	断面	距离溪洛渡（km）	距离向家坝（km）	纬度（N）	经度（E）	监测频次	断面性质
1	溪洛渡坝上	渡口大桥	−584	−734	26°36′22″	101°47′51″	**	+
2		雅砻江河口	−578.5	−728.5	26°36′47″	101°48′3″	*	+
3		三堆子	−575	−725	26°35′7″	101°50′4″	*	+
4		白鹤滩坝上	−220	−370	26°46′44″	102°59′28″	*	+
5		沙湾	−115	−265	27°24′45″	103°3′42″	*	+
6		溪洛渡坝上	−5	−155	28°15′18″	103°36′45″	***	++
7	向家坝库区	溪洛渡坝下	5	−145	28°14′31″	103°40′26″	***	++
8		桧溪	30	−120	28°17′23″	103°49′52″	***	++
9		田家坝	60	−90	28°32′1″	103°47′0″	***	++
10		大汶溪	90	−60	28°35′30″	103°56′56″	***	++
11		绥江	95	−55	28°36′1″	103°57′46″	***	++
12		老屏山库湾	120	−30	28°37′53″	104°8′49″	***	++
13		新滩	122	−28	28°38′22″	104°9′45″	***	++
14		邵女坪	135	−15	28°37′51″	104°17′32″	***	++
15		向家坝上	148	−2	28°38′43″	104°22′26″	***	++
16	保护区	向家坝下	152	2	28°38′10″	104°24′45″	***	++
17		横江河口	153	3	28°37′40″	104°25′23″	***	++
18		宜宾	182	32	28°46′1″	104°37′38″	***	++
19		岷江河口	183	33	28°46′17″	104°37′459″	***	++
20		南广河口	188	38	28°45′47″	104°40′34″	***	++
21		江安	247	97	28°44′19″	104°4′38″	***	++
22		纳溪	290	140	28°53′1″	105°27′16″	**	+
23		大驿坝	310	160	28°53′47″	105°26′34″	**	+
24		弥沱	359	209	28°52′13″	105°37′9″	**	+
25		赤水河口	380	230	28°48′3″	105°50′23″	**	+
26		榕山镇	390	240	28°51′6″	105°54′41″	**	+
27		江津	480	330	29°15′45″	106°15′7″	**	+
28		地维大桥	520	370	29°27′18″	106°29′45″	**	+

注：*代表泄洪前、泄洪后，**代表泄洪前、泄洪期、泄洪后，***代表泄洪前、泄洪期、泄洪后、专项监测，+代表一般监测控制断面，++代表一般监测控制断面、泄洪监测控制断面。

7.5.2　泄洪前（5月）监测结果

以 2017 年监测结果为例，泄洪前（5月）（见图 7-19），雅砻江河口上下及雅砻江河口 TDG（Total Dissolved Gas）饱和度为 100%～102%；溪洛渡坝上断面表层左侧点位 TDG 饱和度为 105.1%，左侧 20m 点位 TDG 饱和度为 102.3%，其他点位 TDG 饱和度为 95%～102%，其变化范围均在平衡态饱和度（100%）上下浮动，属于正常饱和度范围。泄洪前溪洛渡坝下溶解氧（Dissolved Oxygen，DO）饱和度为 89.0%～89.6%，TDG 饱和度为 98.3%～99.0%，总体均低于 100%，未出现过饱和现象。

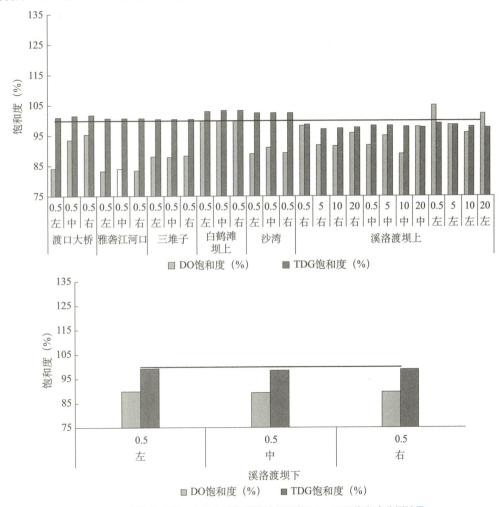

图7-19　溪洛渡库区、上游水域及溪洛渡坝下的DO、TDG饱和度监测结果

5月泄洪前的监测结果（见图 7-20）：向家坝库区仅大汶溪库湾表层 DO 饱和度和 TDG 饱和度（110.0%～118.3%）略微偏高，其他水域 DO 饱和度（87.8%～99.1%）均不过饱和，TDG 饱和度（98.0%～103.3%）无明显变化趋势。绥江断面 DO 饱和度和 TDG 饱和度（87.8%～92.1%）均不过饱和，且无分层现象，其 TDG 饱和度（98.1%～98.7%）均低于 100%，无明显变化趋势。向家坝坝下断面 DO 饱和度（93.5%～97.8%）均不过饱和，且无分层现象，TDG 饱和度（98.4%～99.3%）均低于 100%，不属于过饱和状态。向家坝坝上断面溶解氧饱和度（89.3%～90.8%）均不过饱和，其 TDG 饱和度（97.0%～97.1%）均低于 100%，变化较稳定

且为正常过饱和状态。

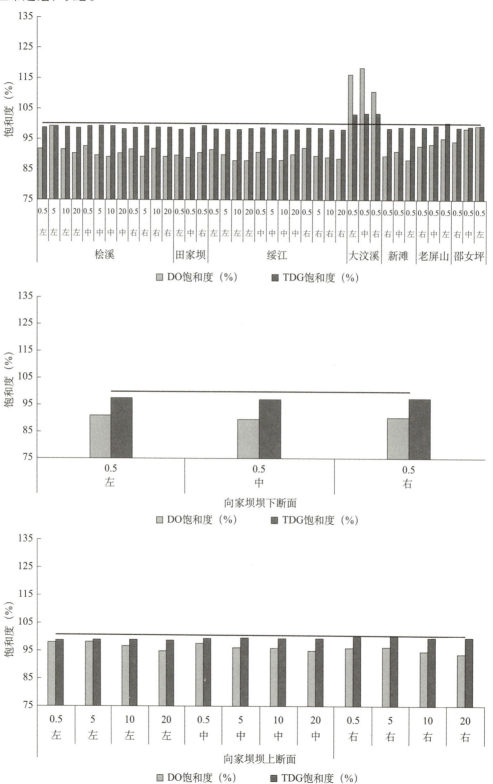

图7-20　向家坝库区、坝上及坝下的DO饱和度、TDG饱和度监测结果

5 月泄洪前，保护区干支流 DO 饱和度（75.0%～95.5%）均未出现过饱和现象；TDG饱和度（98.8%～100.9%）均在 100% 左右，水体不受过饱和影响（见图 7-21）。

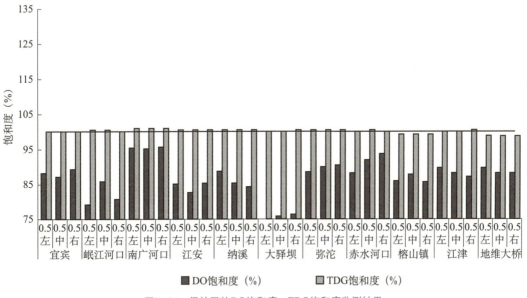

图7-21　保护区的DO饱和度、TDG饱和度监测结果

7.5.3　泄洪期（6—7月）监测结果

在 2017 年泄洪期间，溪洛渡坝下断面在 7 月 9—17 日、7 月 19—27 日两个时段内出现过饱和现象，溶解氧饱和度分别为 103.5%～109.8% 和 102.5%～109.0%，R 值（泄水流量 /发电流量）范围分别为 0.37～0.90 和 0.13～0.73（见图 7-22）。

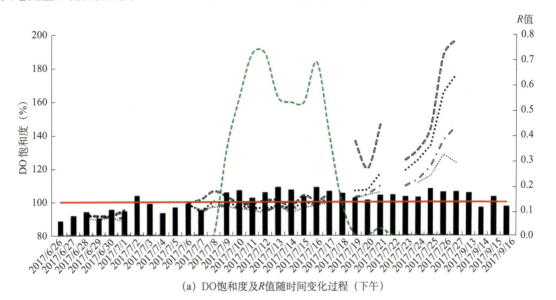

（a）DO饱和度及R值随时间变化过程（下午）

图7-22　溪洛渡坝下与溪洛渡坝上TDG饱和度及R值随时间变化过程

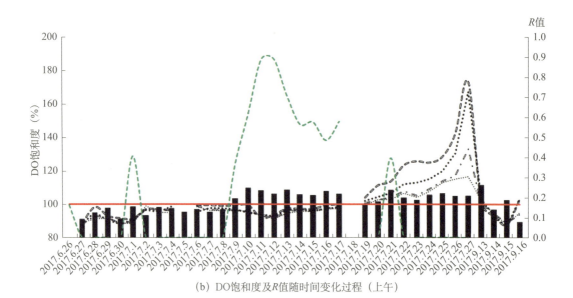

（b）DO饱和度及R值随时间变化过程（上午）

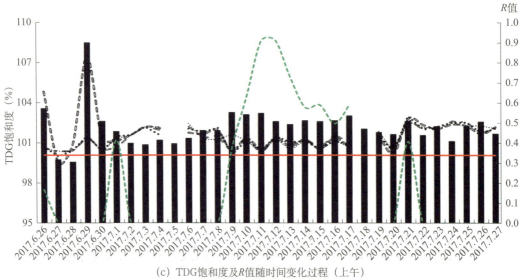

（c）TDG饱和度及R值随时间变化过程（上午）

图7-22　溪洛渡坝下与溪洛渡坝上TDG饱和度及R值随时间变化过程（续）

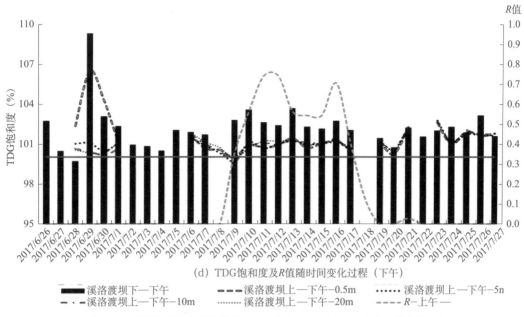

（d）TDG饱和度及R值随时间变化过程（下午）

■ 溪洛渡坝下—下午　　　- - 溪洛渡坝上—下午-0.5m　　　…… 溪洛渡坝上—下午-5n
- · - 溪洛渡坝上—下午-10m　　　…… 溪洛渡坝上—下午-20m　　　- - R-上午—

图7-22　溪洛渡坝下与溪洛渡坝上TDG饱和度及R值随时间变化过程（续）

在监测时段内，向家坝坝前 TDG 为 99.7%～103.1%，与向家坝坝下 TDG 饱和度范围差异不大（100.4%～103.0%），基本属于平衡态范围。期间 R 值（泄水流量或发电流量）范围为 0.04～0.85（见图 7-23）。由此可见，TDG 饱和度与 R 值、向家坝坝上 TDG 饱和度仅部分时段存在一定的相关性。

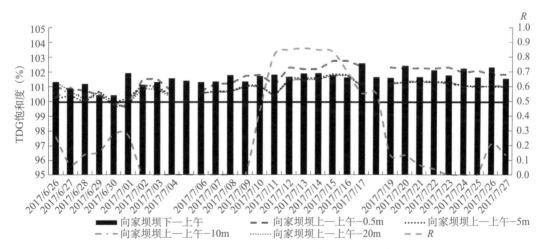

■ 向家坝坝下—上午　　　- - 向家坝坝上—上午-0.5m　　　…… 向家坝坝上—上午-5m
- · - 向家坝坝上—上午-10m　　　…… 向家坝坝上—上午-20m　　　- - R

图7-23　向家坝坝下与向家坝坝上TDG饱和度及R值随时间变化过程图

2017 年 6 月 26 日至 7 月 27 日泄洪期间，长江上游珍稀特有鱼类国家级自然保护区宜宾及江安断面的 TDG 饱和度变化范围均为 100.0%～103.0%，并无明显变化趋势，对鱼类基本无影响（见图 7-24）。

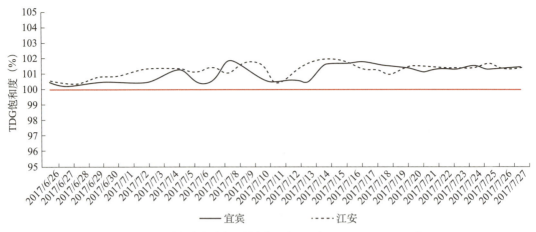

图7-24 向家坝弃水过饱和影响范围（2017年6月26日—7月27日）

7.5.4 泄洪后（9月）监测结果

9月雅砻江河口及三堆子TDG饱和度范围为99.6%~102.1%，溪洛渡坝下断面溶解氧范围为89.4%~100.9%，基本属于正常饱和度范围。溪洛渡坝下流域TDG饱和度范围为99.0%~100.7%，溪洛渡坝下溶解氧饱和度范围为106.0%~110.2%（见图7-25）。同时段，向家坝库区绥江至新滩干流及库湾DO饱和度（100.8%~117.1%）发生轻微过饱和现象；绥江以上水域DO饱和度较低（99.5%~103.1%），TDG饱和度范围为99.6%~102.1%，属于正常饱和度范围；绥江断面溶解氧饱和度范围为100.9%~107.8%，TDG饱和度范围为100.9%~101.9%，无分层现象，且TDG属于正常平衡范围；向家坝坝上断面DO饱和度（99.4%~107.6%）部分点位略高于100%，TDG饱和度范围为99.6%~100.8%，无明显变化趋势；向家坝坝下断面DO饱和度范围为104.6%~110.8%，TDG饱和度（99.3%~99.7%）均低于100%（见图7-26）。保护区干支流DO饱和度范围为87.9%~105.2%，TDG饱和度范围为98.9%~101.9%，均在100%左右，基本对下游鱼类无影响（见图7-27）。

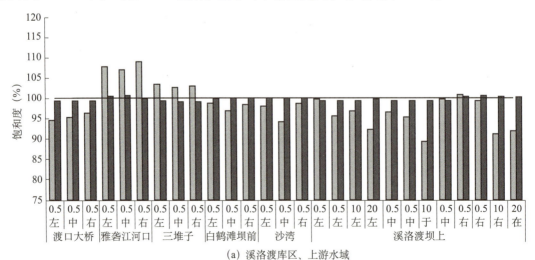

（a）溪洛渡库区、上游水域

图7-25 溪洛渡库区、上游水域及溪洛渡坝下的DO饱和度、TDG饱和度监测结果

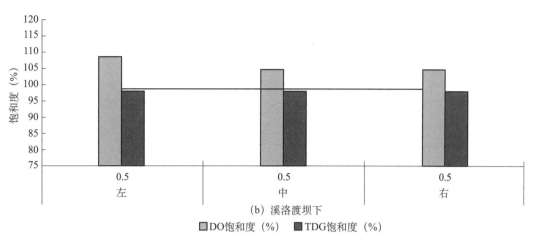

（b）溪洛渡坝下

■ DO饱和度（%）　■ TDG饱和度（%）

图7-25　溪洛渡库区、上游水域及溪洛渡坝下的DO饱和度、TDG饱和度监测结果（续）

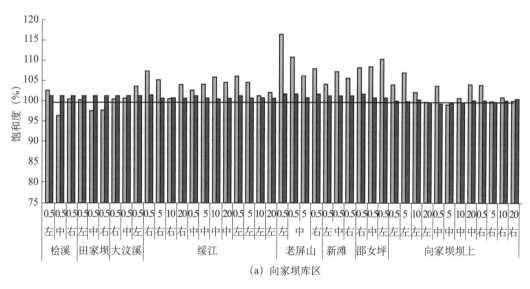

（a）向家坝库区

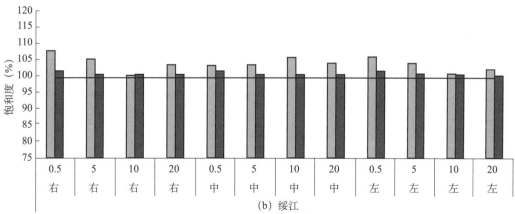

（b）绥江

图7-26　向家坝库区、绥江、向家坝坝上及坝下的DO饱和度、TDG饱和度监测结果

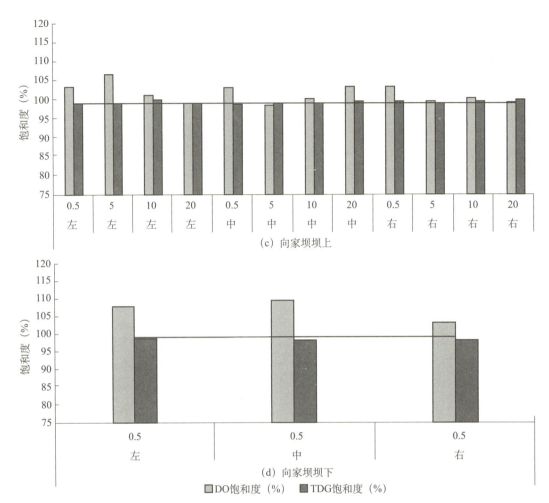

图7-26 向家坝库区、绥江、向家坝坝上及坝下的DO饱和度、TDG饱和度监测结果（续）

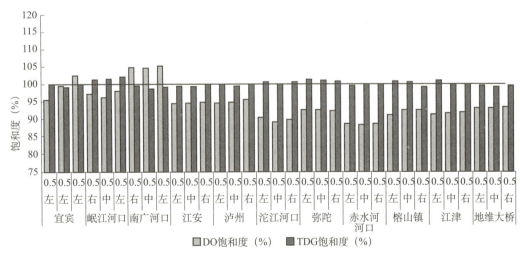

图7-27 保护区的溶解氧、溶解氮饱和度监测结果

7.6 水温监测

水温是水环境水生态要素中的一个重要变量，在评价探讨其他水环境水生态指标的过程中，水温往往是一个重要的指标。水温的变化会对库区及下游河段的水生生物、农田灌溉和生活用水等产生重大影响，尤其可能影响河道鱼类产卵等过程，以及河道其他生态状况。水温在水库的规划设计和运用管理中非常重要，研究水库水温的变化规律，可以更好地发挥已建水库的功能，提高水库效益，对于工程的环境保护和工程的建设及运行有重要的意义。

7.6.1 监测断面布设与监测内容

为了解乌东德、白鹤滩水电站库区河段在工程建设期水温沿程分布与溪洛渡、向家坝水电站库区运行期及向家坝坝下至宜昌河段的水温变化情况，三峡集团于 2016 年着手开展攀枝花—宜昌河段水温监测工作。水温监测范围包含钒钛工业园区下游、金阳河汇口下游、美姑河汇口下游、溪洛渡大坝坝前、绥江县城、向家坝大坝坝前、李庄水位站、合江水位站、江津区、金阳河支库库中、牛栏江支库库中、美姑河支库库中、横江水文站、高场水文站、富顺水文站、赤水河口、赤水镇、仁怀镇、北碚水文站、武隆水文站、御临河支库库中、澎溪河支库库中、大宁河支库库中及香溪河支库库中等 34 个水温监测断面，对这些断面进行表层水温监测，并对河口及支库断面进行垂向水温监测（见表 7-15）。

表 7-15 水温监测断面布设情况一览表

干支流	河名	序号	监测断面	监测内容
干流	长江	1	钒钛工业园下游	表层水温，每日 8:00 监测 1 次
		2	金阳河汇口下游	每日 8:00 监测 1 次表层水温，每月中旬监测 1 次垂向水温（同时记录测点的水深）
		3	美姑河汇口下游	每日 8:00 监测 1 次表层水温，每月中旬监测 1 次垂向水温（同时记录测点的水深）
		4	溪洛渡大坝坝前	每日 8:00 监测 1 次表层水温，每小时监测 1 次垂向水温（同时记录测点的水深）
		5	绥江县城	每日 8:00 监测 1 次表层水温，每月中旬监测 1 次垂向水温（同时记录测点的水深）
		6	向家坝大坝坝前	每日 8:00 监测 1 次表层水温，每小时监测 1 次垂向水温（同时记录测点的水深）
		7	李庄水位站	表层水温，每日 8:00 监测 1 次
		8	合江水位站	表层水温，每日 8:00 监测 1 次
		9	江津区	表层水温，每日 8:00 监测 1 次

干支流	河名	序号	监测断面	监测内容
支流	金阳河	10	金阳河支库库中	每日8:00监测1次表层水温，每月中旬监测1次垂向水温
	牛栏江	11	牛栏江支库库中	每日8:00监测1次表层水温，每月中旬监测1次垂向水温
	美姑河	12	美姑河支库库中	每日8:00监测1次表层水温，每月中旬监测1次垂向水温
	横江	13	横江水文站	表层水温，每日8:00监测1次
	岷江	14	高场水文站	表层水温，每日8:00监测1次
	沱江	15	富顺水文站	表层水温，每日8:00监测1次
	赤水河	16	赤水河口	表层水温，每日8:00监测1次
		17	赤水镇	表层水温，每日8:00监测1次
		18	仁怀镇	表层水温，每日8:00监测1次
	嘉陵江	19	北碚水文站	表层水温，每日8:00监测1次
	乌江	20	武隆水文站	表层水温，每日8:00监测1次
	御临河	21	御临河支库库中	每日8:00监测1次表层水温，每月中旬监测1次垂向水温
	澎溪河	22	澎溪河支库库中	每日8:00监测1次表层水温，每月中旬监测1次垂向水温
	大宁河	23	大宁河支库库中	每日8:00监测1次表层水温，每月中旬监测1次垂向水温
	香溪河	24	香溪河支库库中	每日8:00监测1次表层水温，每月中旬监测1次垂向水温
干流	长江	25	溪洛渡水文站	表层水温，每日8:00监测1次
		26	向家坝水文站	表层水温，每日8:00监测1次
		27	巴东（三）站	表层水温，每日8:00监测1次
		28	黄陵庙（陡）	表层水温，每日8:00监测1次
		29	宜昌	表层水温，每日8:00监测1次
		30	寸滩站	表层水温，每日8:00监测1次
		31	朱沱（三）站	表层水温，每日8:00监测1次
		32	白鹤滩站	表层水温，每日8:00监测1次
		33	三堆子（四）站	表层水温，每日8:00监测1次
		34	乌东德（二）站	表层水温，每日8:00监测1次

7.6.2 水温多尺度变化特征

1.水温年内分布特征

攀枝花—宜昌河段9个水文站水温的年变化主要分为2段（见图7-28），一般以6—8月为分界，1—6月为升温期，8—12月为降温期，且各站点最低水温普遍出现在1月，攀枝花、华弹和屏山站最高水温出现在6月、7月，高场—宜昌河段站点最高水温均出现在8月。这不仅因为上游升温水流到下游需要一定的时间，还因为下游岷江、嘉陵江、乌江三大支流的汇入补给了低温水，所以下游河段水温达到最高值有一定延迟性。年内水温变化极差由上游至下游有沿程增大趋势，最大极差为嘉陵江北碚站，最高温与最低温相差达 26℃左右，可能与所在地重庆地区的夏季气温偏高有关；上游攀枝花站的年内各月水温变化相对平缓，极差约 12℃。

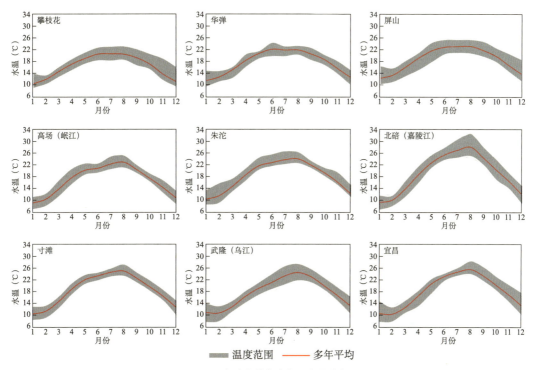

图7-28　各水文站年内各月水温分布图

2.年均水温变化特征

受全球气候变暖影响，除岷江高场站及乌江武隆站的水温年际变化趋势不明显外，近 60 年来长江攀枝花 - 宜昌河段水温总体呈上升趋势，水温上升趋向率为（0.051～0.247℃）/10 年。宜昌站水温的上升幅度最大，至 20 世纪 90 年代水温上升 1.1℃，近 10 年水温较 20 世纪 50 年代上升幅度达 1.4℃。而岷江控制站高场站水温在 1956—1990 年间呈现相反的降温趋势，至 20 世纪 80 年代水温下降 1℃（见图 7-29）。有关研究指出，自 20 世纪 50 年代以来，有一个以四川盆地为中心的变冷带，直至 20 世纪 90 年代呈现变暖趋势，故认为岷江高场站水温的降温过程主要受气温变化影响。

由河段各水文站水温随年代的变化可看出（见表 7-16），20 世纪 60 年代和 80 年代均表现为水温偏低时期，自 20 世纪 90 年代以来，各水文站水温一致呈现逐步上升趋势，至 2011—2016 年，各水文站水温分别上升 0.9℃、0.7℃、0.4℃、0.8℃、0.4℃、0.1℃、0.4℃、0.1℃、0.7℃，攀枝花、华弹、宜昌站的上升幅度最大，且 2010 年以后水温上升趋势尤其明显。其中，攀枝花站表现最突出，2011—2016 年水温变幅达 0.8℃，相对变幅率为 5%，远超 2010 年以前的水温相对变幅率（0.6%～1.24%）。

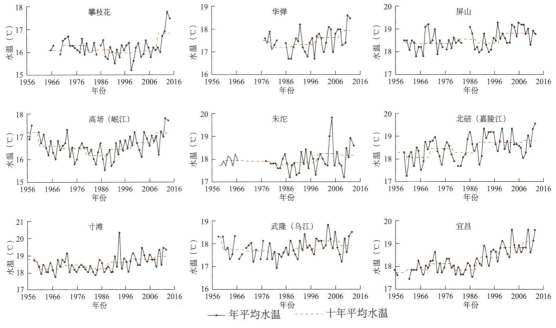

图7-29　各水文站年均水温变化曲线图

表 7-16　各水文站年均水温10年平均值统计表

站点	1956—1960年	1961—1970年	1971—1980年	1981—1990年	1991—2000年	2001—2010年	2011—2016年
	平均水温（℃）						
攀枝花	—	16.1	16.3	16.1	16.0	16.1	16.9
华弹	—	—	17.5	17.2	17.3	17.6	18.0
屏山	18.5	18.4	18.4	18.6	18.4	18.8	18.8
高场	17.2	16.6	16.5	16.2	16.4	16.8	17.2
朱沱	17.7	17.9	17.9	17.8	17.8	18.2	18.2
北碚	18.7	18.4	19.0	18.7	19.3	19.3	19.4
寸滩	18.8	18.2	18.4	18.2	18.5	18.8	18.9
武隆	18.3	17.7	17.7	17.6	17.8	18.1	17.9
宜昌	17.7	17.8	18.1	17.8	18.4	18.8	19.1

　　以河段内各水文站多年年最高、年最低水温序列进行趋势分析（见图 7-30），各水文站均表现为：年最高水温呈下降趋势，年最低水温呈上升趋势，致使水温年内变幅逐年缩小，水温变化过程趋于平坦。

　　利用 Mann-Kendall 和 Spearman 检验法分别对各水文站年最高、年最低水温变化趋势进行检验，年最高水温的变化坡度均为负值，表明均存在下降趋势，其中，武隆站的下降幅度最大，下降趋向率达到 –0.76℃ /10 年。经检验，除攀枝花、华弹和北碚站的下降趋势不显

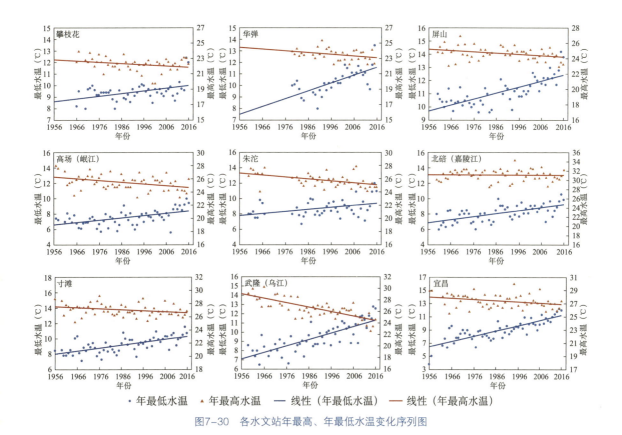

图7-30　各水文站年最高、年最低水温变化序列图

著外，其余各水文站年最高水温序列的 $|Z_{MK}|$ 和 $|Z_S|$ 均大于各自的临界值，故均表现为显著下降趋势。同理，年最低水温的上升趋势除攀枝花站不明显外，其余各水文站的年最低水温在1956—2016 年间均呈现显著上升趋势，宜昌站的上升幅度最大，上升趋向率为 0.79℃ /10 年。各水文站年内水温极差逐年减小，减小幅度为 0.38～1.46℃ /10 年。

3. 水温沿程变化特征

长江攀枝花—宜昌河段沿程水温分布见图 7-31。由图可知，在全球气候变暖的大形势下，自 20 世纪 80 年代起，近 40 年沿程水温均呈上升趋势，但各水文站升温幅度略有不同，其中，宜昌站升温趋势最明显，2011—2016 年的最高、最低以及平均水温均上升约 1℃；各水文站的水温波动并未改变水温的沿程分布特征，金沙江下游、川江干流以及岷江、嘉陵江、乌江三大支流的水温分布各异。

从上游到下游，金沙江干流攀枝花下游河段干流水温沿程逐渐升高。就平均水温而言，攀枝花站到华弹站再到屏山站水温均上升 1℃左右；岷江高场站水温明显低于金沙江干流屏山站，水温相差 2℃左右，且岷江出口流量占干流流量的 50% 以上（见表 7-17），因此岷江低温水的汇入将对干流水温产生较大影响，直接导致下游朱沱站的升温趋势被打破。屏山站到朱沱站干流水温下降约 0.6℃，嘉陵江北碚站较长江上游干流水温偏高约 1℃，嘉陵江高温水的汇入使干流水温（寸滩）略微抬升，但升温幅度不大，较朱沱站升高约 0.5℃，主要因嘉陵江北碚站的径流量仅占干流朱沱站的 25% 左右，故影响较小。

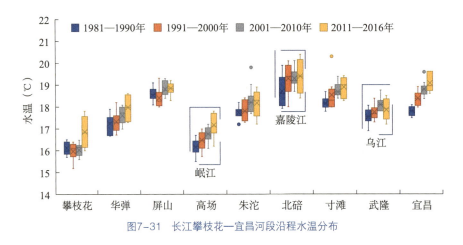

图7-31 长江攀枝花—宜昌河段沿程水温分布

表7-17 攀枝花—宜昌河段重大支流与干流多年平均流量对比

年份（年）	多年平均流量（m³/s）					
	屏山	高场（岷江）	朱沱	北碚（嘉陵江）	寸滩	武隆（乌江）
1981—1990	4480	2810（62.7%）	8470	2410（28.5%）	11 110	1440（13.0%）
1991—2000	4680	2600（55.6%）	8420	1740（20.7%）	10 610	1700（16.0%）
2001—2010	4630	2470（53.3%）	8130	1880（23.1%）	10 320	1400（13.6%）
2011—2016	4030	2480（61.5%）	7850	2000（25.5%）	10 210	1430（14.0%）

注：支流流量的百分比为支流控制站与干流上游站点的流量比值。

7.6.3 表层水温沿程变化特征

2017—2018年，在长江攀枝花—宜昌河段共设35个水温监测断面，其中干流断面20个。在此阶段，乌东德、白鹤滩水电站处于建设期间，同时金沙江中游如梨园、阿海、金安桥、龙开口、卢鲁地拉、观音岩等水电站均在2010年至2014年蓄水。各监测断面水温在气温与梯级水库调蓄的共同作用下随着时间的推移发生了显著变化，把钒钛工业园区和金阳河汇口下游的异常数据去掉，长江攀枝花—宜昌河段各月水温沿程分布特征如下（见图7-32）。

1）2017年8月，三堆子至溪洛渡大坝坝前呈沿程升温趋势，水温上升约4℃，经溪洛渡水库的调蓄作用，水库下泄低温水使溪洛渡水库水温较坝前下降约2℃，从溪洛渡水库至李庄水位站沿程水温基本持平，李庄下游河段各支流如赤水、嘉陵江、御临河、澎溪河、大宁河和香溪河水温均高于干流河段，在沿程支流汇入与太阳辐射的共同作用下，李庄至宜昌沿程逐渐升温，升温幅度约4℃。

2）2017年秋季（9—11月），三堆子至美姑河汇口下游维持沿程升温趋势，水温上升约2.5℃。美姑河汇口下游至向家坝水文站水温基本持平，由于秋季横江与岷江的水温显著下降，而岷江与干流的流量比值较大，因此两江的汇入使下游李庄较向家坝水文站水温下降超1℃。李庄下游河段各支流水温9月略高于干流，10月基本持平，11月略低于干流水温，使李庄至宜昌河段水温9月沿程升温约3℃，10月和11月沿程升温约1.5℃。

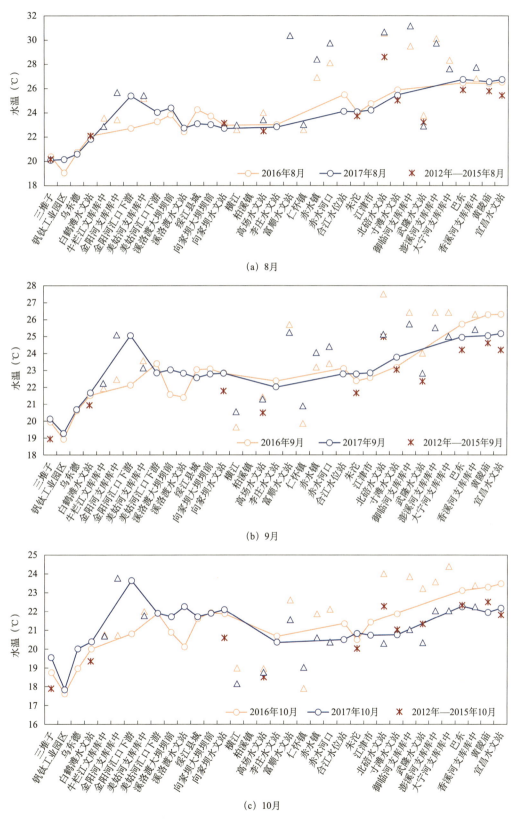

图7-32　长江攀枝花—宜昌河段逐月水温沿程分布对比图

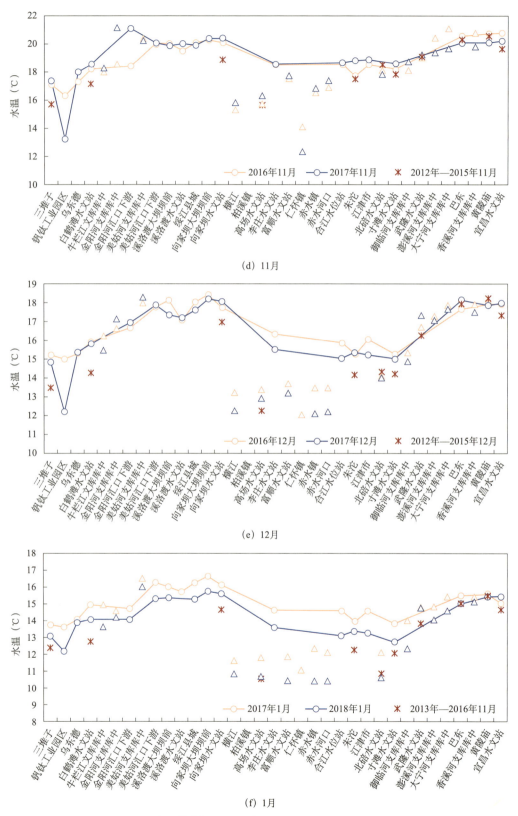

(d) 11月

(e) 12月

(f) 1月

图7-32　长江攀枝花—宜昌河段逐月水温沿程分布对比图（续）

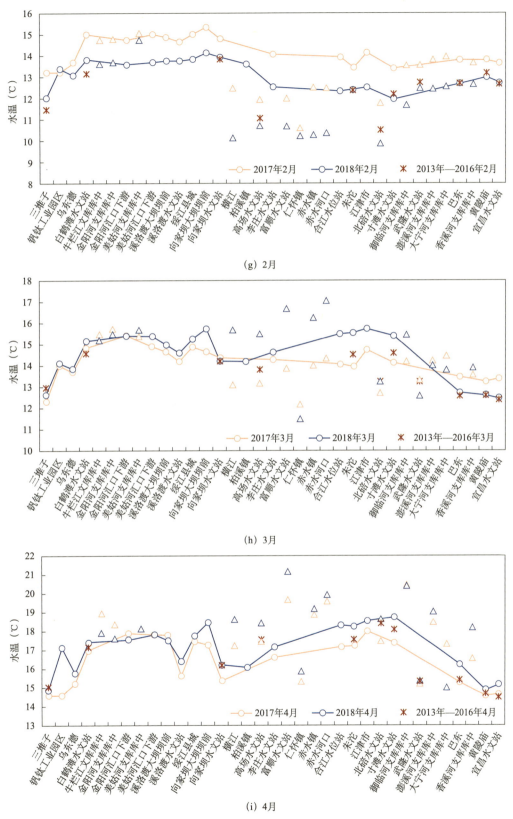

图7-32　长江攀枝花—宜昌河段逐月水温沿程分布对比图（续）

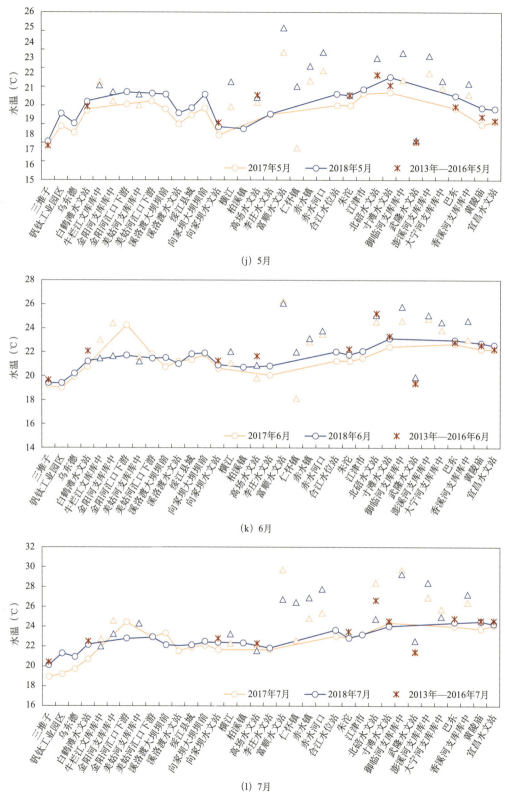

图7-32　长江攀枝花—宜昌河段逐月水温沿程分布对比图

3）2017 年冬季（12—次年 2 月），三堆子至向家坝水文站沿程升温，12 月溪洛渡水文站水温略低于干流平均水平，但不影响三堆子—向家坝河段升温趋势。向家坝水文站至寸滩水文站沿程降温，降温幅度 2℃～3℃。原因为该河段的横江、岷江、沱江和赤水河等支流水温均显著低于干流水温。寸滩至宜昌河段又转为沿程升温趋势，因该河段支流水温较上游偏高，与干流水温基本持平。

4）2018 年春季（3—5 月），三堆子至溪洛渡坝前河段依旧维持沿程升温趋势，经溪洛渡和向家坝两个水库的调蓄作用，坝下水文站水温较坝前水温均有明显下降趋势，其中向家坝坝前与坝下温差更大，最大温差出现在 4 月（2.2℃）。由于支流高温水的汇入，使柏溪镇至寸滩水文站恢复为沿程升温趋势。但从寸滩至宜昌河段转为沿程降温趋势，且降温幅度较大，最大在 4 月份（3.6℃）。这主要是受三峡库区的"滞冷"效应，以及三峡水电站春季下泄低温水的影响。

5）2018 年夏季（6—7 月），向家坝水电站下泄低温水影响依然存在，使坝下至柏溪镇河段水温较坝前略有下降，整个攀枝花—宜昌河段均呈沿程缓慢升温趋势，升温幅度达 3～4℃。

7.6.4　溪洛渡坝前垂向水温演变特征

2017 年 8—11 月，溪洛渡坝前垂向水温仍存在分层现象，但分层区间已降至库底（见图 7-33），随着时间推移，表层水温和底层水温均有所下降，温跃层由 8 月的 425～460m逐渐降至 11 月的 385～400m。截至 12 月，垂向水温进一步下降，但分层现象已基本消失，水体垂向水温均匀分布，约为 17.3℃。从 2017 年 12 月至 2018 年 2 月，水体垂向水温均未出现分层，垂向水温由 17.3℃整体下降至 13.8℃。2018 年 3 月开始，溪洛渡坝前开始出现分层，3—7 月底层水温基本不变，保持在 12.5℃，表层水温逐渐上升，使表层和底层温差逐渐拉大，温跃层逐渐下移。截至 2018 年 7 月，表层和底层温差达到 10.1℃，温跃层为450～485m。

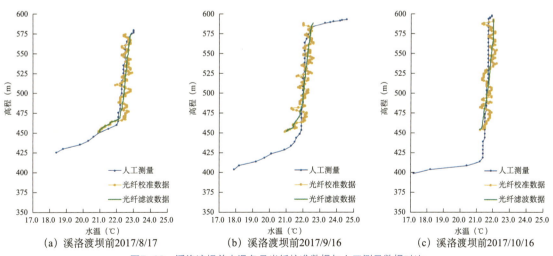

图7-33　溪洛渡坝前水温各月光纤校准数据与人工测量数据对比

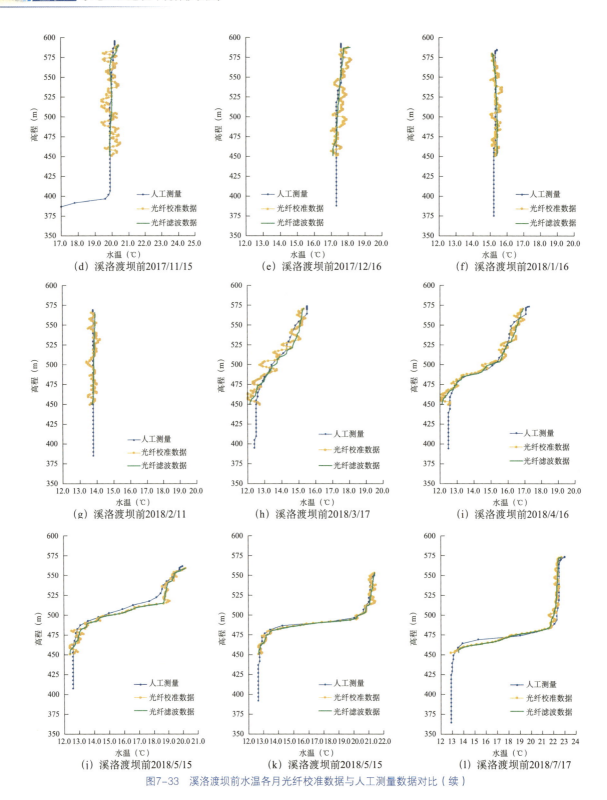

图7-33 溪洛渡坝前水温各月光纤校准数据与人工测量数据对比（续）

7.6.5 向家坝坝前垂向水温演变特征

2017年8月—2018年2月，向家坝坝前垂向水温均未观测到分层现象，呈垂向等温均匀分布，垂向水温整体逐渐下降，由 2017 年 8 月的 22.5℃下降至 2018 年 2 月的 14℃。从 2018 年 3 月开始，向家坝坝前开始出现弱分层，随着表层水温的逐渐上升，分层现象越来越明显，温跃层有逐渐下降趋势，至 2018 年 7 月，表层和底层温差达 9.1℃（见图 7-34）。

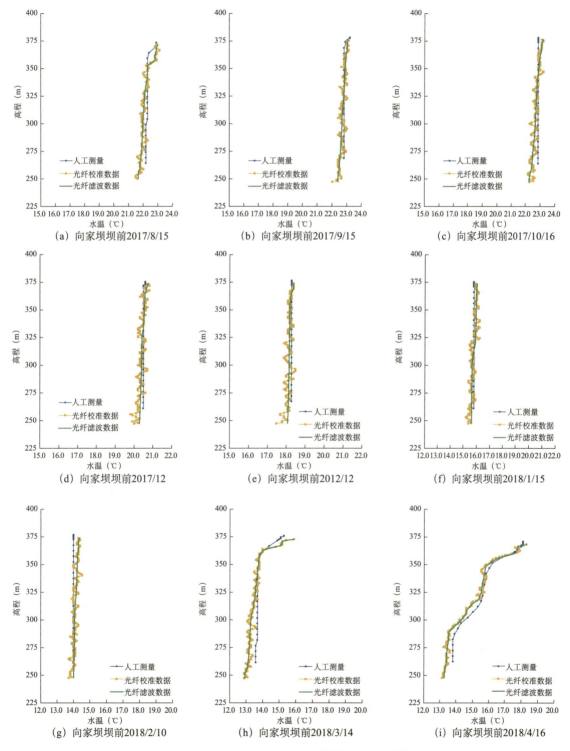

图7-34　向家坝坝前水温各月光纤原始数据与人工测量数据对比

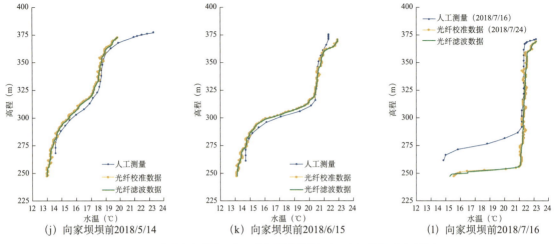

图7-34　向家坝坝前水温各月光纤原始数据与人工测量数据对比（续）

7.7　水文监测

泥沙淤积问题是水库建设必然要面对的难题，因为入库后水流趋缓，上游来水中夹带的泥沙将沉降、淤塞库容。合理的设计及运行调度可以使泥沙淤积控制在死库容中，使有效库容和运行年限得到保障；反之，不合理的设计及运行调度可能会缩短水库的使用寿命。泥沙在水库末端淤积，会抬高河床，出现"翘尾巴"现象，严重时会给上游带来新的灾害。泥沙问题若处理得好，则会延长水库的寿命，充分发挥水库的综合效益；若处理得不好，不仅会影响效益的发挥，还会带来灾害。水文泥沙问题一直是水电站建设和运行期需要特别重视的关键问题之一。

7.7.1　监测断面布设

金沙江下游梯级水电站水文泥沙监测范围为攀枝花至宜宾河段，观测总长度1067.4km，其中干流800km，支流267.4km。监测站点包括国家与地方建立的水文站，还有工程建设与运行期设立的监测站（见图7-35）。水文泥沙规划监测目前分为前期、施工期、运行初期三个阶段。金沙江下游梯级水电站水文泥沙观测内容见表7-18。

7.7.2　信息化综合管理系统及其新技术

在金沙江下游流域4个大型梯级水电站开发前，金沙江下游已经开始进行水文泥沙监测，但监测资料大部分以图书、图纸和孤立的电子文档形式存在，特别是2000年以前，水文自动化能力较低，数据的采集、处理、存储基本靠人工完成，查询和管理很不方便。管理好水文泥沙观测资料和研究分析成果，充分发挥它们在金沙江下游梯级水电站运行调度过程中的作用，对解决金沙江下游梯级泥沙问题，为其提供决策辅助支持具有重大意义。

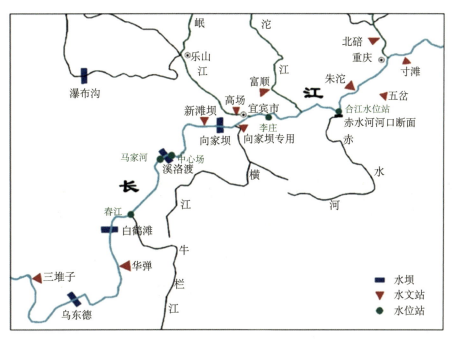

图7-35 金沙江下游梯级水电站水文泥沙监测网

表 7-18 金沙江下游梯级水电站水文泥沙观测内容

观测阶段	观测内容
前期	进出库水沙监测、水库及坝下游水位观测、基本控制网建设、本底地形与固定断面观测（间取床沙）、河床组成勘测调查
施工期	进出库水沙监测、水库及坝下游水位观测、库区地形观测与固定断面观测（间取床沙）、坝区河道冲淤观测、向家坝水库下游河道演变观测、白鹤滩水库初期蓄水淤积物干容重观测
运行初期	进出库水沙监测、水库及坝下游水位观测、地形观测、固定断面观测与淤积物干容重观测、坝区河道演变观测、库区变动回水区水流泥沙观测、向家坝水库下游河道演变观测、水库异重流监测、建筑物过水过沙测验

　　为了更好地解决金沙江下游水库群在规划、施工和运行阶段遇到的问题，发挥金沙江下游梯级水电站在防洪调度、航运、发电、水资源利用和保护等方面的优势，经过不断地努力，三峡集团于 2011 年开发完成了金沙江下游梯级水电站水文泥沙信息分析管理系统。该系统采用 B/S 架构与 C/S 架构混合模式进行开发，利用先进的计算机网络技术、空间信息分析技术、数理统计与模拟预测技术、人工智能技术、虚拟现实技术等，借助数字化和信息化的手段，可最大限度地利用信息资源。此外，水文泥沙信息分析管理系统在保持与现有系统和数据管理等内容统一性与兼容性的基础上，采用了当今软件开发与数据库管理的新理念、新技术和新手段。

　　（1）二维与三维一体化的 GIS 技术

　　水文泥沙信息分析管理系统实现了二维系统与三维系统在数据模型、数据存储方案、数据管理、可视化和分析功能方面的一体化，提供了海量二维数据直接在三维场景中的高性能可视化、在三维场景中直接进行二维分析操作和丰富的三维分析功能，突破了以前三维系统查一查、看一看的应用"瓶颈"，推动了三维系统在金沙江下游水电开发中的深度应用。

（2）灵活可扩展的跨平台集成技术

水文泥沙信息分析管理系统采用即插即用的插件机制，实现了灵活可扩展的体系结构和跨平台集成。系统的三维分析（见图7-36）、业务查询、二维分析、水文泥沙计算分析等应用功能均采用插件机制进行开发，便于用户灵活选择。通过即插即用的插件机制，可快速方便地扩展业务功能，实现系统的可扩展性。

图7-36　三维分析界面示意图

（3）功能强大的河道演变综合分析技术

水文泥沙信息分析管理系统集成多数据源的槽蓄量计算方法，可基于数字高程模型（Digital Elevation Model，DEM）、断面、泥沙和其他多来源、多类型、多时态数据考虑比降因素的河道槽蓄量计算，实现精确泥沙冲淤厚度分布计算及其结果的可视化和基于图切剖面技术的河道任意断面生成功能，为河道演变分析和成果表达提供强大的技术支持。

（4）基于 Web Services 的模型库水沙预测模型管理与调度技术

针对大型水库群的水沙调度需要，研发了模型库管理模块，满足了未来的模型扩展要求，并实现了各类模型的灵活调度。模型库中的模型采用统一的模型架构，还可与其他模型架构兼容，所有的水文泥沙模型均以 Web Services 发布，实现了模型在分布式环境下的共享和重用。

（5）河道、泥沙分析预测与三维动态模拟仿真技术

根据水库群管理与综合调度的需要，首次开发集成水力学模型、水文模型、统计模型、空间分析模型等水沙预测模型（见图7-37），并通过三维可视化系统，实现了包括流场可视化、水文泥沙运动模拟、水库群泥沙淤积分析（见图7-38）、淹没分析等分析预测成果的三维演示和仿真，形成了水文分析、泥沙分析、河道演变分析、三维仿真技术、水沙模型分析

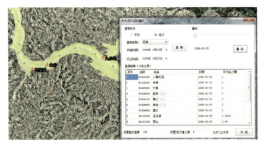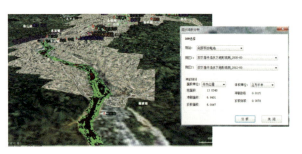

图7-37　水沙预测模型示意图　　　　图7-38　水库群泥沙淤积分析示意图

统一高效的集成管理系统。

（6）三维地球浏览模式的水库群信息综合查询技术

在实现三维大区域浏览的基础上，水文泥沙信息分析管理系统将 GIS（Geographic Information System）技术同主流 MIS（Management Information System）、OA（Office Automation）技术相结合，实现了真正的空间图形数据与业务管理的无缝集成。水文泥沙信息分析管理系统将水文泥沙的业务查询、水文泥沙的计算分析、二维和三维空间数据漫游显示结合起来，实现了基于三维地球浏览查询的高效联动和图文互查，在业务查询中，支持 Excel、Word 等格式的显示与导出。

（7）权限模块化管理技术

开发了独立的数据源和用户的数据库管理子系统，采用多种权限控制模型，包括功能权限模型、业务权限模型、空间数据权限模型等，可对每个用户的权限进行严格控制，客户端系统则只能在规定的权限范围内访问或使用空间数据和业务功能，确保系统数据访问安全。

金沙江下游水文泥沙数字化综合管理系统（见图 7-39）集成最新的三维 GIS 技术、虚拟现实技术、海量数据管理技术和计算模型管理技术，自 2012 年底运行以来，运行稳定，大大地提高了金沙江下游梯级水电站水文泥沙信息的管理水平。该系统的开发和管理模式的创新能够更好地管理金沙江下游水文泥沙观测资料和研究分析成果，充分发挥它们在金沙江下游梯级水电站信息管理、优化调度、河床演变分析、泥沙预报预测、决策支持等方面的作用。

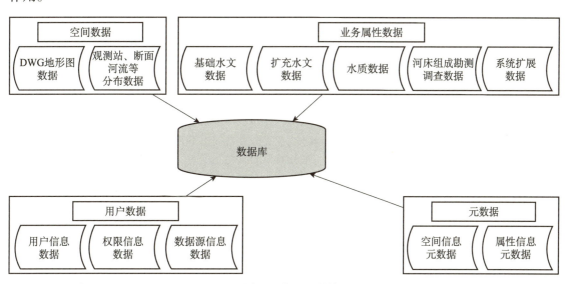

图7-39　水文泥沙信息系统数据库组成

参考文献

[1] LIGON F K, DIETRICH W E, TRUSH W J. Downstream ecological effects of dams: A geomorphic perspective[J]. Bioscience, 1995, 45(3): 183-192.

[2] ROOD S B, SAMUELSON G M, BRAATNE J H, etc. Managing river flows to restore floodplain

forests[J]. Frontiers in Ecology and the Environment, 2005, 3(4): 193-201.

[3] WARD J V. The Four-Dimensional Nature of Lotic Ecosystems[J]. Journal of the North American Benthological Society, 1989, 8(1): 2-8.

[4] LYTLE D A, POFF L R. Adaptation to natural flow regimes[J]. Trends in Ecology & Evolution, 2004, 19(2): 0-100.

[5] HENRY C P, AMOROS C. Restoration ecology of riverine wetlands: I. A scientific base[J]. Environmental Management, 1995, 19(6): 891-902.

[6] MAITLAND P S. Restoration of aquatic ecosystems: Science, technology, and public policy: National Academy of Sciences, National Academy Press, Washington, DC. 1992. 552 pp. ISBN 0-309-04534-7. Price US$39·95 (export $48·00)[J]. Biological Conservation, 1993, 65(2): 210.

[7] 王赵松，李兰. 流域水电梯级开发与环境生态保护的研究进展 [J]. 水电能源科学，2009, 27(4): 43-45.

[8] 陈俊贤，蒋任飞，陈艳. 水库梯级开发的河流生态系统健康评价研究 [J]. 水利学报，2015, 46(3): 334-340.

[9] NORRIS R H, THOMS M C. What is river health?[J]. Freshwater Biology, 2010, 41(2): 197-209.

[10] 陆佑楣，樊启祥. 金沙江下游水电梯级开发建设项目管理实践 [J]. 人民长江，2009, 40(22): 1-3.

[11] 杨少荣，王小明. 金沙江下游梯级水电开发生态保护关键技术与实践 [J]. 人民长江，2017, S2, 54-56.

[12] 罗小勇，陈蕾，李斐. 金沙江干流梯级开发环境影响分析 [J]. 水利水电快报，2004, 25(14): 7-10.

[13] 何政伟，黄润秋，许向宁，等. 金沙江流域生态地质环境现状及其对梯级水电站工程开发过程中生态环境保护的建议 [J]. 地球与环境，2005, 33(b10): 605-613.

[14] 刘兰芬，陈凯麒，张士杰，等. 河流水电梯级开发水温累积影响研究 [J]. 中国水利水电科学研究院学报，2007, 5(3): 173-180.

[15] 王丽萍，郑江涛，周晓蔚，等. 水电梯级开发对生态承载力影响的研究 [J]. 水力发电学报，2011, 30(1): 12-16.

[16] 杨昆，邓熙，李学灵，等. 梯级开发对河流生态系统和景观影响研究进展 [J]. 应用生态学报，2011, 22(5): 1359-1367.

[17] 高娟，华珞，滑丽萍，等. 地表水水质监测现状分析与对策 [J]. 首都师范大学学报（自然科学版），2006, 27(1): 75-80.

[18] 莫莉，陈丽华. 地表水水质监测指标体系现状综述 [J]. 南昌工程学院学报，2014(4): 71-73.

[19] 王晖，胡续礼. 浅谈流域地表水水质监测技术的改进 [J]. 水资源保护，2002(4): 50-51.

[20] 王海. 地表水水质自动监测站建设与运行管理 [J]. 环境监测管理与技术，2002, 14(1): 5-6.

[21] 文旭. 我国地表水水质监测现状分析与对策 [J]. 环境与发展，2017, 29(7): 161-161.

[22] 温亚梅. 水环境中水生态监测的进展 [J]. 环球市场信息导报，2017(26): 128-128.

[23] 陈水松，唐剑锋. 水生态监测方法介绍及研究进展评述 [J]. 人民长江，2013(s2): 92-96.[21]

[24] 王业耀,阴琨,杨琦,等.河流水生态环境质量评价方法研究与应用进展[J].中国环境监测,2014(4).

[25] 郎锋祥,彭英,龚芸.水生态监测的实践与探讨[J].水资源研究,2014(1):41-43.

[26] 孙志伟,袁琳,叶丹,等.水生态监测技术研究进展及其在长江流域的应用[J].人民长江,2016,47(17):6-11.

[27] 孙君,王志峰.水电规划陆生生态环境影响评价技术探讨[J].资源节约与环境保护,2014(4):148-149.

[28] 陈振亮.新型遥感技术在陆生生态调查中的应用研究[J].西安文理学院学报(自然科学版),2018(1):111-113.

[29] 郑炜.水电规划陆生生态环境影响评价研究[D].华中师范大学,2008.

[30] 王英.水电工程陆生生态环境影响评价与生态管理研究——以拟建的乌龙山抽水蓄能电站建设项目为例[D].西北大学,2007.

[31] 王令福.卫片在森林资源调查中的解译[J].林业勘察设计,2002(1):61-62.

[32] 晁玉珠,杨则东.遥感技术在安徽省石台县崩塌地质灾害调查中的应用[J].安徽地质,2001,11(4):289-291.

[33] 张士杰,刘昌明,谭红武,等.水库低温水的生态影响及工程对策研究[J].中国生态农业学报,2011,19(6):1412-1416.

[34] 吴佳鹏,黄玉胜,陈凯麒.水库低温水灌溉对小麦生长的影响评价[J].中国农村水利水电,2008(3):68-71.

[35] 张博庭.用科学的态度对待水库的低温水问题[J].水力发电,2006,32(10):89-91.

[36] 姜文婷,逄勇,陶美,等.下泄低温水对下游水库水温的累积影响[J].水资源与水工程学报,2014(2):111-117.

[37] 李璐,陈秀铜.水库分层取水方式减缓下泄低温水效果研究[J].环境科学与技术,2016(s2):215-218.

[38] 王皓冉,周卓灵,行亚楠,等.水利工程总溶解气体过饱和问题探讨[J].水利水电科技进展,2010,30(5):12-15.

[39] 蒋亮,李然,李嘉,等.高坝下游水体中溶解气体过饱和问题研究[J].四川大学学报(工程科学版),2008,40(5):72-76.

[40] 张亦然,杜秋成,王远铭,等.总溶解气体过饱和含沙水体对齐口裂腹鱼影响的实验研究[J].水利学报,2014,45(9):1029-1037.

[41] 陈永柏,彭期冬,廖文根.三峡工程运行后长江中游溶解气体过饱和演变研究[J].水生态学杂志,2009,2(5):1-5.

[42] 谭德彩,倪朝辉,郑永华,等.高坝导致的河流气体过饱和及其对鱼类的影响[J].淡水渔业,2006,36(3):56-59.

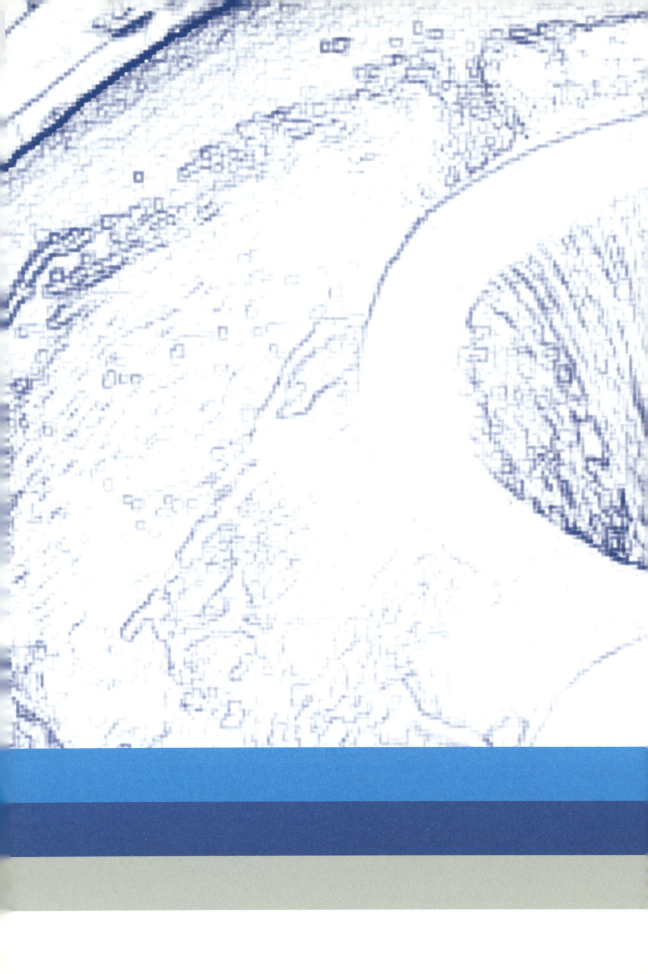

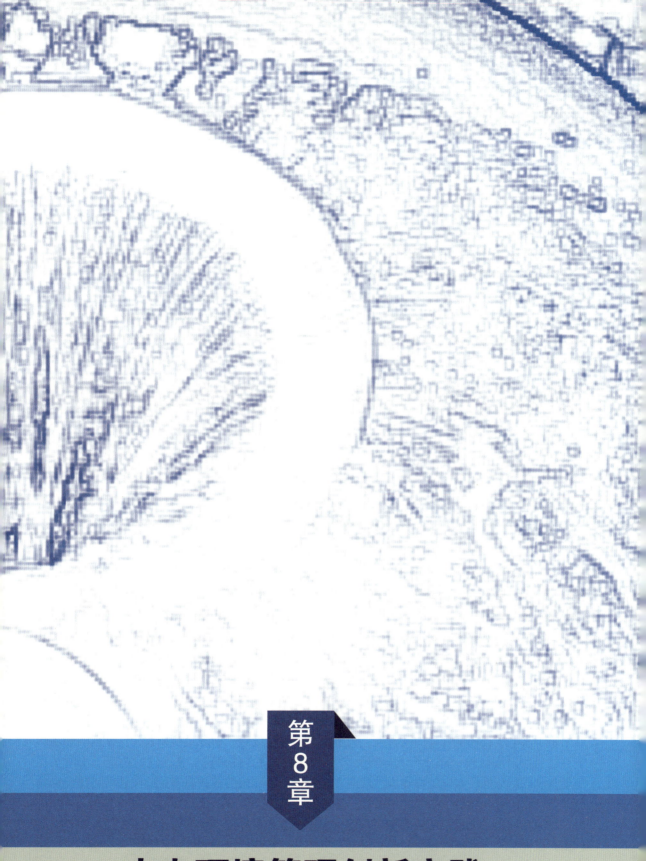

第 8 章

水电环境管理创新实践

对于水电项目开发企业，环境影响评价和环境保护要求的"三同时"制度的落实是建设项目环境管理体系的核心。"三同时"制度是指建设项目的环境保护设施要与主体工程"同时设计、同时施工、同时投入使用"，是在实践中逐步形成的对工程建设各个环节的监控制度。"同时设计"可依靠环境影响评价和相关设计规范加以管控；"同时投入使用"可通过竣工验收的相关法规和规范保障落实；"同时施工"的环境保护设施或工程实施情况监督一直以来都是大型水电工程建设面临的一大难题，在最早阶段被列为工程监理的一部分，但在实践中环境保护措施建设往往被忽视，出现没有落实或落实不及时的情况[1-6]。

在大型水电工程建设过程中，环境保护措施项目较多。如果只是在建设项目环境保护竣工验收阶段建设一些环境保护措施，而实施阶段不对施工活动加以规范，不督促落实各项环境保护措施，则工程建设会对周围环境造成不可逆的影响。因此，如何落实并强化"三同时"管理制度，有效地促进环境保护措施实施与效益发挥是大型水电工程建设环境管理工作需要重点解决的问题。在金沙江下游梯级水电开发中，三峡集团扎根于实践，结合国家政策与实际保护需要，创造性地提出统筹、高效的环境管理工作模式，保障各项环境保护措施有序实施。

8.1 水电工程环境管理与模式创新

当前，大部分水电开发企业仅重视工程建设项目管理中的"成本管理、进度管理和质量管理"三个要素，而对另外两个管理核心要素即安全管理和环境管理的重视不够，进而忽视了水电建设与运行过程中的环境影响和破坏。立足水电开发特点，充分认识水电工程环境管理自身特点，对水电开发企业具有重要的意义。

水电工程建设项目由多个分部、分项组成，为满足项目的使用功能，需涉及多个行业和材料，如水、电、通信、道路、结构等，由此决定了水电工程环境管理的复杂性；工程建设施工过程中，环境影响伴随工程建设施工同步产生，如施工过程中产生的粉尘、噪声、生产废水及生活污水，周边植被的破坏，减轻这些影响的环境保护措施必须与工程建设施工同步进行，这就决定了水电工程环境管理的同时性；大型水电工程建设施工期和运行期长，已显现的环境影响往往持续时间较长，部分环境影响通常需要长年累月才能显现出来，这就决定了水电工程环境管理的持久性；水电工程建设涉及地方规划、交通、旅游等政府有关部门和项目建设影响区域范围内的群众利益，工程建设带来的环境影响又涉及群众的生活环境质量与安全，由此可见，水电工程建设与生活密切相关，这就决定了水电工程环境管理的时代性，即环境管理需要创新，以符合时代的环境理念和人文观念[7-19]。

8.1.1　环境管理基本内容

环境管理是工程项目管理的一部分，是工程环境保护工作有效实施的至关重要的一个环节。水电工程环境管理的目的在于保证工程各项环境保护措施顺利实施，使工程建设对环境的不利影响降到最低，并使得工程区环境保护工作长期有序开展，以保护生态环境，维护工程区域环境质量，美化工程区域环境，建设绿色水电工程，使社会经济发展与人类生存环境协调 [20-43]。

1.传统的环境管理体系与制度

对于水电站建设单位来说，水电工程环境管理分为外部管理和内部管理两部分体系。外部管理指各级环境保护行政主管部门的监管，以国家相关法律、法规为依据，确保建设项目环境保护工作达到相应标准与要求，负责对各阶段工作不定期监督、检查，组织开展工程竣工环境保护验收等。内部管理由建设单位负责组织实施，负责的是具体落实工程环境保护措施及监测、研究等各项工作，包括建设单位、监理单位和承包单位三个主要责任方。传统的内部管理由建设单位统一管理，并由派驻工地的管理机构具体负责，环境监理与工程建设监理共同负责过程监督与控制。

环境管理制度是实施环境管理的重要抓手，不同制度的侧重点各不相同，其中，环境保护责任制明确了各环境管理机构的环境保护责任；分级管理制度使环境管理工作更具层次性和条理性；"三同时"制度为建设项目从源头和过程上减少环境影响提供制度保障。此外，环境管理制度还在不断地充实和完善，如建立环境保护报告制度，承包单位和监理单位定期编制环境工作报告报送建设单位，建设单位定期向环境保护主管部门报告工程建设和环境保护工作动态。

2.决策阶段环境管理

建设工程项目决策阶段通常分为预可行性研究和可行性研究两个阶段。相比预可行性研究，可行性研究的工程数量和投资估算有较高准确度，相应的工程数量、主要设备、用地概数、补偿方案、施工组织方案、建设工期和投资估算、环境保护、水土保持等设计工作已达到规定的深度。决策阶段环境管理内容为：

1）预可行性研究阶段。在项目调研、踏勘基础上，在预可行性研究报告中编写环境影响分析报告，从生态环境的角度分析工程建设对工程区域附近人流、动物通道、各类自然保护区、风景名胜区、水源保护区、文物古迹之间的关系和影响，论证项目的环境保护可行性。

2）可行性研究阶段。在项目调研和初测基础上，在可行性研究报告中编写环境保护内容篇章，对水电工程项目建设过程和建成后可能引起的生态环境、噪声、振动、水体、大气、固体废弃物等进行初步分析。

3）可行性研究阶段后期。由有资质的设计院或环境影响评价单位开展项目的环境影响评价，编写环境影响报告书和水土保持方案，并报送原环境保护部和水利部审查和审定后，申报立项。

3.勘查设计阶段环境管理

建设工程项目勘查设计阶段通常分为招标设计和施工图设计两个阶段。对环境管理而言，为保证环境保护工作在设计阶段得到落实，必须实施环境勘查设计。各专业必须根据决策阶段编写的环境影响报告书和水土保持方案提出各项环境保护、水土保持措施和建议，并在初步设计和施工图设计文件中列出环境保护概算和环境保护施工图预算，以保证设计文件达到本专业设计要求的同时满足环境保护的要求。勘查设计阶段环境管理内容为：

1）与有资质的勘查设计单位签署勘查设计委托合同，明确合同内有关各方（建设单位、设计单位和咨询单位）的环境管理责任。

2）合同内有关各方（建设单位、设计单位和咨询单位）依据合同制订工作程序、工作计划和工作安排。

3）设计单位成立设计项目组，依照工作程序完成初步设计和施工图设计的各项工作，包括项目调研、定测；设计文件分析和绘制；完善环境保护和水土保持设计方案，落实各项环境保护、水土保持措施及相应的环境保护概算和施工图预算，并提出针对性建议，以同步满足各专业设计和环境保护要求。

4. 施工阶段环境管理

建设工程项目施工阶段是环境管理的主要实施期，项目外部环境管理通常由原环境保护部及项目涉及省、市地方环境保护行政主管部门履行，内部管理则通常由建设单位牵头，设计单位、施工单位、监理单位和咨询单位共同履行。施工阶段的环境管理工作需要全面落实环境影响报告书及批复意见的要求，加强工程参建单位人员环境保护宣传教育、完善项目的环境保护管理体系、制定完善的环境保护措施，以保证环境保护设计和要求在施工阶段得以落实，从而有效地控制施工过程对环境造成的影响，最大限度地减少工程涉及区域环境的不利影响。

施工阶段环境管理参与方增多，包含国家、省、市地方环境保护与水利行政主管部门、建设单位、设计单位、咨询单位、监理单位和施工单位。各参与方施工阶段环境管理基本内容见表8-1。

表8-1　各参与方施工阶段环境管理基本内容

项目参与方	施工阶段环境管理内容
国家、省、市地方环境保护与水利行政主管部门	依照国家颁布的法律、法规履行相应的监督管理职责，对监管的项目实施不定期环境管理执法检查，对违反规定的有关方实施行政处罚或移交司法刑事机关处理
建设单位	建立由建设单位主管环境的领导担任组长的环境保护领导小组，并在建设管理部门设置专职环境保护管理人员，具体负责施工期的环境保护工作及内外部环境保护工作的协调与管理： （1）工程建设施工合同招标时，应将环境保护工作内容列入招标文件，建设单位与施工单位明确环境保护措施和环境保护目标，并签署环境保护责任书； （2）对于施工中发生的重大环境污染事件和居民投诉，建设单位与监理单位、咨询单位、设计单位、施工单位依据具体情况，会同地方各级主管部门，及时研究处理方案，并追究责任单位的责任； （3）负责对咨询单位、设计单位、监理单位和施工单位的环境保护管理绩效考核

项目参与方	施工阶段环境管理内容
设计单位	（1）对环境保护设计负主要责任； （2）环境保护设计需要落实《环境保护方案设计书》的要求，并明确相关环境保护措施及费用； （3）须将施工图列入环境保护内容，理解设计对环境保护的工程措施及要求，现场做好施工图核对及设计交底工作； （4）现场设计人员须深入施工现场，指导环境保护措施实施，发现设计存在的问题及时处理
咨询单位	（1）主要负责审查环境保护设计方案和措施； （2）审查施工图设计时，应审核环境保护方案、措施，不符合规定和技术要求的，应提出审查修改意见； （3）审查施工组织设计时，应审核施工单位施工过程中的环境保护方案、措施、实施方法，提出审查修改意见； （4）指定人员负责环境保护方面的管理、协调、投诉等受理工作； （5）深入施工现场，指导实施环境保护措施，发现问题应及时分析、提出意见，并协调组织处理
监理单位	（1）审批施工单位编写的施工期间详细的环境保护方案和措施；审查施工单位实施性施工组织设计，审核施工过程中环境保护方案、措施和实施办法，提出审查修改意见；监督、检查施工单位环境保护方案、环境保护措施的落实情况，检查验收环境保护项目；施工现场调查巡视，发现问题及时解决； （2）编制监理规划，列出详细的环境保护监理工作内容；由专业监理工程师编制环境保护监理实施细则； （3）参与施工图现场核对和设计交底，了解施工现场特点，全面掌握设计对环境保护的工程措施及要求； （4）了解当地的环境保护要求和相关标准，督促施工单位与当地环境保护部门联系，取得当地环境保护部门的支持； （5）审查施工单位现场环境保护组织机构、专职人员、环境保护措施及相关制度的建立，只有符合要求才能批准开工；指定人员负责环境保护方面的管理、协调、投诉受理等工作
施工单位	（1）主要负责环境保护具体方案和措施的制定与实施。施工前，施工单位要制定施工期间详细的环境保护措施并报监理单位批准； （2）应全面落实《环境影响报告书》及其批复意见建议的各项环境保护措施，严格控制施工期和运营期的环境污染； （3）应参与施工图现场核对和设计交底，了解施工现场特点，掌握设计对环境保护的工程措施及要求； （4）应编制施工期环境监测计划，配合地方环境保护主管部门进行施工期的环境监测和监督检查工作； （5）指定人员负责环境保护方面的管理、协调、投诉受理等工作； （6）由于施工单位的过失、疏忽、未及时按图纸规定和监理工程师指令完成环境保护措施（永久性或临时性），导致额外采取保护措施而发生的费用由施工单位承担

5. 竣工验收阶段环境管理

建设项目竣工验收阶段环境管理属于外部环境管理范畴。依据我国环境保护工作"三同时"原则，需要在主体工程验收时进行专项或综合环境保护验收。由于水电站项目常常在工程完建前即开始蓄水，蓄水后仍然有较长时间处于建设和试运行的交叉阶段，为了及时评估环境保护措施效果并保障环境保护措施有效落实，应在蓄水前开展蓄水阶段的环境保护专项验收。我国的水电工程验收管理分阶段、分单项或专项开展。原环境保护部（现为中华人民共和国生态环境部）于2001年发布"建设项目竣工环境保护验收管理办法"，该办法要求建设单位委托有资质的环境影响评价单位编写"建设项目竣工环境保护验收调查报告"，并在报告中对项目环境影响报告书和有关文件规定应采取的各项生态防护措施、环境保护措施和设施的落实情况进行详细阐述，包括施工期环境影响及治理措施回顾、生态环境影响调查、社会环境影响调查、水环境影响调查、水文和泥沙情势影响调查。验收调查的重点对于具体的水利水电工程各有偏重，但一般调查重点主要为环境影响评价文件及审批文件提出的可能会对环境造成重大影响的内容和环境保护措施落实情况及其效果等，主要有水电站下游减水、脱水段生态影响及下泄生态流量的保障措施落实情况、水温分层型水库下泄低温水减缓措施、河道整治工程淤泥处置措施等，针对出现的问题提出相应的环境补救措施或完善措施，以保障水电工程的生态环境与经济社会协调发展。

6. 运行阶段环境管理

在水电站运行阶段，运行管理单位会设立环境管理机构，贯彻执行国家及地方环境保护法律、法规和方针政策，执行国家、地方和行业环境保护部门的环境保护要求，负责和落实工程建成运行后的环境保护管理工作，监控环境保护措施实施效果，处理水电站运行期间出现的环境问题。运行阶段环境管理的重点通常是水污染源管理、水资源环境调度管理、减缓水生环境影响措施管理等。

为减少环境影响评价报告中预测的环境负效益，减少不利的环境影响，水利工程投入运行后，建设单位必须加强环境管理。在运行阶段，环境监测、历史资料的积累和系统管理十分重要。通过系统可以逐步完善常规监测，掌握环境目标的具体情况，通过监测数据可以对产生的环境问题作出明确判断，及时采取适当措施减少环境的不利影响，监测数据的积累也会为定期进行的工程后评价提供数据支持，对未来减少水电站运行期不利环境影响具有重大意义。

近年来，随着国家和人民对环境保护重视程度的提高，水电站环境影响越来越受关注。水电站建设的诸多环境保护措施已先后投入使用，但缺少评价机制，经验教训得不到总结。为了加强对水电工程项目运行期环境影响的认识，我国出台了工程项目和流域的环境影响后评价管理要求，根据水电站实际运行情况和需要，开展环境影响后评价工作，修正长远的生态保护策略。水电工程环境影响后评价是完善水电工程环境管理体系、促进水电开发可持续发展的重要手段，也是运行期环境管理的重要工作。

7. 环境监测

随着社会的不断发展，人类对生存环境质量的要求越来越高。环境质量的好坏需要以监测数据作为基础进行评价。环境监测及其管理是保证工程建设项目环境保护措施落实过程中的一种重要的有效管理手段。通常，环境监测相关内容会作为常规内容出现在水电开发项目环境影响评价报告和水土保持报告中，建设单位依照审批后的环境影响报告书、水土保持方案报告书和相关批文，委托有相应资质的监测机构开展环境保护、水土保持和生态环境监测。环境监测的目的和主要任务如下：

1）为工程的环境保护提供基础资料。对工程兴建前后及相关地区生态环境进行连续系统地监测和调查，对工程施工期和运行期环境污染控制、工程环境管理、环境监理、竣工环境保护验收以及流域梯级开发的环境保护工作和可行性研究阶段环境影响评价结论验证提供可靠的数据和资料。

2）为改善工程区域生态环境提供科学依据。金沙江流域目前尚无全面、系统的环境监测系统，白鹤滩水电站环境监测系统的监测成果可以为金沙江流域生态环境的发展研究和生态建设提供科学依据。

环境监测系统是一个复杂的系统，其管理需要建设单位运用科学方法指导，以质量和效率为中心协调监测活动中的各类监测问题，以保证环境监测为环境管理提供及时、准确、高效的决策依据。环境监测管理工作也是水电工程环境管理的一项重点工作。在环境监测管理工作过程中，建设单位通常全面负责拟选环境监测和水土保持监测单位的资质审核及合同管理、检查和考核，并会同环境保护监理机构负责审核监测报告，分析监测成果的可靠性以及监测成果反映的环境问题，督促施工单位制定和实施相应的解决方案。

8. 环境监理

1995 年，我国在世界银行贷款大型项目——黄河小浪底工程项目中引进了工程环境监理管理模式。2002 年，原国家环境保护总局与原铁道部等 6 个部委联合发出通知，要求青藏铁路、西气东输管道工程等 13 个国家重点工程进行环境保护监理试点工作。此后，我国从部分项目试行施工期环境监理逐步发展为全面推广，并且将环境监理成果作为建设项目竣工环境保护验收工作的重要基础。

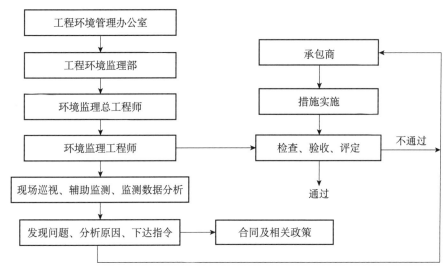

图8-1　工程环境监理机构及工作程序

建设单位为保证水电站环境保护措施得以全面落实并达到预期效果，需在工程建设中全面实施环境监理工作制度。环境监理全面监督和检查各施工单位环境保护措施的实施和效果，及时监督、处理和解决施工过程中出现的环境问题。使环境管理工作在融入整个工程实施过程的同时保持其相对独立性，变事后管理为过程管理、事中管理，变强制性管理为指导性和强制性结合的管理，从而使环境保护由被动治理污染和破坏变为主动预防和过程治理。工程环境监理机构及工作程序见图8-1。

环境监理的目标可以概括为以下内容：

1）确保项目环境影响报告书中提出的各项环境保护措施及各级环境保护行政主管部门对报告书审查意见中有关环境保护的要求落到实处，监理落实环境保护设施与措施，防止环境污染和生态破坏，满足工程施工环境保护验收的要求。

2）按照工程建设单位的要求，建立健全完善的工程建设环境保护监督管理体系与体制。

3）依据已批准的有关文件和有关合同中环境保护内容与要求，严格按环境保护"三同时"制度，监督施工单位切实履行工程合同规定的环境保护条款，以及各项环境保护设施、措施的落实。

4）及时掌握工程建设各阶段的环境状况与变化趋势。

5）消除施工活动中的不良环境影响，保护区域环境和人群健康。

环境监理工作贯穿工程建设全过程，其主要工作内容遵循国家及当地政府关于环境保护的方针、政策、法令、法规，监督承包商落实与建设单位签订的工程承包合同中约定的环境保护条款，帮助建设单位协调解决项目工程建设中涉及的环境问题，处理好与地方环境保护条例的关系，确保工程顺利施工。

环境监理是在建设单位委托的业务范围内对施工承包商从事工程环境监理工作。环境监理机构由工程建设单位在具有相应资质的单位中通过招标确定，并实行总监理工程师负责制。环境监理的重点工作内容包括以下几点：

1）编制包含监理项目和内容的环境监理计划。

2）按照建设单位要求，负责审查各施工单位的环境保护实施措施或方案。

3）全面监督和检查各施工单位环境保护措施的实施情况和实际效果，及时处理和解决环境污染事件，如渣场、料场及其他施工迹地的处理、恢复情况，水处理设施建设与运行情况等，并制定环境保护考评奖惩制度和办法等。

4）配合实施环境监测工作，审核有关环境报表，根据水质、环境空气、噪声等监测结果，对水电站施工及管理提出相应要求，尽量减少工程施工对环境造成的不利影响，并适时向建设单位和当地环境保护部门进行环境监测情况报告。

5）对项目环境保护工程的质量、费用、进度实施全过程监理，对各项环境保护措施施工计划及资金落实情况进行监控，严格要求，防止出现问题，确保工程运营后能长期、有效地发挥环境效益和社会效益。

6）对建设项目在建设过程中执行环境保护法律法规、标准、规范、程序和各项规定措施落实情况进行评价与总结，参与工程环境保护竣工验收并提交环境监理工作总结报告，作为工程竣工验收的重要依据。

实践证明，环境监理单位能否利用自身在环境保护设施、环境保护措施及环境管理方面的专业优势，引导和帮助建设单位全面落实环境影响评价报告及批复文件提出的各项环境保护要求，强化项目施工过程的环境保护措施、生态恢复措施及环境污染防治设施建设，监督和指导施工单位落实施工过程中的环境保护措施，对工程建设施工期的环境管理具有至关重要的作用。

8.1.2　现行环境管理存在的问题

传统的水电开发内部环境管理包括建设单位、环境监理和承包商环境管理，其中，环境监理是核心纽带，关系水电项目内部环境管理的成败。我国环境监理工作起步于 20 世纪 90 年代，已经历 20 余年的发展，尤其近 10 年发展快速。水电建设行业借鉴工程监理的理念，引入第三方对建设项目施工期进行环境监理，由于不同建设单位对环境监理的认识和定位不同，因此实践中往往存在一些问题[44-60]。

1.环境监理的专业性难以发挥效益

监理是一种过程管理，与工程的结合非常紧密。环境监理需要一整套适应工程自身规律的管理制度、方法，同时又符合环境保护的专业特点，能够提供环境保护专业化服务。部分环境监理程序、制度、方法、内容基本照搬工程监理模式，未体现出环境监理的专业性。工程监理涉及工程的质量、进度和投资等方面，环境监理仅涉及与工程相关的环境保护工作，尤其应重点关注自然保护区、饮用水水源保护区、风景名胜区、生态脆弱区、重要湿地、野生动植物栖息地等特殊环境保护目标及特殊环境保护要求。环境监理的任务是当建设项目涉及上述环境敏感区及特殊环境保护要求时，明确指导建设单位和施工单位如何处理。如果环境监理简单套用工程监理模式，那么从效率和效果方面都难以突显其专业性。

2.未及时与工程同步开展环境监理

近年来，随着环境监理逐渐受到重视，大量建设项目环境影响评价审批文件要求业主开展施工期环境监理，并将其作为项目试生产和竣工环境保护验收的前置条件。但环境监理是一项新的业务，大多数人对此不了解，有时候甚至会对环境监理机构有抵触情绪，不愿配合监理单位的工作，有的甚至不愿向监理单位提供必要的资料，增加了环境监理工作的难度。此外，工程建设的有关政府管理部门对建设项目环境监理缺乏统一的认识和规定，在实际工作中缺乏有效的监管。在实际操作过程中，多数建设项目并未按批文要求及时开展环境监理，到了试生产和验收阶段，为满足环境影响评价批复要求，补做环境监理工作。工程施工结束后，环境影响已经发生，隐蔽工程已经完成且不可复原，补做环境监理工作并不能减少施工期造成的环境影响，只是在形式上完成了一项程序，因而环境监理工作未能真正发挥应有的作用。

3.环境监理与工程监理之间的界限不清晰

环境监理与工程监理之间的工作冲突较大，从质量角度考虑，大多数水电建设业主主要倾向工程监理全面负责（含环境项目），由工程监理的环境监理部门负责对环境项目实施监督权。但在管理过程中，环境监理在现场监管过程中缺少结算审核权，导致好的环境保护方案得不到落实。如果环境监理单位和工程监理单位间协作较差、沟通不够，那么往往会因职责不清、管理效果不好而产生一些矛盾。如工程实施过程中，项目的建设内容、规模、选址选线、环境保护措施等或多或少会发生一定程度的调整，环境影响也会发生变化，甚至涉及自然保护区、饮用水水源保护区、风景名胜区等重要环境保护目标的重大变化。在这种情况下，方案调整设计的相关人员往往不深入了解环境影响评价报告书及批复文件要求，或缺乏专业环境保护知识，工程监理与环境监理又沟通不畅，在这个过程中可能会忽视生态环境保护需求，造成不利的环境影响问题。

4.水电开发环境保护工作中存在诸多不利因素

科学设计是保护环境和减少影响的重要前提条件之一，好的设计方案能取得好的成效。但我国处于水电开发步伐快、水电开工和待开工项目多的时期，造成短时间内设计工作任务量大与专业设计人力资源有限之间的矛盾，其中一些水电站在可行性研究等设计阶段的环境保护方案不够成熟，往往存在操作性不强的问题。部分业主负责人的环境保护意识淡薄，无视环境保护工作，逃避环境保护责任，主要体现在某些项目未经过审批就开工建设，使环境保护治理设施建设严重滞后；在项目审批后，不能严格按照审批要求落实环境保护投资。承包商是直接建设者，关系环境保护工程的成败。以往一个水电工程在环境保护方面成效如何，主要取决于承包商对环境保护的认识和采取的防控措施。但在利益的驱动下，很多承包商避重就轻，不愿意积极实施环境保护措施。

8.1.3 环境管理模式创新

溪洛渡、向家坝水电站自工程开工起即开展环境监理工作，时逢我国开展环境监理试点工作，缺乏环境监理规范和可借鉴的成熟的工程环境监理经验。为了解决传统水电开发环境管理工作中存在的问题，三峡集团在金沙江下游水电开发实践过程中对环境管理的新模式进行了探索。在两个工程建设过程中，三峡集团提出了高标准、高起点的环境监理工作要求，充分考虑工程与环境保护的特殊性，在工作模式、监理程序、工作制度和监理项目划分等方面进行了尝试。

1."一班人马、两块牌子"

为克服以往环境监理权限不够，并且最大限度地推进环境监理和环境管理工作，避免环境监理与建设监理之间可能存在"监理单位"管理"监理单位"的尴尬局面，在溪洛渡、向家坝水电站施工过程中，三峡集团与多个专业单位共同成立环境保护中心，全面开展现场的环境保护管理工作，如溪洛渡环境与水土保持管理中心同环境监理合署办公，且主要人员以环境监理人员为主。该中心由建设单位和专业单位的管理人员共同组成，具有环境管理和环境监理的双重职能，这种创新的管理模式被形象地称为"一班人马、两块牌子"。该模式不仅能够突破环境保护管理中工程监理、环境监理对承包商多方管理的常见"瓶颈"，提高环境保护管理体系的运行效率，还能够充分发挥环境保护监理的专业作用。

环境管理中心与环境监理一体化的设置赋予了环境监理较大的工作权限，环境监理在工作中可对施工承包商的环境保护工作直接行文，操作流程为"环境监理指出问题并向环境管理中心提出处理建议→环境管理中心向工程建设监理下发工作联系单→工程建设监理向承包商下达工作指令"。实践证明，该模式能最大限度地推进环境监理和环境管理工作，且工作成效显著，能有效地化解建设监理与环境监理之间在职责划分、权限划分等方面的矛盾，能及时处理工程建设中的环境影响问题。

2.分类管理

为便于各项环境保护措施有效落实和管理，溪洛渡水电站环境监理在总结已有工作经验的基础上，将工程的环境保护项目进行细分，并根据各类项目特点明确各类环境保护相关单位职责。工程环境保护项目分类及管理职责划分情况见表8-2。

表8-2　工程环境保护项目分类及管理职责划分情况表

项目	项目界定原则	监理主体责任单位	监督管理主体责任单位
第一类项目	随主体工程一并发包的环境保护项目	工程建设监理单位	环境管理中心
第二类项目	独立成标的环境保护项目	工程建设监理单位或环境监理单位	环境管理中心
第三类项目	专项环境保护项目的运行维护、工程环境保护综合管理、对内对外沟通协调	环境监理单位	环境管理中心

1）第一类项目指主体工程中具有环境保护和水土保持功能的项目，以及主体工程施工过程中应采取的预防和控制环境影响的措施，包括主体工程标内的废水处理、弃渣处置、环境空气保护、声环境保护、生活垃圾处理、人群健康保护、文物古迹保护等，该类项目不具备独立成标的条件，随主体施工项目一并发包和实施。同时在环境管理中心指导下，工程建设监理和环境监理一起承担对第一类项目的监督、检查责任。

2）第二类项目指可以单独成标和发包的环境保护专项设施建设、监测项目和研究项目，包括环境保护和水土保持专项工程的建设、环境监测和水土保持监测、环境保护和水土保持研究课题等，环境监理可独立承担该类项目的监理工作，特别是其中的生态恢复类措施。

3）第三类项目指已建成的环境保护与水土保持专项设施运行维护类项目以及环境保护综合管理类项目、对内对外的关系协调等。对外，与政府相关主管部门沟通、协调及办理相关手续；对内，对各参建单位环境保护事务的管理和工作进行协调，环境监理承担第三类项目的监理与管理工作。

在这种分类管理的环境监理模式中，分别对环境监理和工程监理的职责进行明确划分，明确了环境监理与工程监理的关系，这种全新模式把环境监理从工程监理中独立出来，专门聘请有专业资质的第三方单位承担环境监理，不仅如此，还扩充了环境监理的职责，即环境管理的职责，相当于代行业主的一部分职责，以便更有力地推进并落实环境保护工作。工程监理承担了第一类项目的环境措施落实工作，并接受环境监理的监督和检查。施工企业在落实环境保护措施的过程中，接受工程监理和环境监理的监督指导。

8.2　金沙江下游水电开发环境管理实践

8.2.1　环境管理体系

水电开发企业建立、实施环境管理体系的目的是有效地贯彻国家、行业、地方法律、法规的要求，提升企业环境管理的效率，更好地落实环境保护措施。国家标准化组织从改善生态环境质量、减少人类活动造成的环境污染、节约能源和促进社会经济活动可持续性发展的需要出发，推出了《环境管理体系规范及使用指南》。通过 20 多年的实践，建立公开透明的环境管理体系，保持系统有效运行，有助于提升水电开发企业环境管理的质量。

根据金沙江下游梯级水电站的情况，各水电工程项目在工程建设部门内设立专门的环境管理机构，主要负责环境管理工作。溪洛渡、向家坝工程建设部实施"业主负责制、招标承包制、建设监理制、合同管理制"的管理体制，将环境保护工程纳入工程建设管理体系，实施统一管理。在环境管理业务方面，建立并不断完善"业主统一组织、参建各方分工负责、接受各级政府监督检查"的环境保护与水土保持管理体系（见图8-2）。该体系由决策层、协调管理层、监理管理层和实施层组成。

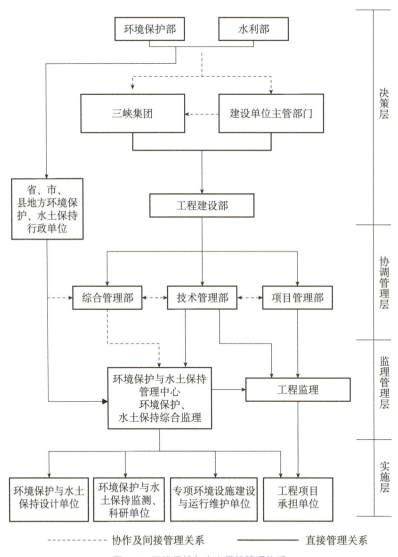

图8-2 环境保护与水土保持管理体系

"业主统一组织"指通过业主统一组织管理，强化项目业主对枢纽工程区环境保护措施实施统一规划、统一管理和统一协调的责任，以保证环境保护措施顺利落实。

"参建各方分工负责"指通过业务分工与合同条款明确参建各方职责，协调各方积极性，发挥各自优势，使环境保护措施层层落实。参建各方包括工程监理、环境保护监理和水土保持监理、施工单位、环境保护和水土保持设计单位、环境保护专项设施运行和维护单位、环境保护和水土保持监测科研单位，其职责分别为：工程监理的主要工作是施工进度和质量控制；环境保护监理和水土保持监理的主要工作包括工程监理的施工进度和质量控制，并在全生命周期环境保护理念上延伸，以保障专项环境保护工程符合"三同时"制度要求；施工单位负责按照投标文件、施工方案实施环境保护措施，在向家坝和溪洛渡分类管理框架下，按照工程监理的指令落实第一类项目中的环境保护措施，并接受环境监理的监督和指导，按照环境监理的指令，落实第二类项目的建设实施，按照环境监理的指令配合落实第三类项目的相关工作；环境保护和水土保持设计单位的主要职责为，承担第一类项目设计文件中环境保护水土保持措施的设计，第二类项目的专业化设计，并采纳环境监理对设计过程的环境保护水土保持建议；环境保护专项设施运行和维护单位承担第二类项目建设后的运行管理，以保证专项环境保护水土保持设施能发挥正常的环境保护效益；环境保护和水土保持监测科研单位受业主委托，承担水电站环境质量和水土保持防治效果的监测工作和相关环境保护重难点的科研工作。

"接受各级政府监督检查"指在水电站建设过程中，环境保护工作要接受环境保护行政部门和公众的监督，按照国家相关规范，开展环境报告工作，其中涉及外部环境管理问题。溪洛渡、向家坝水电站建设的外部环境管理主要依据国家相关法规展开，三峡集团组织各方参与实施各项环境保护工作，并接受中华人民共和国生态环境部、地方有关政府部门的监督检查。水电站属地地市州政府相关部门分区分年度牵头负责，开展分季分月例行检查和专题检查，全国和地方人大、政协开展实地调研和专项检查。项目业主积极开展枢纽工程建设区污染物排放申报，通过例报、例会等形式及时向行业主管部门通报环境保护措施实施情况，落实执法部门、监测单位和社会公众提出的意见。溪洛渡、向家坝水电站对外环境管理框架见图 8-3。

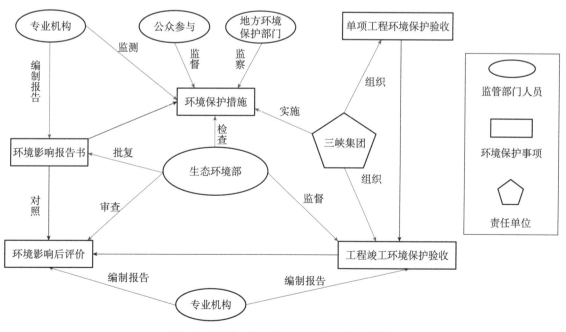

图8-3　溪洛渡、向家坝水电站对外环境管理框架

8.2.2 组织实施程序

溪洛渡和向家坝水电站施工区环境保护项目按照"总体设计（总体实施规划）→专项规划→招标设计→招标文件→施工实施→监督考核→竣工验收"的程序组织实施。环境保护总体设计（总体实施规划）、专项规划、招标设计委托专业机构编制。

在总体设计阶段，可以对环境保护项目进行分类，对于不能独立于主体工程的具有环境保护和水土保持功能的项目，编制环境保护和水土保持章节，纳入主体工程的招标文件，同步招标、同步实施。例如，溪洛渡水电站主体工程大坝标段包括坝肩边坡防护与治理项目、大坝高线混凝土标含有废水处理项目和建设营地标含有生活污水处理项目。综合项目的招标文件中相关环境保护部分（章节）由环境保护专家进行专项审查，如溪洛渡水电站建设了4座生活污水处理厂、1座生活垃圾填埋场，这些环境保护项目设计经过环境保护专家审查后公开招标。对于相对独立的可脱离主体工程招标的一些环境保护和水土保持工程，按照专项工程单独招标，编制专项或专业招标文件，该文件要求不同于综合项目，重点要求投标方的方案在专业方面达到施工图设计的深度，如生活污水处理厂编制招标文件时，须达到施工图设计深度。由于环境保护措施总体设计中对环境保护工程有一定的设计，因此在溪洛渡和向家坝水电站实施过程中的环境保护专项一般采取带方案投标方式，即在招标文件中对相应方案、工艺和措施提出明确要求和说明，如溪洛渡水电站塘房坪和马家河坝砂石骨料系统的建安工程投标文件中，要求施工单位在投标文件中明确废水处理系统的方案、工艺和措施，并承诺生产废水达标排放。

由于溪洛渡工程施工期长、项目多、参建单位多、工作接口多，环境监理工作难度较大，为有序开展工作，保证工作的有效性和连续性，溪洛渡水电站以国家法律法规为依据，制定颁发各项管理、考核办法、细则10多项，全面完善工程施工过程中的环境管理制度，如《溪洛渡水电站工程施工区环境保护和水土保持管理办法》《溪洛渡工程施工区环境保护工作考核办法》《溪洛渡水电站合同项目环境保护验收管理办法》《金沙江溪洛渡水电站环境保护手册》《金沙江溪洛渡水电站环境保护和水土保持实施规划》《溪洛渡水电站施工区及对外交通道路环境保护和水土保持监理规划》《溪洛渡水电站封闭管理区及对外交通施工区工程环境监理细则》《溪洛渡水电站施工区绿化工程监理细则》。这些管理办法或手册将水电站具体的环境保护与水土保持措施详列其中，并结合合同与现场管理编制了日常工作内容与程序等，进一步规范了环境监理工作，促进环境保护工作有序实施，保障环境保护措施效果。

8.2.3 管控措施

1. 强化合同管理

要实现"保护中开发、开发中保护"的双赢局面，必须把环境保护与水土保持的理念和要求落实到设计图纸、技术要求、合同文件、合同报价单及结算支付中。在工程实施建设过程中，为了规范工程施工期环境保护行为，按招标设计要求预防和控制施工现场的废水、废气、固体废弃物、噪声、振动等对环境的污染和危害，预防和控制水土流失及生态破坏，确保建设单位和施工单位环境保护责任的有效落实。向家坝和溪洛渡水电站在实践中制定了《金沙江水电工程项目施工合同和招标文件环境保护条款》[61]，通过合同条款的形式对有关工作进行规定，并与经济利益挂钩，明确责任，从而有效地促进环境保护措施落实。该合同条款包括环境保护通用合同条款、环境保护技术条款、环境监测合同条款、水土保持监测合同条款 4 部分,要求各项环境保护措施和对应的技术要求真正落实到招标文件的合同条款、设计图纸和工程量报价清单中,保证环境保护与水土保持工作投资到位、使用到位,利用合同及工程结算的约束力推进工程建设期环境保护和水土保持工作,此项工作在我国尚属首次。

例如,要使道路施工中“先挡后弃”的条款落到实处,不仅要有渣场规划,还要有挡护工程的设计图纸和报价组成,并明确对应的结算支付办法。对环境保护设施,要求报价中分开列报建设费和运行费,有利于环境监理对环境保护工程建设及环境保护设施运行分别进行计量支付的监督、检查和签审。强化环境管理中心对专业项目和综合项目环境保护工程的工程量复核和价款支付审签责任,使环境保护投资切实发挥作用。

环境保护通用合同条款中明确了管理制度及程序。比如,现场管理制度,环境保护和水土保持现场管理采取工程环境监理和工程建设监理分工合作的现场管理模式,承包人必须配合工程环境监理和工程建设监理的环境保护现场管理工作。对于第一类项目,工程环境监理有权对承包人下达现场环境保护和水土保持整改指令,工程环境监理的书面指令通过工程建设监理送达承包人。

环境保护技术条款明确要求承包人将合同工程量清单中的环境保护和水土保持总价承包项目进行分解,分项列报,专项环境保护和水土保持工程费用按工程实际进度按月支付进度款,其他环境保护和水土保持工程费用经发包人和监理人检查合格后,每完成工程的 1/3 即支付总额的 30%,待交工证书签字后,支付剩余的 10%。

施工合同和招标文件中还明确了投标人在环境保护和水土保持方面应该达到的治理标准。如在弃渣处置和防护方面,要规范弃渣堆放,按照“先挡后弃”的原则,及时对弃渣过程中形成的松散堆积体采用工程措施防护,弃渣完成后再进行工程和植物措施的双重防护,有效防治弃渣流失问题。又如砂石废水处理,要求承包人在投标文件中提出满足招标设计要求的废水处理工艺和方案,以及排放标准,并在进场后进行详细设计,由发包人和监理审批后实施。

这些明文规定可以很好地约束承包商,有利于环境保护与水土保持项目实施。通过合同管理,建立健全了环境保护和水土保持管理体系,创新了水电环境保护管理机制,并且推进了水电行业环境保护和水土保持管理的规范化运行。

2. 强化环境保护专项验收管理

为了统一环境保护和水土保持工程验收标准,在金沙江下游梯级水电站开发过程中,尝试开展合同项目竣工环境保护验收。

向家坝水电站的相关工作具有一定代表性。向家坝工程建设部编制了《向家坝水电站合同项目竣工环境保护验收规定》《合同项目环境保护和水土保持工程竣工验收报告编写格式及编制提纲》等规定,强化了验收的关键内容和操作方法,对验收时关注的合同项目程序文件、建设投资、建设情况核查进行了规定。对所有包含环境保护和水土保持的项目,在工程验收前进行环境保护和水土保持验收,验收通过后才能受理单项工程的竣工验收。

通过合同项目环境保护和水土保持专项验收,把好合同项目环境保护工作最后一道关。合同项目环境保护和水土保持专项验收由业主和环境监理组织工程监理单位、施工单位开展,把合同项目环境保护和水土保持专项验收作为单项合同项目竣工验收的前置条件,体现了业主对环境保护和水土保持过程管理的高度重视。合同项目的环境保护和水土保持专项验收，主要检查该合同项目实施过程中，环境保护和水土保持措施的落实和运行情况，了解环境保护和水土保持措施的质量、进度和投资完成情况，环境保护和水土保持相关资料的完整性等。

3. 强化环境监理专业化运转

以溪洛渡水电站工程环境管理体系中的环境监理为例，溪洛渡工程建设部授权溪洛渡水电站环境监理项目部独立进行环境保护监督管理工作，要求环境监理充分发挥专业能力，指导施工单位做好施工区环境管理工作，并加强环境监理的日常运转。强化环境监理工作主要从以下几个方面着手。

1）强化工作例会机制。溪洛渡工程建设部组织环境监理人员定期（周例会）和不定期地召开会议。周例会主要针对本周内环境保护工作进行总结并针对本周发现的问题提出下周工作计划；不定期会议主要开展环境保护新政策、新方法等的学习培训、安全文件学习等。内部会议由专人做好会议记录并存档。

环境保护和水土保持工作月例会由全部参建单位的环境保护、水土保持分管领导和专职管理人员（建设单位、项目副经理或副总监及环境保护工程师）参加。工程环境监理人员负责提前通知各参建单位环境保护、水土保持工作月例会召开时间、地点、会议要求及汇报材料。会议汇报材料的内容包括工程形象、本月环境保护和水土保持管理体系运行情况、环境保护和水土保持问题跟踪处理情况、环境保护和水土保持措施实施及运行情况、本月存在的环境保护和水土保持问题及处理措施建议、环境保护和水土保持工作往来文函、下月环境保护和水土保持工作计划、本月环境保护和水土保持工作开展过程中的相关照片。会议通报近期环境保护和水土保持工作的重大事项；各工程监理和施工单位就上月存在的问题介绍本月工作开展情况，并汇报下月工作计划；环境监理就近期现场情况展示图像资料，并根据各单位环境保护和水土保持工作情况进行总结；最后总结会议并提出下个阶段工作安排。会后由专人编写会议纪要（附环境问题、整改要求及时限），经逐级校审后签发，及时抄送建设单位及相关单位，通过工程监理发各承建单位并存档。各相关人员对照会议要求开展工地巡查、跟踪处理等措施，督促施工单位落实会议精神，并在现场巡查记录和监理日志上记录反馈信息。

针对重大环境问题或事故，溪洛渡工程建设部要求环境监理组织有关单位和部门参加事故调查，会同建设单位、地方环境保护部门共同召开事故调查处理专项会议，研究处理方案，并报工程总监理工程师签署意见后下发施工单位实施。

2）强化施工现场环境保护检查。溪洛渡工程建设部严格要求环境监理对施工区进行全面的日常定期和不定期的环境保护工作巡视检查，并做好巡视检查记录，对发现的问题及时协调各方解决，重大问题上报建设单位，并提出处理建议。环境监理工程师必须根据工作情况作工作记录（监理日志），对现场环境保护工作的巡视检查情况进行重点描述，包括发现的主要环境问题、问题发生的责任单位、分析产生问题的主要原因等，并及时提出处理意见。

溪洛渡工程建设部要求环境监理发现问题后，及时有效地通知施工单位进行整改，并跟踪整改结果。监理工程师在现场检查过程中若发现环境问题应及时下发问题通知单，通知施工单位及时纠正或处理。监理工程师对施工单位某些方面的规定或要求一定要通过书面形式通知对方。有时因情况紧急需口头通知，但随后必须以书面函件形式予以确认。

3）强化施工数据收集、统计、分析。溪洛渡工程建设部要求环境监理加强对施工数据的收集、统计与分析工作。环境监理则要求施工单位按照统一的环境保护信息统计表格及要求填报环境保护投资数据，每月对施工单位环境保护投资信息进行统计，及时掌握工程环境保护投资情况。监理工程师负责编写环境监理工程师的月报、季度报告和年度报告，报建设单位；对于重大环境保护和水土保持问题或事故，监理工程师编写专项报告，提出处理建议，报建设单位。溪洛渡工程建设部定期向地方环境保护行政主管部门报送环境监理季度报告和年度报告，汇报溪洛渡水电站工程的环境监理工作开展情况。

4）强化综合管理类环境保护管理。溪洛渡水电站组织开展环境监测和水土保持监测工作，并授权环境监理配合环境监测单位和水土保持监测单位实施现场监测；进行环境保护法律法规的宣传，通报环境保护相关信息；由环境监理对各参建单位进行月度考评，建设单位和环境保护监理共同组织对各施工单位进行季度考评和年度考评，对评选出的"环境保护和水土保持先进单位"和"环境保护和水土保持先进个人"给予表彰和奖励。

8.2.4　实践领会——让管理先行

环境保护是我国的一项基本国策，也是实现我国生态文明建设与满足人民群众日益增长的优美生态环境的需要。水电工程投资大、建设周期长、建设区多处于环境敏感区域，影响因素众多，对环境影响比较明显，环境管理的内容较复杂，要求也较高。目前，环境管理作为工程管理的一项重要内容，且政府和人民群众对工程带来的环境影响高度关注，一旦发生环境破坏事件，将会给建设单位带来巨大的损失。随着环境保护法律法规的不断完善、环境影响评价制度的建立、民众环境保护意识的增强、国际社会的广泛关注、国际地位的提升和国际责任的增加等，环境管理越来越受重视，成为水电工程建设的必要环节。

金沙江下游梯级水电开发涉及四川与云南两省多个县市区域，工程环境影响面广，对环境管理要求高，三峡集团在工程设计与实施过程中高度重视工程环境管理，在招标文件、设计文件中充分体现环境管理的目标及措施。三峡集团在金沙江下游水电开发实践中坚持探索，深刻体会到环境管理对于水电开发企业践行绿色开发的重要性，加强了工程环境管理，构建了切实可行的环境管理体系，并提出"让管理先行"的管理理念，创新了环境管理的模式，提升了环境监理在环境污染最严重的施工阶段的管理地位，充分发挥了工程效益，减少了工程对环境的不利影响。

环境监理是工程环境管理体系中现场管理的核心环节，环境监理工作人员借助其在环境保护设施、环境保护措施及环境管理等业务的技术优势，引导和帮助建设单位有效地落实环境影响评价提出的各项要求，在建设单位授权范围内，协助建设单位强化对工程监理和承包商的指导和监督，有效落实建设项目环境影响评价报告书及其批复和"三同时"制度的要求。此外，环境监理单位还配合各级行政主管部门做好监督检查工作，建立各相关方沟通、协调、会商机制，发挥桥梁和纽带作用。溪洛渡水电站环境监理机构投入运行 10 年，参与工程各阶段的环境监理工作，解决了很多实际问题。在溪洛渡水电站的环境监理模式中，在后续的施工图设计和招标设计、施工方案审查中，环境监理发挥了重要作用，参与工程各项目招标设计、招标文件中环境保护和水土保持内容的审查，结合工程实际情况提出修改意见；在施工阶段，环境监理采取定期巡查和不定期巡查（突击巡查）相结合、明查和暗查相结合、单独巡查及会同工程监理共同巡查相结合的巡查方式，及时发现施工中存在的环境保护问题，包括隐蔽工程中的环境保护问题，督促施工单位及时纠正，避免施工对环境造成不可逆影响，有效地保障了环境保护"三同时"制度的落实；环境监理单位通过建立完整的环境监理日志，建立了施工环境保护过程可追溯机制，为落实环境保护"三同时"制度打下了坚实的基础；环境监理建立了完善的例会制度，定期召开环境保护工作例会，配合业主主持召开工程年度环境保护工作会议，主持环境保护专题会议，参加业主及监理主持的工作例会和内部会议，保障了环境保护工作信息的及时传递，为参建各方建立了良好的沟通纽带；环境监理定期组织环境保护宣传和培训，根据工程建设实际情况，邀请环境保护和水土保持专家参与工程环境保护和水土保持宣传和培训工作；环境监理通过各项考核检查制度，严把环境保护措施落实关，把环境保护措施和经济利益挂钩，有效地提高了施工单位开展环境保护工作的积极性；环境监理为加强工程建设过程中的"三同时"制度方面工作，对每一个施工合同项目开展环境保护和水土保持完工专项验收，并通过验收促进施工合同项目中的环境保护和水土保持措施的落实，为工程阶段验收和竣工验收的环境保护和水土保持验收工作打下良好基础；由于工程环境保护涉及的知识面广，工程建设中的环境影响可能出现与预测评价不一致的情况，环境监理的专家团队为相应的环境保护措施的调整和优化提供了技术支持，提高了环境监理的工作质量。

从三峡集团在金沙江下游水电开发中主导的环境监理工作中发现，在"管理+监理"的工作模式下，业主环境管理机构与环境监理单位之间仍然是业主管理和监理管理的工作关系，该模式的重要意义在于提升环境监理的工程管理地位，强化其工作的效力。采用"管理+监理"的业主管理与环境监理管理的一体化机构设置模式能最大限度地推进环境监理和环境管理工作且成效显著，能有效地化解工程监理与环境监理之间的职责划分、权限划分等方面的矛盾，避免工程监理与环境监理之间可能存在的"监理单位"管理"监理单位"的尴尬局面。该模式赋予了环境监理较大的工作权限，便于及时处理工程建设中出现的环境影响问题。溪洛渡、向家坝水电站的环境保护成果充分证明了新型环境管理模式对金沙江下游水电开发发挥的巨大作用。目前，该管理模式已在乌东德、白鹤滩水电建设工程环境管理中应用，继续助力三峡集团绿色水电工程的发展。

参考文献

[1] 陈瑛. 浅谈环境保护中"三同时"制度 [J]. 资源节约与环境保护，2015(6)：192-192.

[2] 齐志宁，孟宪林. 我国环境影响评价存在的问题及对策建议 [J]. 科学技术创新，2015(28).

[3] 赵廷宁，武健伟，王贤，等. 我国环境影响评价研究现状、存在的问题及对策 [J]. 北京林业大学学报，2001，23(2)：67-71.

[4] 林逢春. 环境影响评价研究进展 [J]. 上海环境科学，1998(7)：7-9.

[5] 葛明. 我国环境影响评价中存在的问题及对策 [J]. 污染防治技术，2001(4)：61-64.

[6] 罗宏，柴发合，周琳. 我国环境影响评价中存在的问题及其对策 [J]. 环境与人，2000(1)：43-44.

[7] 王火利，章润娣. 水利水电工程建设项目管理 [M]. 北京：中国水利水电出版社，2005.

[8] 徐玖平. 大型水利水电工程建设项目集成管理. 第 2 版 [M]. 科学出版社, 2014.

[9] 孙根江. 水电工程建设项目成本管理浅析 [J]. 人民长江, 2010, 41(5): 65-67.

[10] 刘贵金. 水电工程建设单位项目管理问题及对策探析 [J]. 云南水力发电, 2015, 31(1): 154-156.

[11] 杨国钰, 陈磊. 水利水电工程施工期水污染防治措施 [J]. 治淮, 2009(12): 27-28.

[12] 于子忠, 张淑波, 郭新涛, 等. 大型水利水电工程水资源的环境保护 [J]. 水利建设与管理, 2005, 25(4): 50-51.

[13] 梁川. 水利工程施工对环境的影响及防治措施 [J]. 中小企业管理与科技（下旬刊）, 2011(2): 202-202.

[14] 李帅. 天全河流域梯级开发对环境的累积影响研究 [D]. 四川农业大学, 2010.

[15] 刘兰芬, 陈凯麒, 张士杰, 等. 河流水电梯级开发水温累积影响研究 [J]. 中国水利水电科学研究院学报, 2007, 5(3): 173-180.

[16] 裴厦, 刘春兰, 陈龙. 梯级水电站开发的生态环境累积影响 [C]// 中国环境科学学会学术年会. 2014.

[17] 李其才. 四川水电开发与经济可持续发展研究 [D]. 四川大学, 2003.

[18] 周睿萌, 雷振, 唐文哲. 水电建设对地方经济发展影响实证研究——以云南省永善县溪洛渡水电站为例 [J]. 水利经济, 2015, 33(5): 43-47.

[19] 张成龙. 坚持科学发展观 合理开发水电资源 实现地方经济可持续发展 [J]. 水力发电, 2006, 32(6): 1-4.

[20] 吴继霞. 当代环境管理的理念建构 [M]. 北京: 中国人民大学出版社, 2003.

[21] 孙佑海. 我国强化环境管理的重大举措 [J]. 环境保护, 2002(11): 4-5.

[22] 张宝莉. 环境管理与规划 [M]. 北京: 中国环境科学出版社, 2004.

[23] 孟伟庆. 环境管理与规划 [M]. 北京: 化学工业出版社, 2011.

[24] 崔玉霞, 王振东. 浅谈水利水电工程环境管理 [J]. 水电站机电技术, 2011, 34(4): 61-63.

[25] 陈永柏. 大型水利水电工程建设环境管理初步探讨 [J]. 人民长江, 1996(3): 20-22.

[26] 周兴政. 浅谈大型水利水电工程建设过程中的环境管理模式 [J]. 四川水力发电, 2013, 32(2): 152-154.

[27] 刘文栋. 工程建设项目的环境管理与控制研究 [D]. 上海交通大学, 2008.

[28] 吕晓光. 建筑工程施工阶段环境管理研究 [D]. 天津大学, 2012.

[29] 李红兵, 李蕾. 工程项目环境下的知识管理方法研究 [J]. 科技进步与对策, 2004, 21(5): 14-16.

[30] 许婷. 基于全寿命期的铁路工程项目环境管理研究 [D]. 中南大学, 2013.

[31] 曹晓红, 黄滨, 史云鹏. 水电项目筹建及准备期环境管理优化研究 [J]. 中国水能及电气化, 2011(11): 27-32.

[32] 牟联合. 水电工程施工项目管理研究 [D]. 西南交通大学, 2006.

[33] 但德忠. 我国环境监测技术的现状与发展 [J]. 中国测试, 2005, 31(5): 1-5.

[34] 彭刚华, 梁富生, 夏新. 环境监测质量管理现状及发展对策初探 [J]. 中国环境监测, 2006, 22(2): 46-49.

[35] 胡冠九. 我国环境监测技术存在的问题及对策 [J]. 环境监测管理与技术, 2007, 19(4): 1-3.

[36] 马晓晓，方士，王中伟，等．我国环境监测现状分析及发展对策 [J]．环境科技，2010，23(a02)：132-135．

[37] 李贵宝，周怀东，郭翔云，等．我国水环境监测存在的问题及对策 [J]．水利技术监督，2005，13(3)：57-60．

[38] 张志敏．环境监理实用手册 [M]．北京：中国环境科学出版社，1993．

[39] 朱静．中国环境监理的问题分析和对策探讨 [J]．环境科学与管理，2011，36(10)：20-23．

[40] 叶宏，胡颖铭．建设项目环境监理的地位和作用初议 [J]．四川环境，2010，29(2)：1-5．

[41] 焦涛．建设项目环境监理内涵及要点浅析 [J]．环境科学与管理，2012，37(5)：62-65．

[42] 张长波，罗启仕．我国工程环境监理的发展态势及其前景展望 [J]．环境科学与技术，2010(s2)：672-677．

[43] 杨超，鲍炯炯，夏文健．工程环境监理在环境保护管理中的作用及前景展望 [J]．环境污染与防治，2008，30(5)：104-105．

[44] 王沛芳，王超，李勇，等．水利水电工程施工中环境监理及其应用 [J]．水利水电科技进展，2003，23(6)：51-53．

[45] 谢建宇，马晓明．工程环境监理与工程监理的比较及发展建议 [J]．四川环境，2007，26(2)：109-112．

[46] 田丰，宋磊，席天功，等．中国建设项目环境监理现状与发展趋势研究 [J]．环境科学与管理，2013(10)：56-62．

[47] 谭民强，步青云，蔡梅，等．关于建立工程环境监理制度的问题分析与对策探索 [J]．环境保护，2009(8)：60-63．

[48] 岳建华，周海燕．试论水利水电工程的环境监理 [J]．人民黄河，2004，26(10)：33-34．

[49] 邹家祥，罗小勇．水利水电工程环境监理的若干问题探讨 [J]．水电站设计，2000，16(3)：80-83．

[50] 岳建华，周海燕．试论水利水电工程的环境监理 [J]．人民黄河，2004，26(10)：33-34．

[51] 季耀波，芮建良，高智．浅谈水利水电工程施工期环境监理重点 [J]．大坝与安全，2011(2)：48-51．

[52] 梁红兵，袁俊文，隋本富．水利水电工程施工期环境监理分析 [J]．环境与发展，2014(5)：93-96．

[53] 中国水电工程顾问集团公司．水电水利工程环境监理工作指南 [M]．北京：中国水利水电出版社，2010．

[54] 陈召文，彭翠华．水电工程环境监理项目精细化管理初探 [J]．人民长江，2014(8)：99-102．

[55] 潘小飞．影响水电工程环境监理工作质量的因素及改进措施 [J]．水力发电，2012，38(12)：67-69．

[56] 陈永忠，刘均贵，吴全兴．加强环境监理 走水电开发可持续发展之路 [J]．四川水利，2007，28(6)：18-19．

[57] 党晓鹏．水电工程施工期环境监理研究 [D]．西南交通大学，2015．

[58] 周祖光．水利水电建设工程施工期环境监理研究 [C]// 中国环境科学学会学术年会．2013．

[59] 唐道初，姚勋，刘利文．水电工程环境监理和水土保持监理工作探讨 [C]// 中国环境科学学会

学术年会 . 2013.

[60] 戴松晨，王小明，秦苏 . 金沙江溪洛渡水电站工程环境监理的探索与思考 [J]. 四川水力发电，
　　 2012, 31(5): 120-123.

[61] 中国长江三峡集团公司等 . 金沙江水电工程项目施工合同和招标文件环境保护条款 [M]. 北
　　 京：中国三峡出版社，2017.

第 9 章

金沙江下游水电开发环境保护思考

9.1　坚持可持续与生态优先的绿色水电开发

　　水力资源作为清洁与可再生能源，具有资源消耗少、有害气体排放少、发电成本低、运行调度灵活等特点，在电网中承担调峰和事故备用任务，可以发挥防洪、灌溉、供水、旅游、养殖等作用，具有资源、生态、社会、经济等综合效益，是我国能源供应的重要组成部分。西部水力资源丰富，属于优势资源，其合理有效开发对我国能源资源建设与经济社会发展具有重大意义，其综合开发利用是我国经济社会可持续发展的战略选择。

　　水力资源开发有利有弊，在获得经济、社会等效益的同时不可避免地会产生环境影响。这就要求必须协调好开发与保护的关系，在保护中开发，在开发中保护，实现人与自然和谐共处。可持续发展、科学发展观念以及生态文明建设在我国已深入人心，自然生态环境是人类生存和发展的重要组成部分，是可持续发展的基本条件，环境污染和破坏人民群众的居住环境会在一定程度上限制社会经济的发展。生态文明建设已成为我国当前社会发展的重大战略，这是在处理人与自然关系中新的认识，体现了时代进步，更是尊重客观规律的体现。西部水力资源开发作为我国经济建设活动中的重要一环，必须顺应生态文明建设，把环境保护摆在重要位置，兴利除弊，处理好经济发展与环境保护、生态平衡的关系，坚持可持续发展的新型水电开发道路。

　　河流是人类社会赖以生存和发展的重要命脉，一个健康的河流生态系统必然是可持续的，是生态系统的良性发展与平衡稳定。如果对河流资源过度开发、肆意破坏，则必然造成河流结构与功能损坏，河流也会因此失去开发价值，并对周边社会造成严重影响。金沙江下游梯级水电站规模巨大，建设周期长，涉及环境面广，地处长江上游生态脆弱区，区域内有重要的水生生境与鱼类资源，如何协调好水电开发与环境保护的关系是一大挑战，也是一大考验，考验工程是否走可持续的发展道路，是否能够实现地区生态系统基本稳定与资源开发的长期效益。金沙江是西部河流中的一个缩影，西部水电开发也仅是世界水电开发的一个缩影。目前，三峡集团在金沙江下游梯级开发实践中逐步形成了绿色水电的开发理念，贯穿工程规划、设计、建设与运行过程中的是"坚持可持续发展和生态优先"的指导思想，结合工程区环境状况，调整并更新传统开发的观念、思路与做法，形成以"环境保护为基本任务，可持续发展为总目标"的新模式，有利于促进观念转变、技术进步与管理创新，符合环境保护与国家能源开发部门政策，更是河流生态可持续发展的需要。金沙江下游梯级开发必须继续按照"流域、梯级、滚动、综合"的原则，坚持共同开发、有序建设、统一调度，把水电开发同解决水资源问题、推动经济社会发展、改善生态环境紧密结合起来，实现水资源开发的综合效益。

　　规划时要以开发水能、改善生态环境为主，重点防治地质灾害，做好植被恢复，建设"绿色工程"与"绿色电站"。为此，要做好梯级开发水位的选择，项目点的选择，妥善处理建设调节性能好的水库与淹没地区资源、生态环境的关系，要考虑河流径流流量、走向与水库容量、时段的关系，尽量不改变项目下游的河流特性，利用高山峡谷地形建设高坝、大库。设计时要充分利用地形地质条件，拦河大坝与水库外的永久建筑物都应布置在地下，满足建设需要的道路应尽量布置在地下，水库淹没区可用来取土、弃渣、布置明挖道路与临时营地。项目建设一开始就要融入建设"绿色工程"与"绿色电站"的理念，在生产方式及生产技术等方面节约资源，提高资源的利用效率，工程建设要与环境建设同步，做好建设过程中的边坡治理、植被恢复、废水与弃渣处理等生态环境的恢复、改善与水土保持工作，让青山常在，碧水长流，人与自然和谐相处。

开发水力资源、建设大坝导致的生态环境问题是社会关注的重点，必须认真对待，对这些影响进行全面、科学、客观的分析评价。按照国家法律规定和建设程序，流域梯级水电开发和单项目的水电开发都要进行流域及项目环境影响评价。水电建设有利有弊，项目选择必须遵循科学评估、利大于弊的原则，而且要采取措施减少弊端。

西部水电要实现又好又快的开发目标，必须以科学发展观为指导，加强项目管理，更注重生态与环境保护，更注重维护移民群众合法利益，更注重节约资源，更注重地方经济社会协调发展，更注重适度、有序开发，在实践中破解制约西部水电开发的移民问题和环境保护问题，开创一条绿色水电的发展之路。

9.2　坚持环境友好与资源集约的设计优化

在金沙江溪洛渡、向家坝工程建设之初，三峡集团就提出了"建好一座电站，带动一方经济，改善一片环境，造福一批移民"的水电开发宗旨；从项目寿命周期理论出发，遵循整体、综合、两省界河的特点，统筹考虑项目前期阶段、建设阶段、运行阶段的开发体制、运行机制、利益关系和分配格局；遵循"规范、有序、协调、健康"的项目管理原则，在规划、设计、建设、运行的全过程中，统筹处理流域资源开发和保护生态环境的全局性、整体性、累积性问题以及单一项目建设的个体问题，目的是把金沙江下游河段水电开发项目建设成工程建设好、环境保护好、移民安置好、综合治理好的西部水电典范工程。

水电工程的规划布局、规模、开发时序及工程枢纽方案、施工组织设计及运行调度方案等与环境影响密切相关，有什么样的设计就会产生什么样的影响，设计方案在很大程度上决定了工程建设对环境影响的程度和范围。由此可见，设计优化是最好的环境保护措施，只有充分考虑环境要求，进一步优化方案设计，才可以避免很多不利影响。金沙江下游水电站涉及环境保护面广，一些问题具有水力资源开发的共同特征，一些问题又具有金沙江下游梯级开发的个体特征。后者更明显，是高库大坝与金沙江下游高山峡谷区的环境特点决定的，体现了环境保护的复杂性，需要建设者进行优化设计，开创新技术、新方法，以实现环境友好与资源集约的工程建设。

环境友好与资源集约是对自然、生态与社会各种环境问题的概括的、客观的评估，优化设计则是实现环境友好与资源集约工程的关键手段。优化设计贯穿整个工程，包括对外交通工程、枢纽工程布置及其施工布置、移民安置及工程管理等。工程优化、管理优化更是贯穿规划、预可行性研究、可行性研究、初步设计、施工图各个阶段设计与工程施工、运行全过程的一项工作，而在工程实施过程中，根据现场施工与管理的实际情况对前期设计方案进行优化变更往往能促进环境友好与资源集约的落实。

三峡集团在金沙江下游流域工程建设初期即对金沙江流域和项目邻近地区的环境状况、发展趋势、主要问题和环境保护敏感目标进行了翔实的调查研究，对水电站建设与运行、移民搬迁安置等工程活动对工程及周围区域的环境影响进行了全面预测评价，重点对国家级珍稀特有鱼类自然保护区、水库水温与水质、陆生生态、施工区及移民安置区环境保护和水土保持等专题进行了充分论证和规划设计与优化工作，系统制定了可行的对策和减缓措施，并在环境保护措施技术实施过程中不断地进行设计方案的优化完善。建设环境友好与资源集约工程可以坚持下面几个原则。

1）留有"鱼"地。为鱼类留足生存和繁殖的空间应是每个水电工程注重的问题。鱼类保护与水电开发的关系最直接，金沙江下游梯级水电站建立的长江上游珍稀特有鱼类国家级自然保护区，保留了长380km的长江干流流水河段，以及右岸支流赤水河和多条河流的河口区，更以自然保护区的法律约束力说明为鱼类留有一定栖息地的重要性。三峡集团在流域水电开发过程中，不仅采取了枢纽工程结构优化、水库调度优化、合理调整珍稀特有鱼类保护区范围等措施，还开展了鱼类生态史研究，采用人工繁殖、增殖和放流、过鱼设施等综合措施进行适当补救、补偿等，进一步减少对鱼类自然保护区的环境影响并补充鱼类资源量。这些措施已构成当前我国水电工程关于鱼类保护的完整措施体系，并且处于不断优化、完善的过程中。

2）坚"植"到底。山养于林，林赖于山，万物栖于林，保护好植被是实现山地生态系统基本稳定与健康发展的最好方式，对施工迹地进行植被恢复是生态系统保护的需要，也成为如今水电工程最广泛应用的措施。但是在一些自然条件恶劣的工程建设区，如在干热河谷区，水土保持和绿化恢复面临诸多挑战，考验的是建设者将植树进行到底的决心。三峡集团在金沙江下游梯级水电站建设之初就高度重视绿化与水土保持工作，在表土资源、水源、植物苗种、绿化场地与植树技术等方面进行了全面统筹设计与优化、创新。在实施过程中，三峡集团做了一系列艰苦努力，最大限度地减少水土流失，每年都积极开展植树活动，建成了"生态园林式"水电站，达成恢复生态的目标。

3）"标本"治污。水电开发施工过程中产生大量施工废水和生活污水、噪声、废气、生活垃圾等。水电开发企业需要重视这些不利的环境影响，在加强环境管理和监测的同时采取先进的技术手段，一方面从源头上减少污染，另一方面对已发生的污染进行有效治理。三峡集团在金沙江下游流域梯级水电开发实践中采取了"标本兼治"的方法。例如，在施工废水处理方面，三峡集团因地制宜，在4座梯级水电站分别采用不同的砂石骨料加工系统废水处理工艺（自然沉淀法、辐流式沉淀法及DH高效污水净化器处理法等），通过改进工艺、创新工艺等方式，解决了金沙江下游水电开发中的施工废水处理难题，减免了施工期水污染问题，实现经济合理、环境污染少的目标。目前，三峡集团对施工污染"标本兼治"的处理思路已被大量的水电工程项目采用。

4）统筹优化。金沙江下游梯级水电站是项复杂庞大的工程项目，4座梯级水电站各个阶段均通过多方案研究比较，提出一系列的工程优化设计方案，主要从少征地、少移民、保护环境、减少水土流失出发，通过管理措施和技术措施，利用时间差和空间差，合理优化施工总布置和施工组织设计，优化交通布局和公路线型。如利用时间差和空间差，将开挖弃渣填筑作为施工生产场地，并形成后备土地资源，如向家坝的左岸莲花池冲沟和溪洛渡水电站的溪洛渡沟；利用水库死库容作为弃渣场，如向家坝右岸上游新滩坝渣场；根据施工场地布置特点，集中布置生活区，实现生活污水、生活垃圾集中处理，减少了对周边环境的影响，如向家坝水电站的左岸生活营地和溪洛渡的杨家坪营地；对溪洛渡工程施工区场内交通和对外交通专用公路，主要用桥梁、隧道代替明线公路高切坡路段，合理避开城镇等集中居民点；从征地移民、与长江上游珍稀特有鱼类国家级保护区关系、与内昆铁路及既有道路关系出发，对江边线路、地方原道路和长隧道三个方案进行比较，确定向家坝工程左岸对外交通专用公路采用长隧道方案。这些优化设计体现了环境友好与资源集约的理念，满足环境保护的需求。基于环境保护与移民的技术经济综合比选而采用的设计优化，尽管会使有些工程增加投资，但大大减少了对植被的破坏，减少了征地，减少了移民数量，减少了施工干扰，生态环境和社会效益显著。大型水电项目涉及地质、水工、施工、移民、环境保护等多种技术及多种关系，需要运用统筹的规划设计和组织管理方法减少资源消耗和不利影响。河流上多个梯级水电站不断建成，规模不同，但又不可分割，梯级水电站群的建设与运行具有叠加的环境影响，多个水电站建设也需要进行科学的统筹规划，以优化设计为落脚点，致力于环境友好与资源集约，这样工程建设运行会减少环境影响，带来更好的综合效益。

5）管理创新。金沙江下游梯级水电站环境保护工作面广，任务多。为了促进各项环境保护措施有效落实，保障效果，溪洛渡建设者开创了"一班人马、两块牌子"和"分类管理"的水电项目环境管理新型模式，使得大型项目现场管理工作能够流畅、有效地运转，各项环境保护措施得以高标准、合规范地落实。实践证明，这种新型环境管理模式发挥了巨大的作用，高效的新型管理可以提升实际行动的效果，促进行动的成功，也有利于管理好水电站设计、建设与运行，真正实现人与自然和谐共处。这样的管理创新逐步增强工程建设者们的环境保护意识，不断地推动三峡集团金沙江下游绿色水电工程的开发建设，带动区域社会经济发展。除了管理模式创新，三峡集团在管理手段方面也不断地探索。环境监测作为环境管理过程的一部分，是为发现、分析环境问题而提供基础数据的手段。金沙江下游流域长约 768km，多年的流域环境监测数据体量巨大，需要更高效的管理和分析模式。三峡集团在已有的流域监测数据基础上，借助最新的大数据理论和基本方法，建立了全方位的金沙江下游流域环境监测管理系统，对流域环境保护的数据进行分析，为有效地开展流域环境保护管理工作提供科学指导。

纵观金沙江下游梯级水电站的建设历程，环境保护工作脉络清晰，环环相扣，有思想，有技术，有行动，是大型水电项目"环境友好与资源集约"的技术创新与卓越实践。

9.3　坚持注重技术创新与绿色传播

生态文明建设方兴未艾，保护祖国大好河山应注重绿色水电文化的传播和发展，在更大范围内营造绿色水电的核心价值观，以便更好地为工程建设环境保护服务。三峡集团以金沙江下游梯级水电站建设引领绿色水电开发，贯彻、实践绿色理念，为建设美丽中国、为人民创造良好生产生活环境、为全球生态安全作出贡献。

水电开发形成的大坝阻隔和水文水环境条件变化将随着水电站运行而长期存在，其影响具有长期性。多个梯级水电站共同开发现象的存在势必对生态环境产生累积性的影响。这种长期性、累积性的影响往往难以预测，其影响的过程是缓慢的、不确定的。但这些难以预测、不确定的问题会随着工程建设的深入而出现。如目前长江流域干支流内多个水电站相继建成，带来的水文情势、水温及生态的累积影响逐步显现。因此需要特别注重这些长期的、累积的环境影响及其不确定因素。

对于这些不确定的问题，现有的认识和技术手段难以处理，需要加大创新技术研究，使不利影响可控。在这个方面，三峡集团专门构建水电环境保护科技创新平台。平台以水电环境研究院、中华鲟研究所、长江珍稀植物研究所、上海勘测设计研究院为主体，具备环境保护政策研究、物种保护技术研究和综合方案解决的环境保护技术创新能力。从维持流域水电项目有序开发、促进流域生态健康发展的角度出发，三峡集团同中国科学院、中国水产科学研究院及有关高校合作，组织行业内高校、科研院所的科技资源进行协同创新，以应对流域多梯级开发中出现的生态环境累积影响问题，协调好水电开发与环境保护的关系，践行绿色水电理念。

目前，国内外对绿色水电没有形成统一的定义，对绿色水电的研究与理解存在较大差异。在金沙江下游水电开发过程中，三峡建设者逐步建立自身对绿色水电的新认识，认为水电工程建设与运行管理应将人放在首位，通过工程技术、环境保护技术与环境管理的创新方式建设水电站，实现利益相关方互利共赢，从而维护社会稳定，利于环境保护和经济社会可持续发展，也就是"以人为本、生态友好、环境保护、资源节约、社会和谐、利益共享"的绿色水电理念。

在金沙江下游绿色水电开发实践中，在保证工程效益、工程安全与质量的前提下，三峡集团积极采用大量创新绿色技术，开展了环境保护实践工作，降低对环境的不良影响，促进生态环境和谐、资源集约和社会经济可持续发展。在向家坝和溪洛渡工程建设及运行过程中，按照"统一规划、集中布置、配套建设、同步绿化"和"分区域、规模厂、无障碍、一体化、五米线、行道树、小景点、透视墙"的工作要求，从项目建设初期就注重建设环境优美、功能完善的施工区。如今，溪洛渡和向家坝水电站环境保护工作已逐步完善，成效显著，全工区已呈现出一派现代化的、和谐繁荣的环境保护景象。

三峡集团高度重视水库水环境保护，坚持以绿色水电开发和水资源综合利用为载体，深入做好金沙江下游河段产业规划、环境保护规划和林业发展规划，引导环境友好、资源集约的产业项目落户库区。为深入实践绿色水电理念，三峡集团积极开展了水库地质灾害排查和分类治理，创建金沙江下游库区地质灾害监控、预警、应急处置机制。同时，开展了金沙江干流下游河段水电梯级开发环境影响及对策研究，从流域综合的高度，预测评价水电梯级开发对生态环境的影响，重点研究了梯级开发对水文情势、水温、水质和水生生物的累积影响，对梯级水电站环境保护措施的布局进行了优化，协调流域水电梯级开发和环境保护的关系。根据梯级开发低温水累积影响专题研究成果，溪洛渡、白鹤滩、乌东德水电站进水口采取分层取水方案，并在每年3—5月实施溪洛渡与向家坝水电站联合生态调度试验工作。此外，进一步开展了梯级水电站以及长江干支流骨干电站水库群的联合调度研究，综合考虑防洪、水温、泥沙以及生产之间的关系，建立生态补偿与梯级补偿的长效机制，在多目标复杂系统生态调度的基础上最大化实现水资源综合利用的效益。

同时，三峡集团通过学习和借鉴国内外清洁能源行业部门、国际行业协会、流域管理机构的生态与环境保护经验，与同业机构进行环境保护工作成果乃至先进绿色水电开发理念与思路分享，加强与环境保护组织、社会公众等的沟通，通过交流与合作，全方位提升环境保护能力；在国际交流与合作方面，三峡集团积极参与联合国发展署（UNDP）、国际能源署（IEA）、国际水电协会（IHA）、国际大坝委员会（ICOLD）、大自然保护协会（TNC）、世界自然基金会（WWF）等国际组织交流合作，积极参与推动全球清洁能源事业和绿色水电的可持续发展，搭建国际工程环境保护交流会、绿色发展论坛等平台，向世界介绍中国绿色水电发展情况；借鉴国际行业协会、国际环境保护组织、国际环境保护咨询机构的最新环境保护理念，提升三峡集团对环境责任的认知和理解及环境保护技术能力。

9.4　结语

如何正视开发建设过程中的生态环境问题，并持之以恒地解决经济社会发展与生态环境保护的矛盾，显示了一个国家发展的实力。很多发达国家走的是"先发展后治理"的道路。我国则是在发展的过程中解决负面问题，实现经济发展与环境、社会、人与自然的和谐统一。

水电是技术成熟、运行灵活的清洁低碳可再生能源，具备大规模开发的技术和市场条件，对于我国保证能源供给、优化能源结构、实现节能减排、改善生态环境、应对全球气候变化等目标的实现具有十分重要的作用。西南水电现已成为我国水电开发的主战场，在获得防洪、发电、供水、调节径流、旅游、促进经济社会发展等多种效益的同时，水电工程的建设和运行遇到的问题必然会更复杂，势必对生态系统造成一定程度的不利影响，需要采取措施避免或减少影响。

绿色水电是通过对水电工程的生态环境影响进行有效管理，将水电工程对生态环境的负面影响降至最低。为了达到建设绿色水电工程的目标，需要在工程规划、设计、建设和运行的全过程采取有效的技术和管理措施。

绿色水电建设功在当代、利在千秋。我们要不忘初心，坚持"生态优先、绿色发展"和"建好一座电站，带动一方经济，改善一片环境，造福一批移民"的"四个一"的水电开发理念，撸起袖子加油干，开拓创新、求真务实，积极探索环境保护新道路，高水平谱写新时代篇章，为我国生态文明建设贡献力量。